AF524232

Handbuch Sichtbeton – Beurteilung und Abnahme

VLB-Meldung

Schulz, Joachim
**Handbuch Sichtbeton –
Beurteilung und Abnahme**
2., überarbeitete und erweiterte Auflage
Erkrath: Verlag Bau+Technik GmbH, 2016

ISBN 978-3-7640-0610-5

Gesamtproduktion: Verlag Bau+Technik GmbH,
Steinhof 39, 40699 Erkrath
www.verlagbt.de

Druck: B.O.S.S Medien GmbH, 47574 Goch

Handbuch Sichtbeton – Beurteilung und Abnahme

Dipl.-Ing. Joachim Schulz

2., überarbeitete und erweiterte Auflage 2016

Kontaktadresse

Dipl.-Ing. Joachim Schulz
ö.b.u.v. Sachverständiger IHK
für Sichtbeton
Ulmenallee 53
14050 Berlin
info@sichtbeton-handbuch.de
www.sichtbeton-handbuch.de

Kapitel 9:
Rechtsanwalt Bernd R. Neumeier
BRN Baurecht Rechtsanwälte
Kurfürstendamm 30
10719 Berlin
berlin@baurecht-neumeier.de
www.baurecht-neumeier.de

Bildnachweis Schmuckbilder

Vorwort

Wie kann man SICHTBETON besser beschreiben als mit diesen japanischen Worten:

shibui = edle Schlichtheit
wabi = rustikal – einfach

Diese 2. Auflage wurde vollständig überarbeitet und erweitert, u.a. um:

- Kommentar zum neuen DBV/VDZ-Merkblatt „Sichtbeton", Juni 2015
- Risse im Beton
- Betonkosmetik
- Hinweise vom Juristen: Haftung aus rechtlicher Sicht
- Weiße Wanne aus Sichtbeton

und vieles mehr.

Sichtbeton erhebt den höchsten Anspruch an sichtbaren Beton. Aber wie definiere ich „Sichtbeton"?

- Reicht der alleinige Hinweis auf entsprechende Merkblätter aus, um Streitigkeiten zu vermeiden?
- Ist Sichtbeton in SB 4 überhaupt möglich ohne Betonkosmetik?
- Wie viel Betonkosmetik ist zulässig, damit man überhaupt noch von Sichtbeton reden kann?
- Ist eine umfangreiche Betonkosmetik gleichwertig mit Sichtbeton und wenn nein, wie ermittle ich einen Minderungsbetrag?
- Was kann ich erwarten, wenn keine eindeutige Sichtbeton-Planung vorliegt?
- Was gilt im Streitfall: Die Ausschreibung oder die Ausführungsplanung?

Wir Architekten und Ingenieure haben einen tollen Beruf, jedoch müssen wir diesen beherrschen, und das durch Selbststudium.

Dank gebührt meinen Mitarbeitern für ihre Unterstützung während der Entstehung dieses Werks, insbesondere Jaqueline Dressel, Christine Silva und Matthias Herzig.

Dipl.-Ing. Joachim Schulz
Berlin, im Juli 2016

1 Einleitung

„Planungs- und Ausführungsfehler als Ursache für Bauschäden werden nicht durch Normen, sondern durch Kenntnis naturbedingter Grundsätzlichkeiten vermieden.“

Alles, was

- man nicht messen, „wiegen“ kann,
- nicht in einer DIN-Vorschrift steht,
- nicht „eindeutig und erschöpfend“ zwischen Auftraggeber (AG) und Auftragnehmer (AN) vereinbart wurde,

muss subjektiv beurteilt werden!

Jede Ansichtsfläche ist hinsichtlich des Aussehens ein Unikat aufgrund

- zulässiger Maßtoleranzen,
- Witterungsbedingungen usw.

Die Bewertung, ob z.B. die Sichtbetonart „üblich“ ist und ob die Ausführung der Leistung entspricht, die der Auftraggeber „erwarten“ kann, bedarf eines erfahrenen Sichtbeton-Sachverständigen.

Begriffe, wie „Gebrauchstauglichkeit, Wert und zugesicherte Eigenschaften“, werden nicht mehr verwendet. Nach der VOB wird nach der *„vereinbarten Beschaffenheit“* und der *„vorauszusetzenden Verwendungseignung“* bewertet (siehe Kapitel 9 „Sichtbeton: Mängel und Haftung aus rechtlicher Sicht“).

Bild 1.1: Schüttlagen (Lehrzimmer)

Die Anforderung an eine *„eindeutige und erschöpfende“* Beschreibung der zu erwartenden Bauleistung ist noch wichtiger, um gegebenenfalls über einen SOLL-IST-Vergleich eventuelle Mängel begründen zu können.

1.1 Regeln

Die Bewertung einzelner Sichtbeton-Leistungen sowie die Bauabnahme erfolgt nach Regeln. Dabei ist zu berücksichtigen, dass bei jeder handwerklichen Leistung Unregelmäßigkeiten nicht völlig zu vermeiden sind. Für Beton gibt es diverse Merkblätter, Richtlinien oder technische Regelungen mit Empfehlungscharakter.

Der Begriff „Regel“ ist zurückzuführen auf das lateinische Wort *Regula* = *Richtschnur*.

Ob man die Bezeichnung Regel, Regelwerk oder Norm benutzt, ist in letzter Konsequenz gleichgültig. Alle beinhalten den gleichen Grundgedanken: Die allgemein verbindliche Feststellung von Verhaltens- bzw. Ausführungsregeln.

Begriffe im Zusammenhang mit der Sichtbeton-Bauweise werden im Kapitel 10 erklärt.

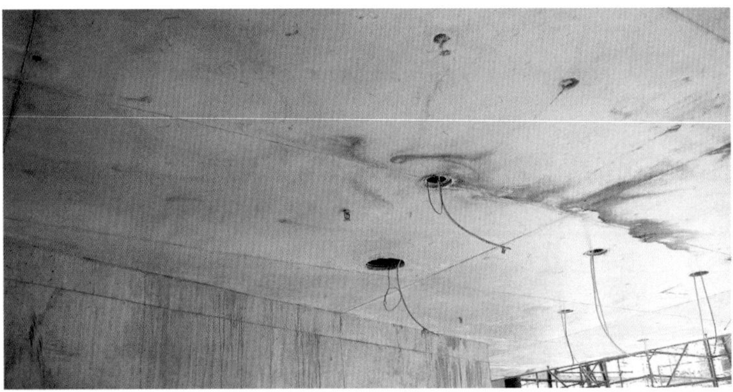

Bild 1.2: Geplanter Sichtbeton?

Bild 1.3: Sichtbeton – Farbabweichungen

1.2 Baukonstruktion

Baukonstruktion (von lateinisch: *con = „zusammen"* und *struere = „bauen"*) muss an den Hochschulen wieder verstärkt gelehrt werden! Studenten gehören heutzutage zur „abkupfernden" Generation, d.h. Details – wenn vorhanden – werden gedankenlos aus Vorlagen abkopiert, sei es per Mausklick im Internet oder aus Büchern. Dabei wird nicht berücksichtigt, dass Firmen in Details nur ihr Produkt richtig und die angrenzenden Gewerke nur schemenhaft und leider oft falsch darstellen!

Heute ist fast alles im Internet nachlesbar. Erforderlich für das sichere Konstruieren ist aber das Lernen in der Praxis – nicht nur in der Theorie!

Viele Architekten-Kollegen malen anscheinend lieber bunte Bilder und diskutieren stundenlang über Farben, anstatt den bauausführenden Unternehmen konstruktive Detailzeichnungen zur Verfügung zu stellen. Sie verwechseln Bauwerke mit Bühnenbildern.

Es ist Aufgabe des Architekten, alle seine Erkenntnisse in Anforderungen umzusetzen und zu beschreiben, sei es mit Worten (im Leistungsverzeichnis) oder anhand von Zeichnungen (siehe Kapitel 2.6).

Gerade beim Sichtbeton muss berücksichtigt werden, dass bautechnische Anforderungen Vorrang vor gestalterischen und vegetationstechnischen Aspekten haben, u.a.:

„Bei bewitterten Ansichtsflächen muss eine kontrollierte Ableitung des Regenwassers geplant werden, um Schmutzfahnen auf der Betonoberfläche zu verhindern."
(DBV/VDZ-Merkblatt „Sichtbeton" [2.1.1], Abs. 5.1.3)

Ausführungsdetails sind u.a. dem „Sichtbeton-Atlas" [3.3] zu entnehmen.

Bild 1.4: Sichtbeton-Fertigteile

2 Normen mit Sichtbeton-Relevanz

Bis heute gibt es keine DIN-Norm, die ausdrücklich die Herstellung von Sichtbeton behandelt bzw. definiert! Auch die Betonnormen (z.B. DIN 1045, DIN 18217, DIN 18331 usw.) enthalten keine eindeutigen Sichtbeton-Aussagen.

Demzufolge ist der sichtbare Beton mit eigenen Worten zu planen, das Aussehen zu definieren und die Anforderungen eindeutig und erschöpfend zu beschreiben.

Auch wenn es DIN-Normen zum Thema Sichtbeton gäbe, sollte man immer bedenken, was auch der Bundesgerichtshof in einem Urteil vom 14.05.1998 (VII ZR 184/97) feststellte:

„Die DIN-Normen sind keine Rechtsnormen, sondern private technische Regelungen mit Empfehlungscharakter. Sie können die anerkannten Regeln der Technik wiedergeben oder hinter diesen zurückbleiben."

1987 bemerkte das Bundesverwaltungsgericht im sogenannten: *„Meersburg Urteil"*, (Aktenzeichen 4 C-33-35/83):

„Zwar kann den DIN-Normen einerseits Sachverstand und Verantwortlichkeit für das allgemeine Wohl nicht abgesprochen werden. Andererseits darf aber nicht verkannt

Bild 2.1: Sichtbeton-Fassade

werden, dass es sich dabei zumindest auch um Vereinbarungen interessierter Kreise handelt, die eine bestimmte Einflussnahme auf das Marktgeschehen bezwecken. Den Anforderungen, die etwa an die Neutralität und Unvoreingenommenheit gerichtlicher Sachverständiger zu stellen sind, genügen sie deswegen nicht."

Baufehler als Ursache für Bauschäden werden nicht durch Normen, sondern durch Kenntnis naturbedingter Grundgesetzlichkeiten vermieden.

DIN-Normen können und wollen keine Kochbücher im Sinne von *„man nehme..."* sein. Es nützt dem Planer oder Unternehmer im Streitfall nichts, wenn etwas in einer DIN-Norm steht oder aus Merkblättern übernommen wird oder das Produkt eine Zulassung besitzt, wenn trotzdem beim Einsatz ein Restrisiko verbleibt und daraus ein Schaden oder eine Abweichung entstehen kann.

Aus dem Werkvertrag heraus schuldet der Planer gemäß BGB den Erfolg, auch für Sichtbeton.

2.1 Festlegungen in DIN EN 206-1/DIN 1045-2

Bauwerke gelten als dauerhaft, wenn sie während der vorgesehenen Nutzungsdauer ihre Funktion hinsichtlich Tragfähigkeit und Gebrauchstauglichkeit ohne wesentlichen Verlust der Nutzungseigenschaften bei einem angemessenen Instandhaltungsaufwand erfüllen, d.h. nach DIN EN 206-1 [1.10] über mindestens 50 Jahre!

Um das für *Sichtbeton* zu erreichen, sind eine Vielzahl von Maßnahmen in der Planung zu berücksichtigen, u.a. bezüglich:

- Rissbreitenbegrenzung,
- Betondeckung,
- Sicherung des Verbunds zwischen Bewehrung und Beton,
- Schutz der Bewehrung gegen Korrosion.

Sichtbetonbauteile sind so zu konstruieren, dass ein „normales" Betonieren möglich ist (Querschnitt, Abmessung, Form usw.). Sind konstruktionsbedingt Beeinträchtigungen der Sichtbetonqualität zu erwarten, muss man ggf. umplanen oder die möglichen Konsequenzen mit dem Bauherrn vor der Ausführung abstimmen.

In DIN 1045-3:2008-08 [1.4.3] (zurückgezogen) ist folgender Hinweis zu finden:

DIN EN 13670:2011-03 [1.15] besagt:

8.8 Sichtflächen
(1) Anforderungen an das Erscheinungsbild von geschalten und ungeschalten Betonoberflächen sind, sofern festgelegt, in den bautechnischen Unterlagen anzugeben.

Bild 2.2: Sporthalle in Sichtbeton

DIN 1045-3:2012-03 ergänzt:
2.8.9 zu 8.8 Sichtflächen

Absatz (1) wird ergänzt durch:
(NA.1) Zur Beschreibung der Anforderungen an die Sichtflächen (Ansichtsflächen) sollte das DBV/VDZ-Merkblatt „Sichtbeton" herangezogen werden.

2.1.1 Expositionsklassen (Einwirkungen/Expositionen)

Um die Dauerhaftigkeit von Sichtbetonbauteilen zu gewährleisten, müssen sie u.a. gegenüber chemischen und physikalischen Einwirkungen aus der Umgebung widerstandsfähig sein. Die unterschiedlichen Einwirkungen aus der Umgebung werden in Expositionsklassen eingeteilt, für die folgende Abkürzungen verwendet werden:

- **0** für Zero Risk (kein Angriffsrisiko)
- **C** für Carbonation (Carbonatisierung)
- **D** für Deicing Salt (wechselfähige Chloride, z.B. Streusalz)
- **S** für Seawater (Meerwasser)
- **F** für Frost (Frost und Tausalz)
- **A** für Chemical Attack (chemischer Angriff)
- **M** für Mechanical Abrasion (Mechanischer Angriff – Abrieb, Verschleiß o.Ä.)

Tabelle 2.1: Auszug aus Tab. 1 der DIN 1045-2:2008-08 [1.4.2]

1	2	3	4
Klasse	Beschreibung der Umgebung	Beispiele für die Zuordnung von Expositionsflächen (informativ)	Mindestbetonfestigkeitsklasse
1 Kein Korrosions- oder Angriffsrisiko			
X0	Für Beton ohne Bewehrung oder eingebettetes Metall: alle Umgebungsbedingungen, ausgenommen Frostangriff, Verschleiß oder chemischer Angriff	Fundamente ohne Bewehrung ohne Frost, Innenbauteile ohne Bewehrung	C12/15
2 Bewehrungskorrosion, ausgelöst durch Karbonatisierung			
XC1	trocken oder ständig nass	Bauteile in Innenräumen mit üblicher Luftfeuchte (einschließlich Küche, Bad und Waschküche in Wohngebäuden); Beton, der ständig in Wasser getaucht ist	C16/20
XC2	nass, selten trocken	Teile von Wasserbehältern; Gründungsbauteile	C16/20
XC3	mäßige Feuchte	Bauteile, zu denen die Außenluft häufig oder ständig Zugang hat, z.B. offene Hallen; Innenräume mit hoher Luftfeuchte, z.B. in gewerblichen Küchen, Bädern, Wäschereien, in Feuchträumen von Hallenbädern und in Viehställen	C20/25
XC4	wechselnd nass und trocken	Außenbauteile mit direkter Beregnung; Bauteile in Wasserwechselzonen	C25/30
3 Bewehrungskorrosion, ausgelöst durch Chloride, ausgenommen Meerwasser			
XD1	mäßige Feuchte	Bauteile im Sprühnebelbereich von Verkehrsflächen; Einzelgaragen	C30/37 [a)]
XD2	nass, selten trocken	Schwimmbecken und Solebäder; Bauteile, die chloridhaltigen Industriewässern ausgesetzt sind	C35/45 [a)]
XD3	wechselnd nass und trocken	Bauteile im Spritzwasserbereich von taumittelbehandelten Straßen; direkt befahrene Parkdecks	C35/45 [a)]
4 Bewehrungskorrosion, ausgelöst durch Chloride aus Meerwasser			
XS1	salzhaltige Luft, kein unmittelbarer Kontakt mit Meerwasser	Außenbauteile in Küstennähe	C30/37 [a)]
XS2	unter Wasser	Bauteile in Hafenanlagen, die ständig unter Wasser liegen	C35/45 [a)]
SX3	Tidebereiche, Spritzwasser- und Sprühnebelbereiche	Kaimauern in Hafenanlagen	C35/45 [a)]

Tabelle 2.1: Auszug aus Tab. 1 der DIN 1045-2:2008-08 [1.4.2] *Fortsetzung*

1	2	3	4
Klasse	Beschreibung der Umgebung	Beispiele für die Zuordnung von Expositionsflächen (informativ)	Mindestbetonfestigkeitsklasse
5 Betonangriff durch Frost mit und ohne Taumittel			
XF1	mäßige Wassersättigung, ohne Taumittel	Außenbauteile	C25/30
XF2	mäßige Wassersättigung, mit Taumittel	Bauteile im Sprühnebel- oder Spritzwasserbereich von taumittelbehandelten Verkehrsflächen, soweit nicht XF4; Bauteile im Sprühnebelbereich von Meerwasser	C25/30 (LP) C35/45 [b)]
XF3	hohe Wassersättigung, ohne Taumittel	offene Wasserbehälter; Bauteile in der Wasserwechselzone von Süßwasser	C25/30 (LP) [b)] C35/45
XF4	hohe Wassersättigung, mit Taumittel	Verkehrsflächen, die mit Taumitteln behandelt werden; überwiegend horizontale Bauteile im Spritzwasserbereich von taumittelbehandelten Verkehrsflächen; Räumerlaufbahnen von Kläranlagen; Meerwasserbauteile in der Wasserwechselzone	C30/37 (LP) [c)]
6 Betonangriff durch chemischen Angriff der Umgebung			
XA1	chemisch schwach angreifende Umgebung	Behälter von Kläranlagen; Güllebehälter	C25/30
XA2	chemisch mäßig angreifende Umgebung und Meeresbauwerke	Betonbauteile, die mit Meerwasser in Berührung kommen; Bauteile in betonangreifenden Böden	C35/45 [b)]
XA3	chemisch stark angreifende Umgebung	Industrieabwasseranlagen mit chemisch angreifenden Abwässern; Futtertische der Landwirtschaft; Kühltürme mit Rauchgasableitung	C35/45 [a)]
7 Betonangriff durch Verschleißbeanspruchung			
XM1	mäßige Verschleißbeanspruchung	tragende oder aussteifende Industrieböden mit Beanspruchung durch luftbereifte Fahrzeuge	C30/37 [a)]
XM2	starke Verschleißbeanspruchung	tragende oder aussteifende Industrieböden mit Beanspruchung durch luft- oder vollgummibereifte Gabelstapler	C30/37 [a)] C35/45 [a)]
XM3	sehr starke Verschleißbeanspruchung	tragende oder aussteifende Industrieböden mit Beanspruchung durch elastomer- oder stahlrollenbereifte Gabelstapler; Oberflächen, die häufig mit Kettenfahrzeugen befahren werden; Wasserbauwerke in geschiebebelasteten Gewässern, z.B. Tosbecken	C35/45 [a)]
8 Betonkorrosion infolge Alkali-Kieselsäurereaktion Anhand der zu erwartenden Umgebungsbedingungen ist der Beton einer der vier folgenden Feuchtigkeitsklassen zuzuordnen.			
WO	Beton, der nach normaler Nachbehandlung nicht längere Zeit feucht und nach dem Austrocknen während der Nutzung weitgehend trocken bleibt	– Innenbauteile des Hochbaus – Bauteile, auf die Außenluft, nicht jedoch z.B. Niederschläge, Oberflächenwasser, Bodenfeuchte einwirken können und/oder die nicht ständig einer relativen Luftfeuchte von mehr als 80 % ausgesetzt werden	

Tabelle 2.1: Auszug aus Tab. 1 der DIN 1045-2:2008-08 [1.4.2] *Fortsetzung*

1	2	3	4
Klasse	Beschreibung der Umgebung	Beispiele für die Zuordnung von Expositionsflächen (informativ)	Mindestbetonfestigkeitsklasse
8 Betonkorrosion infolge Alkali-Kieselsäurereaktion Anhand der zu erwartenden Umgebungsbedingungen ist der Beton einer der vier folgenden Feuchtigkeitsklassen zuzuordnen.			
WF	Beton, der während der Nutzung häufig oder längere Zeit feucht ist	- Ungeschützte Außenbauteile, die z.B. Niederschlägen, Oberflächenwasser oder Bodenfeuchte ausgesetzt sind - Innenbauteile des Hochbaus für Feuchträume, wie z.B. Hallenbäder, Wäschereien und andere gewerbliche Feuchträume, in denen die relative Luftfeuchte überwiegend höher als 80 % ist - Bauteile mit häufiger Taupunktunterschreitung, wie z.B. Schornsteine, Wärmeüberträgerstationen, Filterkammern und Viehställe - Massige Bauteile gemäß DAfStb-Richtlinie „Massige Bauteile aus Beton“, deren kleinste Abmessung 0,80 m überschreitet (unabhängig vom Feuchtezutritt)	
WA	Beton, der zusätzlich zu der Beanspruchung nach Klasse WF häufiger oder langzeitiger Alkalizufuhr von außen ausgesetzt ist	- Bauteile mit Meerwassereinwirkung - Bauteile unter Tausalzeinwirkung ohne zusätzliche hohe dynamische Beanspruchung (z.B. Spritzwasserbereiche, Fahr- und Stellflächen in Parkhäusern) - Bauteile von Industriebauten und landwirtschaftlichen Bauwerken (z.B. Güllebehälter) mit Alkalisalzeinwirkung	
WS	Beton, der hoher dynamischer Beanspruchung und direktem Alkalieintrag ausgesetzt ist	- Bauteile unter Tausalzeinwirkung mit zusätzlicher hoher dynamischer Beanspruchung (z.B. Betonfahrbahnen)	

a) Bei Verwendung von Luftporenbeton, z.B. auf Grund gleichzeitiger Anforderungen aus der Expositionsklasse XF, eine Festigkeitsklasse niedriger. Diese Mindestbetonfestigkeitsklassen gelten für Luftporenbeton mit Mindestanforderungen an den mittleren Luftgehalt im Frischbeton nach DIN 1045-2 unmittelbar vor dem Einbau.

b) Bei langsam und sehr langsam erhärtenden Betonen ($r < 0{,}30$ nach DIN EN 206-1) eine Festigkeitsklasse im Alter von 28 Tagen niedriger. Die Druckfestigkeit zur Einteilung in die geforderte Betonfestigkeitsklasse ist auch in diesem Fall an Probekörpern im Alter von 28 Tagen zu bestimmen.

c) Erdfeuchter Beton mit $w/z \leq 0{,}40$ auch ohne Luftporen.

2.1.2 Betondeckung

Die Betondeckung ist in DIN EN 1992-1-1 [1.14] definiert als Abstand zwischen der Oberfläche eines Bewehrungsstabs, den Spanngliedern bei Vorspannung mit sofortigem Verbund oder der Hüllrohre von Spanngliedern bei Vorspannung mit nachträglichem Verbund und der nächstgelegenen Betonoberfläche. Eine ausreichende Betondeckung ist erforderlich, um die Bewehrung vor Korrosion (passiver Korrosionsschutz) und Brandeinwirkung zu schützen und um die Einleitung von Zugkräften aus dem Beton in den Bewehrungsstahl sicher zu stellen (Verbund). Die Mindestmaße für die Betondeckung richten sich dementsprechend nach den Expositionsklassen, nach dem Stabdurchmesser der Bewehrung sowie nach der geforderten Feuerwiderstandsdauer.

Die Mindestbetondeckung c_{min} ist am erhärteten Bauteil einzuhalten und setzt sich aus folgenden Einzelanforderungen zusammen:

- Ausreichender Verbund zwischen Bewehrung und Beton
  → Forderung $c_{min} \geq c_{min,b}$ $c_{min,b}$ entspricht bei:
  - Bewehrungsstabstahl dem Stabdurchmesser,
  - Stabbündeln dem Vergleichsdurchmesser.
- Dauerhaftigkeit durch ausreichenden Korrosionsschutz der Bewehrung
  → Forderung $c_{min} \geq c_{min,dur} + \Delta c_{dur,y} - \Delta c_{dur,st} - \Delta c_{dur,add}$
  $\Delta c_{dur,y}$ siehe Tabellen
  Positiv wirkende Maßnahmen reduzieren c_{min}
  (Nichtrostende Stähle: $\Delta c_{dur,st}$ / Zusätzliche Schutzmaßnahmen: $\Delta c_{dur,add}$).

Der jeweils höhere Wert aus den Einzelanforderungen ist maßgebend. c_{min} muss immer mindestens 10 mm betragen. Das Nennmaß der Betondeckung c_{nom} ergibt sich aus der Mindestbetondeckung cmin erhöht um das Vorhaltemaß Δc_{dev} zu:

$$c_{nom} = c_{min} + \Delta c_{dev}$$

Auf den Bewehrungszeichnungen sollte das Verlegemaß der Bewehrung c_v, das sich aus dem Nennmaß der Betondeckung c_{nom} ableitet, sowie das Vorhaltemaß Δc_{dev} der Betondeckung angegeben werden.

Tabelle 2.2: Mindestbetondeckung $c_{min,dur}$ Anforderungen an die Dauerhaftigkeit von Betonstahl

	Dauerhaftigkeitsanforderung für $c_{min,dur}$ [mm]						
Anforderungsklasse	Expositionsklasse nach Tabelle 4.1						
	X0	XC1	XC2/XC3	XC4	XD1/XS1	XD2/XS2	XD3/XS3
S1	10	10	10	15	20	25	30
S2	10	10	15	20	25	30	35
S3	10	10	20	25	30	35	40
S4	10	15	25	30	35	40	45
S5	15	20	30	35	40	45	50
S6	20	25	35	40	45	50	55

Tabelle 2.3: Additives Sicherheitselement $\Delta c_{dur,\gamma}$ für Betonstahl

	Dauerhaftigkeitsanforderung für $c_{min,dur}$ [mm]						
Anforderungsklasse	Expositionsklasse nach Tabelle 4.1						
	(X0)	XC1	XC2/XC3	XC4	XD1/XS1	XD2/XS2	XD3/XS3
S3 → $c_{min,dur}$	(10)	10	20	25	30	35	40
$\Delta c_{dur,\gamma}$	0				+10	+5	0

Tabelle 2.4: Additives Sicherheitselement $\Delta c_{dur,\gamma}$ für Spannglieder

	Dauerhaftigkeitsanforderung für $c_{min,dur}$ [mm]						
Anforderungsklasse	Expositionsklasse nach Tabelle 4.1						
	(X0)	XC1	XC2/XC3	XC4	XD1/XS1	XD2/XS2	XD3/XS3
S3 → $c_{min,dur}$	(10)	20	30	35	40	45	50
$\Delta c_{dur,\gamma}$	0				+10	+5	0

Das Erreichen der erforderlichen Betondeckung ist u.a. möglich durch den Einsatz von Abstandhalter, Abhängungen etc. (siehe Kapitel 2.1.3).

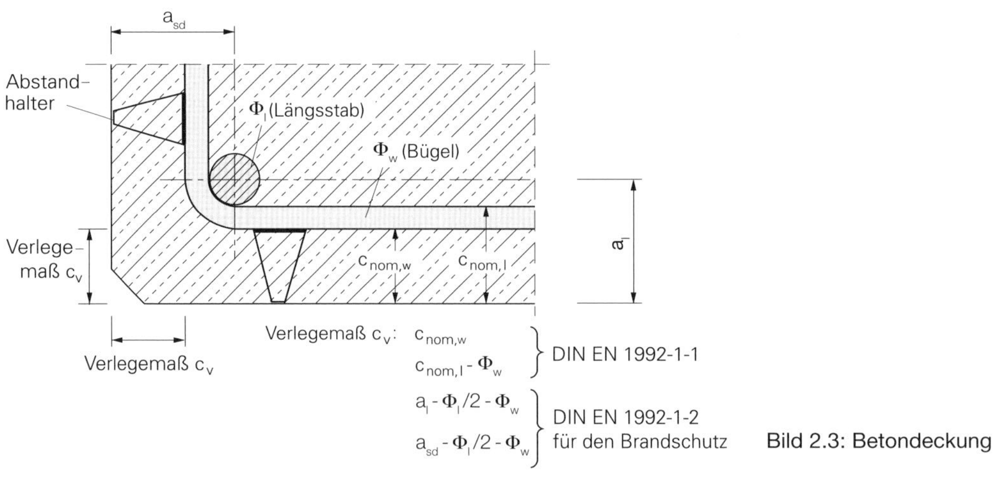

Bild 2.3: Betondeckung

Bild 2.4: Beton- oder Stahlbau?

Bild 2.5: Abstandhalter für Betondeckung

2.1.3 Abstandhalter und Abhängung

Abstandhalter können sich an der Sichtbetonoberfläche abzeichnen. Daher ist eine systematische Verlegung/Planung erforderlich (siehe Kapitel 3.1.3).

Tabelle 2.5: Abstandhalter

Abstandhalter	Beispiel
Radform	
punktförmig, nicht befestigt	
punktförmig, befestigt	
linienförmig, nicht befestigt [1]	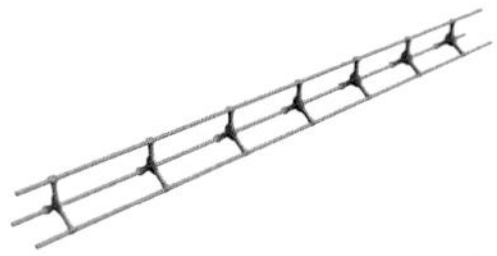
linienförmig, befestigt [1]	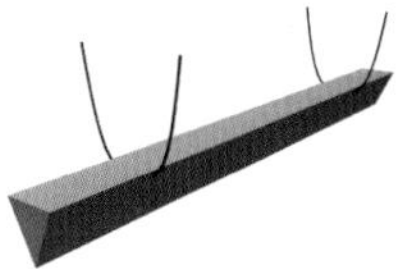
flächenförmig, nicht befestigt	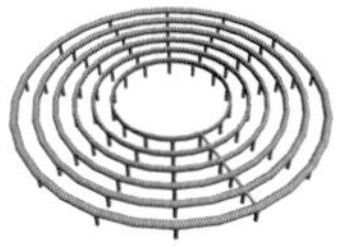
flächenförmig, befestigt	

[1] mit Längenbegrenzung (350 mm bzw. ≤ 2 h oder ≤ 0,25 b mit h – Bauteildicke und b – Bauteilbreite)

Eine Bemusterung der Abstandhalter sowie entsprechende Hinweise im Leistungsverzeichnis sind daher erforderlich und schriftlich zu vereinbaren.

2.1.3.1 Abhängung der Bewehrung

Bei besonders hohen Sichtbetonanforderungen an Decken ist – zur Vermeidung eines *„Abzeichnens der Abstandhalter"* – auch eine Abhängung der Bewehrung als „Besondere Leistung" (Kosten) möglich.

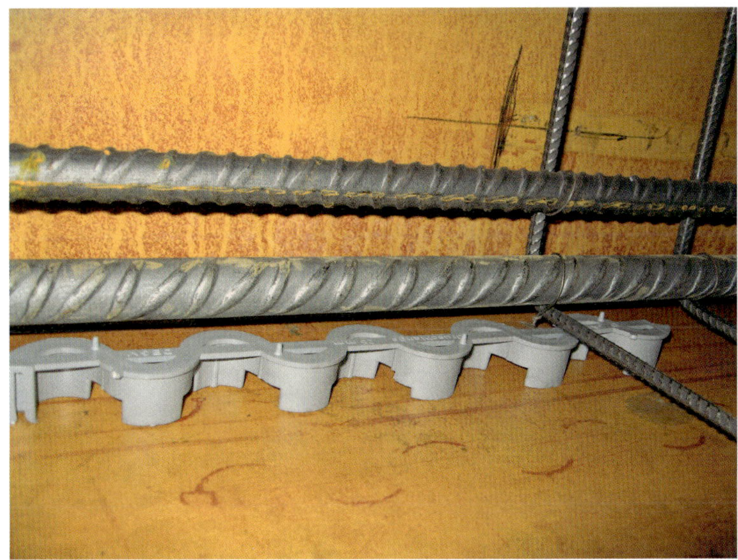

Bild 2.6: Abstandhalter

Bild 2.7: Abstandhalter

Bild 2.8: Abstandhalter

Bild 2.9: Sichtbetonklasse SB 4, sichtbare Abstandhalter

Die DIN 1045-3:2013-07 „Bauausführung“ [1.4.3], Anwendungsregeln zu DIN EN 13670 [1.15] weist im Kapitel 2.6.1 auf Folgendes hin:

„Zur Sicherstellung der Mindestbetondeckung c_{min} am fertigen Bauteil (siehe z.B. DBV-Merkblatt „Betondeckung und Bewehrung“) nach DIN EN 1992-1-1 in Verbindung mit DIN EN 1992-1-1/NA, sind die in den Bewehrungszeichnungen vorgegebenen Verlegemaße der Betondeckung c_v, welche sich aus den Nennmaßen der Betondeckung c_{nom} ableiten, der Ausführung zu Grunde zu legen.

Das vorgeschriebene Nennmaß der Betondeckung ist durch geeignete Abstandhalter (siehe z.B. DBV-Merkblatt „Abstandhalter“) und geeignete Unterstützungen zur Lagesicherung der oberen Bewehrung (siehe z.B. DBV-Merkblatt „Unterstützungen“) sicherzustellen, die an der Betonoberfläche nicht korrodieren dürfen.“

Bild 2.10: Abhängung der Bewehrung

Bild 2.11: Abhängung der Bewehrung

2.1.4 Schwindverhalten im Sichtbeton

In der DIN EN 13670:2011-03 [1.15] wird unter Abschnitt 8.5 u.a. darauf hingewiesen, dass junger Beton nachbehandelt und geschützt werden muss, um das Frühschwinden gering zu halten.

Alle Bauteile aus Baustoffen, die mit Wasser „angemacht“ werden, weisen ein mehr oder weniger großes Schwindverhalten auf. Aber auch die Form bzw. die Abmessungen haben Auswirkungen auf das Schwindverhalten am Sichtbeton. Das Bauteil versucht, sich zum Mittelpunkt zu ziehen, d.h. bei einem „Kreis“ gibt es die gleichmäßigsten Aufwölbungen aufgrund des gleichmäßigen Radius, siehe Bild 2.15, Pkt. 1

Danach folgt ein Acht- bzw. ein Sechseck (Bild 2.15, Pkt. 2).

Wer verbaut jedoch runde oder sechs- bzw. achteckige Bauteile?

Ungünstiger wirkt sich ein Quadrat und noch ungünstiger ein Rechteck auf das Schwindverhalten aus. Bei einem Rechteck ist die Diagonale weitaus länger als der kurze Radius (Bild 2.15, Pkt. 3).

Beispiel Beton-Fertigteile:

Aufwölbungen, verursacht aufgrund des Schwindverhaltens, treten im Eckbereich auf (Bild 2.13). An der Fassade aus Betonfertigteilen 8,0 m x 1,20 m gab es Verwölbungen bis zu 3 cm (Bild 2.14).

Im FDB-Merkblatt Nr. 1 „Sichtbetonflächen von Fertigteilen aus Beton und Stahlbeton – Ausgabe 06/2015“ (siehe Kapitel 3.2.1) wird darauf hingewiesen, dass „geringe Verwölbungen“ zu tolerieren sind.

Wie viel – dies ist vom Sachverständigen zu bewerten.

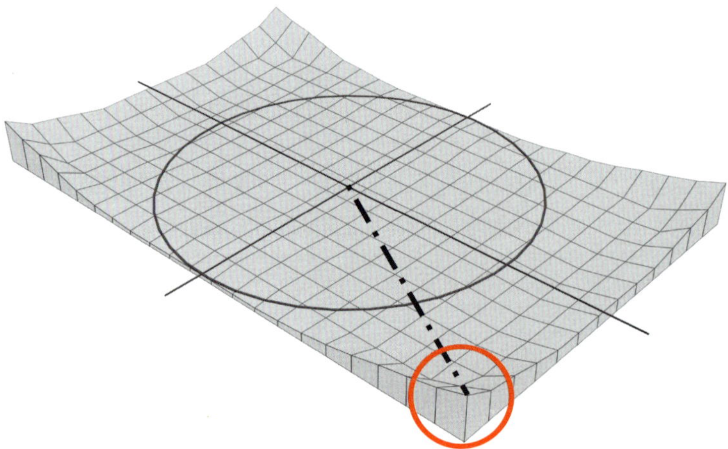

Bild 2.12: Extrem ungünstig ist das Schwindverhalten von Seitenverhältnissen > 2:1

Bild 2.13: Sichtbeton-Fertigteile mit Verwölbungen

Bild 2.14: Sichtbeton-Fertigteile mit Verwölbungen

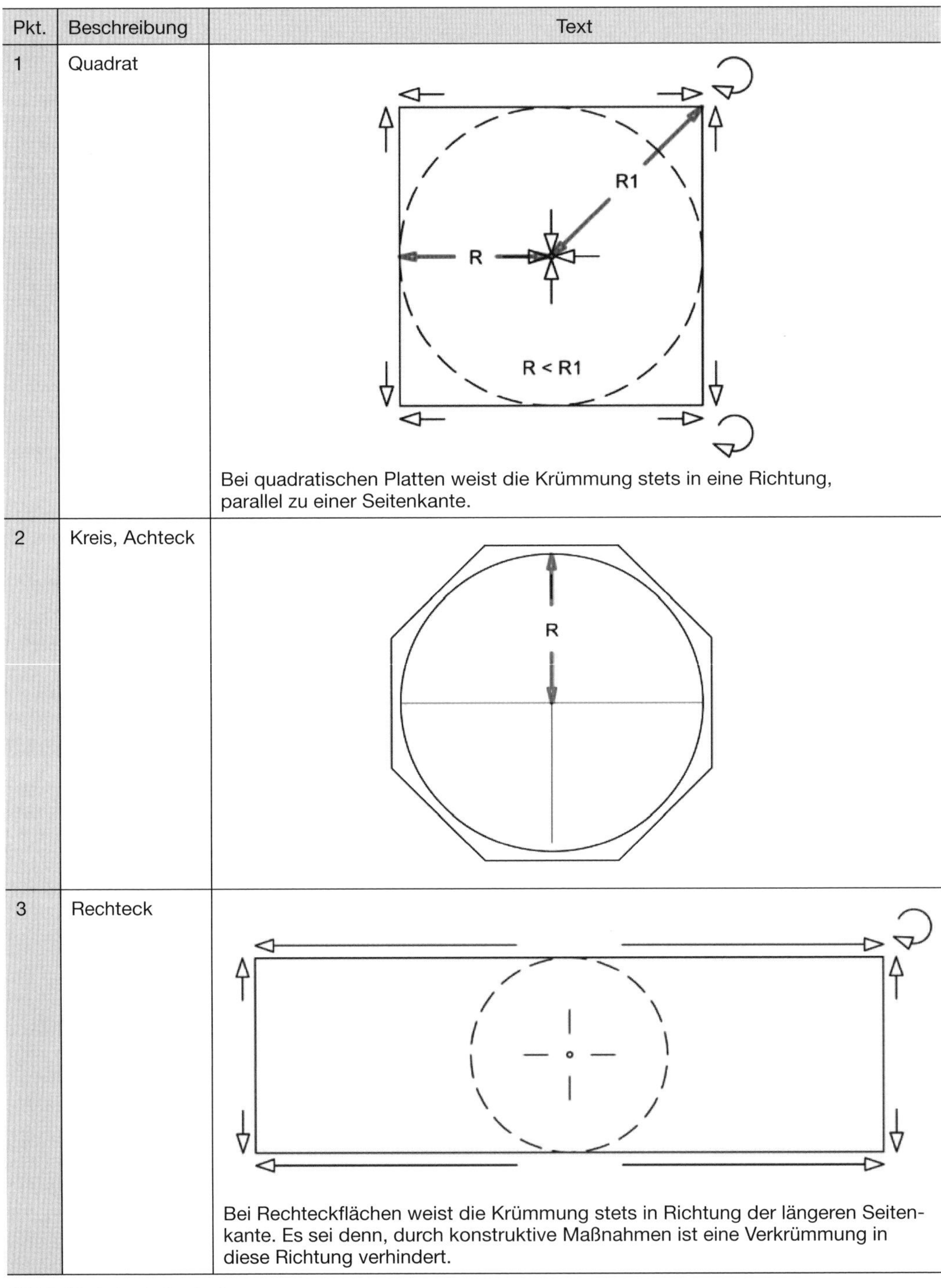

Pkt.	Beschreibung	Text
1	Quadrat	Bei quadratischen Platten weist die Krümmung stets in eine Richtung, parallel zu einer Seitenkante.
2	Kreis, Achteck	
3	Rechteck	Bei Rechteckflächen weist die Krümmung stets in Richtung der längeren Seitenkante. Es sei denn, durch konstruktive Maßnahmen ist eine Verkrümmung in diese Richtung verhindert.

Bild 2.15: Schwindverhalten

2.2 Schalungsanker für Betonschalungen

Ein Schalungsanker hat die Aufgabe zwei Schalelemente zu halten.

Zwischen den zwei Schalungselementen wird ein Leerrohr angeordnet, das sowohl ein Abstandhalter der beiden Schalelemente ist und durch das ein Gewindestab (Zugstab) geführt wird, der die Schalelemente hält, sobald der Druck beim Einbringen des Betons entsteht. Geregelt sind diese Bauteile in DIN 18216 „Schalungsanker für Betonschalungen – Anforderungen, Prüfung und Verwendung" [1.11].

Beim Ausschalen verbleibt ein „Ankerloch", das unterschiedlich verschlossen werden kann. Das „Ankerloch" ist die verbleibende Öffnung in der Sichtbetonoberfläche an der Ankerstelle.

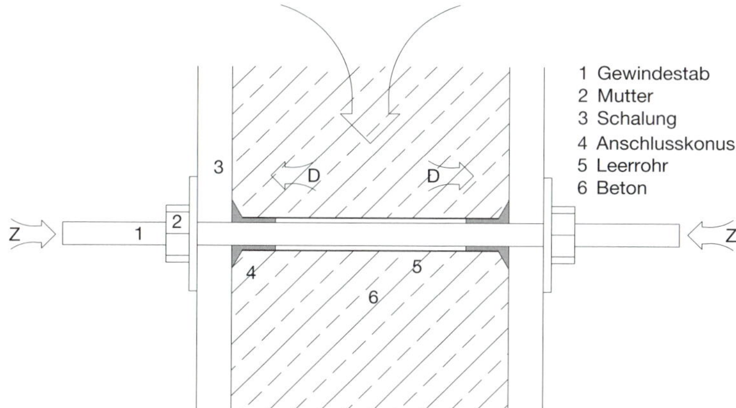

Bild 2.16: Prinzipskizze eines Schalungsankers

Bild 2.17: Schalungsanker

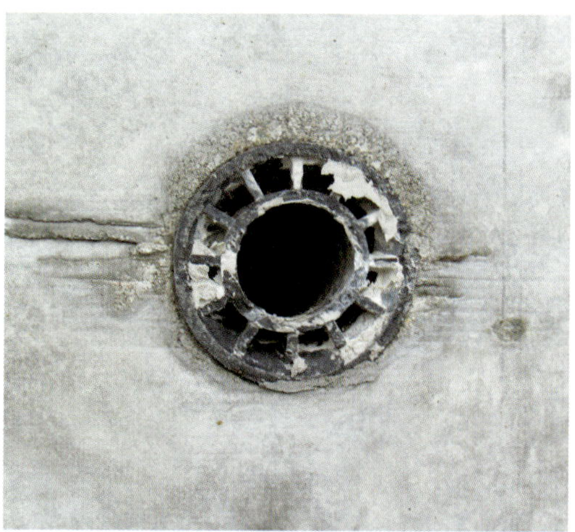

Bild 2.18: Anschlusskonus

Bild 2.19: Ankerstelle einer Rahmenschalung

Bild 2.20: Kone MARO

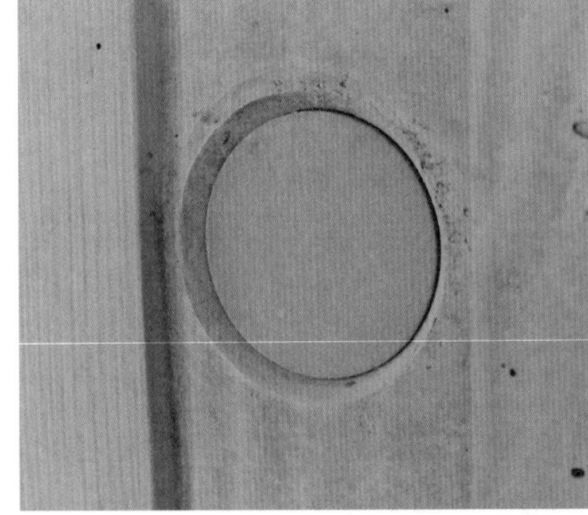

Bild 2.21: Kone MARO

Bild 2.22: Ankerloch

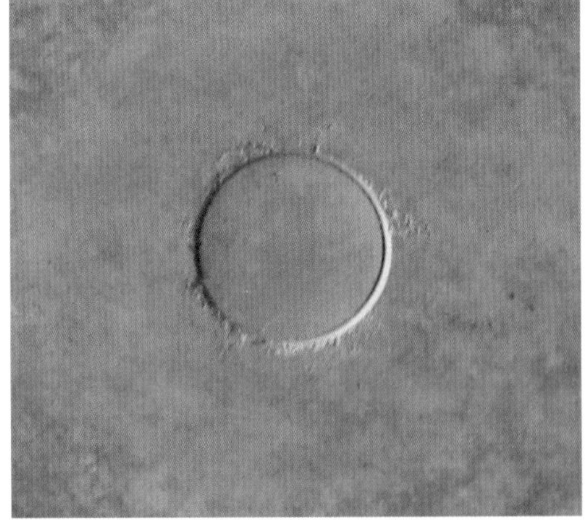

Bild 2.23: geschlossenes Ankerloch

2.3 Betonflächen und Schalungshaut gemäß DIN 18217

DIN 18217 „Betonflächen und Schalungshaut“ [1.2] beschreibt treffend die Zusammenhänge:

„Betonflächen sind das Spiegelbild der Schalungshaut oder das Ergebnis nachträglicher Bearbeitung und/oder Behandlung.“

und

„Betonflächen mit Anforderungen an das Aussehen sind sichtbar bleibende Betonflächen, für die eine eindeutige und praktisch ausführende Beschreibung vorliegen muss.“

Bild 2.24: Höchste Sichtbeton-Anforderungen (Bundeskanzleramt, Berlin)

Der Kommentar zur DIN 18217 ist im Buch „Sichtbeton-Planung“ [3.1] enthalten. Er enthält Empfehlungen zur Leistungsbeschreibung und gibt eine Hilfestellung sowohl in planungstechnischer, arbeitsvorbereitender wie auch ausführungsbezogener Hinsicht.

Empfehlung:
Eine eindeutige und praktische Beschreibung muss vorliegen. Der alleinige Hinweis auf das DBV/VDZ-Merkblatt „Sichtbeton“ ersetzt dies nicht!

2.4 Betonarbeiten gemäß DIN 18331

In der DIN 18331:2015-08 VOB/C „Vergabe- und Vertragsordnung für Bauleistungen (ATV) – Betonarbeiten“ [1.3] wird darauf hingewiesen, dass in der Leistungsbeschreibung nach den Erfordernissen des Einzelfalls insbesondere anzugeben sind:

0.2 Angaben zur Ausführung
0.2.4 Bei sichtbar bleibenden Betonflächen u.a.
- *Klassifizierung der Ansichtsflächen,*
- *Oberflächentextur, erforderlichenfalls Beschreibung des Schalungs- und Schalhautsystems, Oberflächenausbildung nicht geschalter Teilflächen,*
- *Farbtönung,*
- *Flächengliederung,*
- *Ausbildung von Fugen, Kanten, Ankern und Ankerlöchern sowie Schalungsstößen,*
- *Anzahl der Erprobungsflächen, Auswahl der Referenzfläche.*

4.2 <u>Besondere Leistungen</u> sind ergänzend zur ATV DIN 18299, Abschnitt 4.2, z.B.:
4.2.4 Leistungen zur Erfüllung erhöhter Anforderungen an die Ebenheit und Maßhaltigkeit (siehe Abschnitt 3.1.2).
4.2.18 Leistungen zum Erzielen einer Betonoberfläche über die Anforderungen des Abschnitts 3.3 hinaus. Herstellung von Erprobungs- und Referenzflächen.

Im FDB-Merkblatt Nr. 1 „Sichtbetonflächen von Fertigteilen aus Beton und Stahlbeton – Ausgabe 06/2015“ wird ein Hinweis gegeben bezüglich der Anforderungen an die Einfüllseite von Betonfertigteilen (siehe Kapitel 3.2.1).

Empfehlung:
Anfoderungen an die Sichtbeton-Oberfläche sind genauestens zu planen und zu beschreiben!
Der alleinige Hinweis auf das DBV/VDZ-Merkblatt „Sichtbeton“ ersetzt dies nicht!

2.4.1 Betonbauarbeiten, insbesondere für Sichtbeton

In der DIN EN 1992-1-1:2011-01 „Allgemeine Bemessungsregeln und Regeln für den Hochbau“ [1.14] wird u.a. hingewiesen auf:

8.2 Stababstände von Betonstählen
(1) Der Stababstand muss mindestens so groß sein, dass der Beton ordnungsgemäß eingebracht und verdichtet werden kann, um ausreichenden Verbund sicherzustellen.
(2) Der lichte Abstand (horizontal und vertikal) zwischen parallelen Einzelstäben oder in Lagen paralleler Stäbe darf in der Regel nicht geringer als das Maximum von

(k1 · Stabdurchmesser; d_g + k2 mm; 20 mm) sein. Dabei ist d_g der Durchmesser des Größtkorns der Gesteinskörnung.

Anmerkung:
Die landesspezifischen Werte k_1 und k_2 dürfen einem Nationalen Anhang entnommen werden. Die empfohlenen Werte sind 1 bzw. 5.

Bild 2.25: Betonarbeiten

Bild 2.26: Rüttelgassen?

In der DIN EN 13670:2011-03 „Ausführung von Tragwerken aus Beton“ [1.15] wird u.a. hingewiesen auf:

8.2 Arbeiten vor dem Betonieren
(1) Sofern in den bautechnischen Unterlagen gefordert, ist ein Betonierplan aufzustellen.
(2) Sofern in den bautechnischen Unterlagen gefordert, sind Probebetonagen (Vorversuche) vor Ausführungsbeginn durchzuführen und die Ergebnisse sind aufzuzeichnen.
(3) Vorbereitende Arbeiten müssen vor Beginn des Betoneinbaus abgeschlossen, überwacht und dokumentiert sein, wie für die jeweilige Überwachungsklasse gefordert.
(4) Arbeitsfugen sind in Übereinstimmung mit den in den bautechnischen Unterlagen festgelegten Anforderungen vorzubereiten. Sie müssen sauber, frei von Zementschlämme und mattfeucht sein.
(5) Die Schalung sollte frei von Verunreinigungen, Eis, Schnee und stehendem Wasser sein.
(6) Wird unmittelbar gegen Erdreich betoniert, muss der Frischbeton gegen Vermischen mit dem Erdreich geschützt werden.
(7) Falls die Gefahr besteht, dass Regen oder anderes fließendes Wasser den Zement oder Feinanteile des Frischbetons während des Betonierens auswaschen kann, sind Maßnahmen zu planen, um den Beton gegen schädliche Auswirkungen zu schützen.
(8) Erdreich, Fels, Schalung oder tragende Bauteile, die mit dem zu betonierenden Bauteil in Berührung kommen, müssen eine Temperatur aufweisen, die den Beton nicht gefrieren lässt, bevor dieser eine ausreichende Festigkeit erreicht hat, um Frosteinwirkungen widerstehen zu können.
(9) Wenn zum Zeitpunkt des Betoneinbaus oder während der Nachbehandlungsdauer niedrige Umgebungstemperaturen herrschen oder zu erwarten sind, müssen Vorsichtsmaßnahmen zum Schutz des Betons vor Frost getroffen werden.
(10) Wenn während des Erstarrens oder der Nachbehandlungsdauer hohe Umgebungstemperaturen zu erwarten sind, müssen Vorsichtsmaßnahmen getroffen werden, um den Beton gegen schädliche Auswirkungen zu schützen.

8.4 Einbringen und Verdichten
(1) Der Beton ist so einzubauen und zu verdichten, dass er seine vorgesehene Festigkeit und Dauerhaftigkeit erreicht und dass die ausreichende Umhüllung der Bewehrung und aller Einbauteile sichergestellt ist.
(2) Besondere Sorgfalt ist bei Querschnittsänderungen, Engstellen, Aussparungen, enger Bewehrungsführung und bei Arbeitsfugen erforderlich, um eine ausreichende Verdichtung sicherzustellen.
(3) Einbau- und Verdichtungsleistung müssen groß genug sein, um ungewollte Arbeitsfugen zu vermeiden, und klein genug, um übermäßige Setzungen oder Überlastung von Schalung und Traggerüst zu verhindern.

Anmerkung:
Eine ungewollte Arbeitsfuge kann sich während des Einbaus bilden, wenn der Beton am Betonieransatz erstarrt ist, bevor die nächste Betonschicht eingebaut und verdichtet ist. Besondere Aufmerksamkeit ist geboten, wenn der zuerst eingebrachte Beton beim Verdichten der nächsten Schicht nicht mehr verdichtbar ist.

(4) Zusätzliche Anforderungen an das Einbauverfahren und die Einbauleistung können notwendig sein, wenn besondere Anforderungen an das Erscheinungsbild der Betonoberfläche gestellt werden.
(5) Während des Einbaus und Verdichtens muss das Entmischen des Betons so gering wie möglich sein.
(6) Der Beton ist während des Einbaus und Verdichtens gegen schädigende Sonneneinstrahlung, starken Wind, Frost, Wasser, Regen und Schnee zu schützen.

8.5 Nachbehandlung und Schutz
(1) Junger Beton muss nachbehandelt und geschützt werden, um
a) das Frühschwinden gering zu halten;
b) eine ausreichende Festigkeit in der Betonrandzone sicherzustellen;
c) eine ausreichende Dauerhaftigkeit der Betonrandzone sicherzustellen;
d) den Beton vor schädlichen Witterungsbedingungen zu schützen;
e) das Gefrieren zu verhindern;
f) schädliche Erschütterungen, Stöße oder Beschädigungen zu vermeiden.
(2) Wenn junger Beton gegen schädigenden Kontakt mit angreifenden Stoffen (z.B. Chloride) geschützt werden muss, sind derartige Anforderungen in den bautechnischen Unterlagen anzugeben.
(3) Mit geeigneten Nachbehandlungsverfahren muss erreicht werden, dass die Verdunstungsrate von Wasser an der Betonoberfläche gering bleibt, oder die Betonoberfläche muss ständig feucht gehalten werden. Hinweise hierzu sind Anhang F zu entnehmen.
(4) Von einer ausreichenden Nachbehandlung ist auszugehen, wenn durch die natürlichen Umgebungsbedingungen während der erforderlichen Nachbehandlungsdauer die Verdunstungsraten an der Betonoberfläche gering bleibt, z.B. bei feuchtem, regnerischem oder nebeligem Wetter.
(5) Nach Abschluss des Verdichtens und der Oberflächenbearbeitung des Betons ist die Oberfläche unverzüglich nachzubehandeln. Soll die Rissbildung an der freien Oberfläche infolge Frühschwindens vermieden werden, ist eine zwischenzeitliche Nachbehandlung vor der Oberflächenbearbeitung durchzuführen.

2.5 Toleranzen im Hochbau (hier: Sichtbeton)

2.5.1 Ebenheitsabweichungen

Bei der Planung und Ausführung von Bauwerken aus Sichtbeton kommt es trotz erhöhter Sorgfalt im gesamten Bauprozess immer wieder zu wahrnehmbaren Abweichungen vom Planungs-Soll. Diese Abweichungen lassen sich bis zu einem gewissen Grad nicht grundsätzlich vermeiden, sondern können durch definierte Qualitätsanforderungen lediglich minimiert werden. Hier sollen die wesentlichen Qualitätsmaßstäbe zur Sichtbeton-Planung in Bezug auf Maßabweichungen von Länge und Ebene dargestellt und an einem Beispiel erläutert werden.

Ebenheitsabweichungen nach DIN

Innerhalb der DIN 18331:2015-08 „Betonarbeiten" [1.3] Abs. 3.1.2 wird darauf hingewiesen, dass Abweichungen gemäß DIN 18202 „Toleranzen im Hochbau – Bauwerke" in bestimmten Grenzen zulässig sind.

Die DIN 18202 „Toleranzen im Hochbau – Bauwerke" [1.1] verwendet seit der Zusammenfassung von DIN 18201:1997-04 und DIN 18202:1997-04 im Jahre 2005 nicht mehr den Begriff der Toleranz und ersetzt diesen durch „Abweichung". Im folgenden Text wird Toleranz synonym verwendet.

DIN 18202:2005-10 (ALT)	**DIN 18202:1997-04 (ALT)**
„Ebenheitsabweichung"	„Ebenheitstoleranz"
„Winkelabweichung"	„Winkeltoleranz"

Die derzeit gültige Fassung ist von April 2013 und enthält hauptsächlich redaktionelle Änderungen im Vergleich zur vorangegangenen Norm. Wesentliche inhaltliche Veränderungen gibt es nicht. Nachfolgende Normverweise beziehen sich auf dieses Ausgabedatum.

Werden bezüglich der Oberflächenqualität bzw. Toleranzen von Decken und Wänden keine besonderen Vereinbarungen getroffen, so ist die DIN 18202 als anerkannte Regel der Technik zur qualitativen Bewertung heranzuziehen.

Die Qualitätsstufe liegt hier bei einer „durchschnittlich üblichen Ausführungsart", welche eine gewisse Genauigkeit bei „üblicher Sorgfalt" erreicht (DIN 18202 Abs. 4.3).

Es bleibt hierbei grundsätzlich zu beachten, dass es sich bei dieser Norm im Wesen um eine „Passungsnorm" handelt, welche während der Bauausführung gewisse Qualitätsanforderungen sicherstellt, um einen reibungslosen Bauablauf zu gewährleisten (z.B. Einhaltung von Rohbaumaßtoleranzen für einen darauffolgenden Fenstereinbau).

Explizit wird in dieser Norm darauf verwiesen, dass die Einhaltung von Toleranzen nur zu überprüfen sei, „wenn es erforderlich ist" (DIN 18202 Abs. 6.1). Diese Erforderlichkeit resultiert aus der „vorgesehenen Funktion" des Bauteils. Sollte also die Funktion des betrachteten Bauteils erfüllt sein (dazu gehört auch die optische, ästhetische Funktion), ist keine Toleranzprüfung notwendig. Bei der „ästhetischen" Bewertung bleibt zu beachten, dass ein der Nutzung entsprechender üblicher Betrachtungsabstand zur Beurteilung gewählt wird.

Abweichungen von Bauteilen, welche die Funktion oder die Gestaltung nicht beeinflussen, sind kein Anlass von Beanstandungen, nur weil die Genauigkeiten nicht vollständig den zulässigen Toleranzen (Abweichungen) der DIN 18202 entsprechen.

Eine stichprobenartige Prüfung reicht demzufolge aus, und dies während bzw. spätestens nach Herstellung eines Gewerkes und nicht erst bei der Abnahme („Mängel" während der Abnahme „suchen").

Lediglich bei optischer Beeinträchtigung, bei der die Abweichungen sehr auffällig sind oder wenn Passungsfunktionen erfüllt werden müssen (z.B. Sichtbeton-Fertigteile), ist eine Prüfung erforderlich.

Werden an die Ebenheit „erhöhte Anforderungen" gegenüber DIN 18202, Tabelle 3, Zeile 1 oder 5 für *„nicht flächenfertige Wände und Decken"* oder sonstige erhöhte Anforderungen an die Maßhaltigkeit gegenüber den in den genannten Normen aufgeführten Werten gestellt, so sind die zu treffenden Maßnahmen *„Besondere Leistungen"*, welche gesondert vereinbart und vergütet werden müssen. Darauf wird innerhalb der Norm unter Abs. 5.4 hingewiesen.

Neben den Qualitätsanforderungen aus DBV/VDZ-Merkblatt „Sichtbeton", DIN 18331 und DIN 18202, gelten für Betonfertigteile zusätzlich die „Allgemeinen Regeln für Betonfertigteile" der DIN EN 13369:2013-08.

2.5.2 Ebenheitsabweichungen nach DBV/VDZ-Merkblatt „Sichtbeton"

DIN 18202 führt in Tabelle 3 Zeile 7 (siehe Tab. 2.6) für „flächenfertige Wände" unter „mit erhöhten Anforderungen" zulässige Abweichungen von 2 mm bei einem Messpunktabstand von 0,10 m und 3 mm Differenz bei einem Messpunktabstand von 1,0 m auf.

Innerhalb von DIN 18202 wird unterschieden zwischen:

- nicht flächenfertige Oberflächen: Rohbau
- flächenfertige Oberflächen: geputzte Wände, Decken

Vergleicht man die genannten Toleranzen der o.g. DIN mit dem DBV/VDZ-Merkblatt „Sichtbeton", so lässt sich feststellen, dass dort für die Sichtbetonklassen SB 1 und SB 2 zulässige Differenzen beschrieben werden, welche die DIN 18202 nur für „nicht-flächenfertig" gestattet.

Hinsichtlich dieses Vergleiches stellt sich die berechtigte Frage, ob die Sichtbetonwand eine Rohbauwand ist oder nicht doch eine flächenfertige, i.d.R. unbehandelte Wand. Diese Unklarheit kann zu einer Konfliktsituation zwischen Auftragnehmer (ausführendes Gewerk) und Auftraggeber (Bauherr) führen.

Tabelle 2.6: Grenzwerte für Ebenheitsabweichungen (Auszug aus Tabelle 3, DIN 18202:2005-10 bzw. 2013-04)

Spalte	1	2	3	4	5	
Zeile	Bezug	Stichmaße als Grenzwerte in mm bei Messpunktabständen in m bis				
		0,1	1 [1]	4 [1]	10 [1]	15 [1]
5	Nichtflächenfertige Wände und Unterseiten von Rohdecken	5	10	15	25	30
6	Flächenfertige Wände und Unterseiten von Decken	3	5	10	20	25
7	Wie Zeile 6, jedoch mit erhöhten Anforderungen	2	3	8	15	20

[1] Zwischenwerte sind den Bildern zu entnehmen und auf ganze mm zu runden

Anmerkung:
Höhere Anforderungen sind gesondert zu vereinbaren. Dafür erforderliche Aufwendungen und Maßnahmen sind vom Auftraggeber detailliert festzulegen. Höhere Ebenheitsanforderungen, z.B. nach DIN 18202 Tab. 3 Zeile 7 (3 mm/1 m) sind nicht zielsicher erfüllbar.

Tabelle 2.7: Zulässige Abweichungen der Sichtbeton-Ebenheit gemäß DBV/VDZ-Merkblatt „Sichtbeton“ 2015

SB-Klasse	Ebenheit	DIN 18202 / Tabelle 3	Stichmaße als Grenzwerte in mm bei Messpunktabständen in m bis	
			0,1	1
SB 1	E1	Zeile 5: „nichtflächenfertige Wände und Unterseiten von Rohdecken“	5	10
SB 2	E1	Zeile 5: „nichtflächenfertige Wände und Unterseiten von Rohdecken“	5	10
SB 3	E2	Zeile 6: „flächenfertige Wände“	3	5
SB 4	E3	Zeile 6: „flächenfertige Wände“	3	5

Empfehlung:
Abweichend von Tabelle 2.7 sollten folgende Werte vereinbart werden:
SB 1: flächenfertig 5 mm/1 m
SB 2, SB 3 und SB 4 flächenfertig mit erhöhten Anforderungen, d.h.: 3 mm/1 m

⇨ Beispiele siehe Kapitel 8.

2.6 Bauzeichnungen / Ausführungsplanung

2.6.1 DIN 1356-1:1995-02 „Bauzeichnungen“ Teil 1

DIN 1356-1 „Bauzeichnungen – Teil 1“ Inhalte und Grundlagen der Darstellung“ [1.7] weist darauf hin, dass in Ausführungszeichnungen alle für die Ausführung bestimmten Einzelangaben enthalten sein müssen – unter Berücksichtigung der Beiträge anderer an der Planung fachlich Beteiligter.

Sie dienen als Grundlage der Leistungsbeschreibung und Ausführung der baulichen Leistungen. I.d.R. fehlt eine Vielzahl der erforderlichen Angaben. Die unvollständige, fehlerhafte Planung wird Vertragsbestandteil für den Auftragnehmer.

2.6.2 HOAI 2013 § 34

Laut HOAI § 34 gehören zum Leistungsbild Gebäude und Innenräume:

- Erarbeiten der Ausführungsplanung mit allen für die Ausführung notwendigen Einzelangaben (zeichnerisch und textlich) auf der Grundlage der Entwurfs- und Genehmigungsplanung bis zur ausführungsreifen Lösung, als Grundlage für die weiteren Leistungsphasen,
- Ausführungs-, Detail- und Konstruktionszeichnungen nach Art und Größe des Objektes ….
- Bereitstellen der Arbeitsergebnisse als Grundlage für die anderen an der Planung fachlich Beteiligten sowie Koordination und Integration von deren Leistungen.

2.6.3 Urteile zum Thema Ausführungsplanung

„Der Planer schuldet als Ausführungsunterlagen alle Unterlagen, welche der Unternehmer für die Durchführung des Bauvorhabens objektiv benötigt.
Die Unterlagen müssen als direkte Arbeitsanweisung konstruktiv umsetzbar sein, d.h. dem ausführenden Handwerker – mit dem bei ihm vorauszusetzenden Fachwissen – in die Lage versetzen, nach diesen Unterlagen die erforderliche Leistung zu erbringen.“
BGH-Urteil – VII ZR 212/99; OLG Köln, Urteil v. 11.07.1997

„Unter Einhaltung der anerkannten Regeln der Technik ist eine umfassende Darstellung der zur Realisierung der Bauaufgabe notwendigen Einzelheiten erforderlich, d.h. jedes Detail, welches Angaben enthält, die aus keiner anderen Zeichnung hervorgehen oder die einer vergrößerten Darstellung bedürfen, ist notwendig.“
BGH-Urteil – VII ZR 101/70; OLG Hamburg, Urteil v. 10.03.2004 – 4 U 105/01;
BGH-Urteil – VII ZR 259/02, Urteil v. 24.06.2004

„Wenn der Bauträger (Planer) ohne Not von den anerkannten Regeln der Technik abweicht, so stellt dies in mehrerlei Hinsicht einen Mangel dar.“
OLG Düsseldorf-Urteil – 21 U63/09 BGH 25.03.2010; VII ZR 25/09

<u>Enttäuschung ist das Ergebnis falscher Erwartungen</u>, oft verursacht durch fehlende Aufklärung, Beratung, Planung des planenden Architekten gegenüber seinem Auftraggeber.

Die Planung kann auch mit „Worten“ erfolgen, d.h. anhand einer detaillierten Baubeschreibung. Die Baubeschreibung wird i.d.R. vom Bauherren gelesen und unterschrieben – im Gegensatz zum Leistungsverzeichnis.

Es gilt der allgemeine Grundsatz, dass ein Unternehmer nach der Verkehrssitte eine Leistung schuldet, die den anerkannten Regeln der Technik entspricht (§ 157 BGB).

Das gilt auch für den Planer.

Diejenigen Anforderungen an Ausführungszeichnungen, die sich aus den anerkannten Regeln der Technik ergeben, sind vertraglich geschuldet.

Wenn im Rahmen der Planungspflichten entscheidend wichtige Detailpunkte gar nicht dargestellt werden, also im Falle einer sogenannten „Nullplanung“, ist bei Eintritt eines Schadens im direkten Zusammenhang mit dieser Detaillösung von einem Planungsfehler auszugehen.

Nach Aussage der ausführenden Firma handelte sie im „guten Glauben“, dass ihre Leistung richtig sei. Wogegen sollte der Auftragnehmer „Bedenken anmelden“, wenn gar keine Planung/Details vom Architekten vorlagen?

Die Folge: Beanstandungen → Rechtsstreit (siehe Kapitel 9).

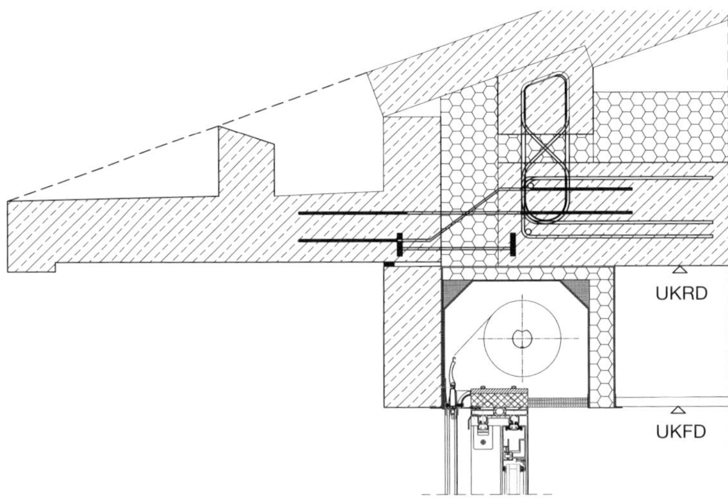

Bild 2.27: Detail Vordach (Auszug aus Buch „Sichtbeton Atlas“ [3.3])

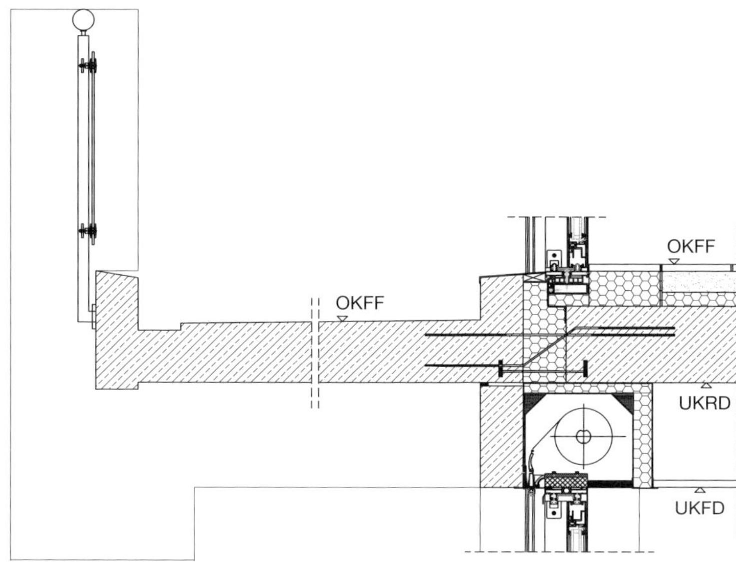

Bild 2.28: Detail Terrasse (Auszug aus Buch „Sichtbeton Atlas“ [3.3])

2.7 Leistungsbeschreibung

Man kann eine Leistung beschreiben mit Worten (Leistungsbeschreibung) oder mit Plänen (Ausführungsplanung) – beides muss eindeutig sein!

Bei der Verwendung von DIN-Normen oder Merkblättern bedarf es neben der eigenen Berücksichtigung der naturbedingten Gesetzlichkeiten (gesunder Sachverstand) auch einer korrekten Interpretation des Niedergeschriebenen.

Die modalen Hilfsverben „müssen“, „dürfen“ und „sollen“ drücken aus, ob eine Aussage in einer DIN-Norm, einem Merkblatt usw. als Gebot, Verbot, Empfehlung oder Erlaubnis zu verstehen ist. Kriterium für die Auswahl der modalen Hilfsverben ist somit der Grad der Verbindlichkeit, den eine Aussage haben soll (hierzu siehe auch DIN 820-2:2012-12).

Den höchsten Grad der Verbindlichkeit haben Anforderungen. Sie „müssen“ unbedingt eingehalten werden und lassen keine Abweichungen zu.

Neben Anforderungen enthalten Normen auch Empfehlungen (z.B. „sollte“), die von mehreren Möglichkeiten eine als besonders zweckmäßig empfehlen, ohne jedoch andere Möglichkeiten auszuschließen.

Für Aussagen, die eine Erlaubnis zum Ausdruck bringen und die Wahl einer gleichwertigen Handlungsweise zulassen, sind „dürfen“ bzw. „sollen nicht“ anzuwenden.

Zur Angabe von Möglichkeiten sind anzuwenden „können“ und „können nicht“.

Diese verbale Vereinbarung lässt sich ebenso auf die allgemeine Beschreibung von Bauleistungen übertragen, um diese „eindeutig und erschöpfend" darstellen zu können. Somit können auch alle Bewerber im Rahmen einer Leistungsbeschreibung die ausgeschriebene Bauaufgabe im gleichen Sinn verstehen und ihre Preise sicher und ohne umfangreiche Vorarbeiten kalkulieren.

Bauleistungen, insbesondere Sichtbeton, sind „eindeutig und so erschöpfend" zu beschreiben, dass alle Bewerber die Leistungsbeschreibung im gleichen Sinne verstehen und ihre Preise sicher und ohne umfangreiche Vorarbeiten berechnen können. Eine eindeutige Aussage über zu erbringende Leistungen muss im Sinn der nachfolgenden modalen Hilfsverben erfolgen.

Eine Übersicht der verbalen Konventionen ist in Tabelle 2.8 in Anlehnung an die bereits genannte DIN 820-2 dargestellt.

Hinweis:
Im DBV/VDZ-Merkblatt „Sichtbeton" werden die Leistungen u.a. mit folgenden Ausdrücken beschrieben:
„sollte", „vorsehen", „empfohlen", „vereinbaren", „üblich".

Empfehlung:
Diese Empfehlungen sind im Rahmen der Planung kritisch zu berücksichtigen (siehe Hinweise in den Tabellen, Kapitel 3.1).

Tabelle 2.8: Bedeutung der modalen Hilfsverben in der Normung

<table>
<tr><th>Modale Hilfsverben</th><th colspan="2">Bedeutung</th><th>Gründe, die zur Wahl des Hilfsverben führen (Beispiele)</th></tr>
<tr><td>muss
müssen</td><td>Gebot</td><td rowspan="2">unbedingt fordernd</td><td rowspan="2">Äußerer Zwang, wie durch Rechtsvorschrift, sicherheitstechnische Forderung, Vertrag oder inneren Zwang, wie Forderung der Einheitlichkeit oder der Folgerichtigkeit.</td></tr>
<tr><td>darf nicht,
dürfen nicht</td><td>Verbot</td></tr>
<tr><td>soll
sollen</td><td rowspan="2">Regel</td><td rowspan="2">bedingt fordernd</td><td rowspan="2">Durch Verabredung oder Vereinbarung freiwillig übernommene Verpflichtung, von der nur in begründeten Fällen abgewichen werden darf.</td></tr>
<tr><td>soll nicht
sollen nicht</td></tr>
<tr><td>darf
dürfen</td><td rowspan="2">Erlaubnis</td><td rowspan="2">Freistellend</td><td rowspan="2">In bestimmten Fällen darf von dem durch Gebot, Verbot der Regel gegebenen abgewichen werden, z.B. eine gleichwertige Lösung gewählt werden.</td></tr>
<tr><td>muss nicht
müssen nicht</td></tr>
</table>

2.8 Sichtbeton nach ÖNORM B 2211

Die Österreichische Norm ÖNORM B 2211 trifft folgende Regelungen [1.12]:

Ohne ausdrückliche Vereinbarung von erhöhten Anforderungen sind die Angaben in nachfolgenden Tabellen zu beachten.

Tabelle 2.9: Anforderungen an Sichtbeton nach ÖNORM B 2211

Porigkeitsklasse	3P	Tab. 1
Strukturklasse	S1	Tab. 2
Farbgleichheitsklasse	F1	Tab. 2.1
Arbeitsfuge	A1	Tab. 3

Eine Einhaltung der Porigkeitsklasse und der Strukturklasse werden unmittelbar nach dem Ausschalen beurteilt. Die Einhaltung der Farbgleichheitsklasse wird nach Erreichen der jeweiligen Betonfestigkeit beurteilt.

Tabelle 2.10: Porigkeit (Betonoberfläche)

Klasse	offene Poren an der Betonoberfläche	
	%	cm^2 / (2.500 cm^2)
P	≤ 0,3	≤ 8
2P	≤ 0,6	≤ 15
3P	≤ 0,9	≤ 23

Tabelle 2.11: Struktur der Sichtbeton-Oberfläche

Klasse	Struktur – Elementstoß	
S 1	– geschlossene, weitgehend einheitliche Betonoberfläche mit geschlossener Zementleim- oder Mörteloberfläche – keine Grobkornansammlungen – in den Elementstößen austretender Zementleim/Feinmörtel, Breite bis max. Tiefe – Rahmenabdruck des Schalungselements	 20 mm 10 mm zugelassen
S 2	Wie S 1, jedoch: – glatte, geschlossene und weitgehend einheitliche Oberfläche – in der Elementstößen austretender Zementleim/Feinmörtel, Breite bis max. Tiefe – Versatz der Elementstöße – verbleibende Grate	 10 mm 5 mm ≤ 5 mm ≤ 5 mm
S 3	Wie S 2, jedoch: – in den Elementstößen austretender Zementleim/Feinmörtel bis max. – Versatz der Elementstöße – feine, technisch unvermeidbare Grate	 3 mm ≤ 3 mm ≤ 3 mm
S 4	Wie S 3 jedoch: – Rahmenabdruck des Schalungselements	 nicht zugelassen

Tabelle 2.12: Farbgleichheit

Klasse	Zur Beurteilung der Farbgleichheit ist der Gesamteindruck maßgeblich
F1	Flächige Verfärbungen, verursacht durch Rost, unterschiedliche Art und unsachgemäße Vorbehandlung der Schalhaut, unsachgemäße Nachbehandlung des Betons, Zuschläge verschiedener Herkunft sowie linienförmige Verfärbungen (Abzeichnen der Bewehrung) sind unzulässig. Weitergehende Anforderungen an die Gleichmäßigkeit der Farbe werden nicht gestellt.
F2	Zusätzlich zu den Anforderungen nach F1 sind Verfärbungen, die auf Zemente unterschiedlicher Art oder Herkunft oder auf unterschiedliche Betonzusätze zurückzuführen sind, unzulässig. Bei Einhaltung der Vereinbarung nach dem Stand der Technik sind unvermeidbar entstehende Unterschiede des Farbtones zulässig.

Tabelle 2.13: Ausbildung von Arbeitsfugen

Klasse	Arbeitsfugen (*) allfällige = etwaige	
A1	- Versatz der Flächen zweier Betonierabschnitte	≤ 10 mm
A2	- Versatz der Flächen zweier Betonierabschnitte - allfällige Feinmörtelaustritte müssen entfernt werden - Dreikantleiste	≤ 10 mm
A3	- Versatz der Flächen zweier Betonierabschnitte - allfällige* Feinmörtelaustritte müssen entfernt werden - Dreikantleiste	≤ 5 mm
A4	- Versatz der Flächen zweier Betonierabschnitte - allfällige Feinmörtelaustritte müssen entfernt werden - Dreikantleiste oder dgl. nicht zugelassen	≤ 3 mm

Hinweis:
Ergänzungen zur ÖNORM B 2211 sind der ÖVBB-Richtlinie „Sichtbeton" (Kapitel 3.4) zu entnehmen.

2.9 Sichtbeton nach SIA 118/262

Die Schweizer Norm SIA 118/262 „Allgemeine Bedingungen für Betonbau" [1.13] unterscheidet unterschiedliche Schalungstypen mit unterschiedlichen Qualitätsanforderungen:

Typ 1: Normale Betonoberfläche

Typ 2: Betonoberfläche mit einheitlicher Struktur

Typ 3: Sichtbetonoberfläche mit Brettstruktur
Sichtbar bleibende Oberflächen mit folgenden Anforderungen:

- Einheitliche Oberflächenstruktur ohne Überzähne, Grate und poröse Stellen
- Durch Lufteinschlüsse verursachte Poren (Lunker) in mäßiger Anzahl sind zulässig.
- Möglichst gleichmäßige Farbtönung
- Brettbreite konstant; Brettstöße nicht vorgeschrieben
- Brettrichtung einheitlich und parallel zur größeren Abmessung der Schalungsfläche
- Glatte Schalbretter

Erhöhte Anforderungen sind wie folgt anzugeben:

- Fugen abgedichtet
- Stöße versetzt
- Brettrichtung einheitlich und senkrecht zur größeren Abmessung der Schalungsfläche
- Strukturbild gemäß Detailplan der geschalten Oberfläche
- Verwendung von sägerohen Brettern

Typ 4: Sichtbetonoberfläche mit Tafelstruktur
Sichtbar bleibende Oberflächen mit folgenden Anforderungen:

- Einheitliche Oberflächenstruktur ohne Überzähne, Grate und poröse Stellen
- Durch Lufteinschlüsse verursachte Poren (Lunker) in mäßiger Anzahl sind zulässig.
- Möglichst gleichmäßige Farbtönung
- Tafelgröße konstant; Tafelstöße nicht vorgeschrieben
- Tafelrichtung einheitlich und parallel zur größeren Abmessung der Schalungsfläche

Erhöhte Anforderungen sind wie folgt anzugeben:

- Fugen abgedichtet
- Stöße versetzt
- Tafelrichtung einheitlich und senkrecht zur größeren Abmessung der Schalungsfläche
- Strukturbild gemäß Detailplan der geschalten Fläche

Hinweis:
Erhöhte Anforderungen sind schriftlich zu vereinbaren!

3 Merkblätter mit Sichtbeton-Relevanz

Merkblätter bzw. Richtlinien werden i.d.R. von Interessen-Verbänden aufgestellt. Auf eine besondere Leseart ist daher zu achten, u.a. unter der Berücksichtigung der „modalen Hilfsverben“ gem. DIN 820 [1.5] (siehe Kapitel 2.7).

3.1 DBV/VDZ-Merkblatt „Sichtbeton“

Das DBV/VDZ Merkblatt [2.1.1] gilt nur für Ortbetonbauweise. Für Betonfertigteile ist u.a. das FDB-Merkblatt über „Sichtbetonflächen von Fertigteilen aus Beton und Stahlbeton“ [2.2.1] heranzuziehen.

Das DBV/VDZ-Merkblatt „Sichtbeton“ [2.1.1] weist im Vorwort u.a. auf Folgendes hin:

„...zusammengetragenen Empfehlungen und Merkmale keine absolute Größe darstellen. Die Leistung ist vielmehr eindeutig zu spezifizieren, ordnungsgemäß auszuschreiben und von qualifizierten Unternehmen zu erbringen.“

Und unter „Allgemeines“:

„Abweichungen lassen sich zwar durch Erprobungen im Vorfeld der Betonage und durch größte Sorgfalt bei der Bauausführung erheblich vermindern, aber selbst bei höherem Aufwand oder bei Anwendung hochtechnischer Systeme nicht vollständig ausschließen.“

Und im Kapitel 7.2 „Gesamteindruck“:

„Im Sinne dieses Merkblattes ist der Gesamteindruck einer Sichtbetonfläche das grundlegende Beurteilungskriterium für die vereinbarte Sichtbetonklasse.“

Die gestalterische Wirkung der Sichtbetonfläche ist grundsätzlich nur in ihrer Gesamtwirkung angemessen beurteilbar, d.h. nicht nach Maßgabe absolut erklärter Einzelmerkmale.

Die Verfehlung von vertraglich vereinbarten Einzelmerkmalen soll nur dann zu einer Nachbesserungspflicht führen, wenn der Gesamteindruck des betroffenen Bauteils in seiner Gestaltungswirkung gestört ist.

Bei der Beurteilung ist neben den Abschnitten 5.1.2 und 7 dieses Merkblattes auch zu beachten, dass jedes Bauteil als Unikat zu sehen ist. Geringe Unregelmäßigkeiten, z.B. der Textur und des Farbtons, sind in allen Sichtbetonklassen charakteristisch.

Zu „Herstellungstechnische Grenzen“ siehe Kapitel 3.1.1.2.

Bild 3.1: Sichtbetonklasse SB 4 (nach Betonkosmetik)

3.1.1 Sichtbeton (Ortbeton)

3.1.1.1 Sichtbetonklassen

Das DBV/VDZ-Merkblatt definiert verschiedene Sichtbetonklassen entsprechend der Anforderungen an die jeweilige Sichtbetonoberfläche. Zu jeder Sichtbetonklasse werden Ausführungsbedingungen und Einzelkriterien zur Ergebnisbeurteilung formuliert.

Eine flexible Bauteil- bzw. Raumbewertung soll erhalten bleiben. So weist üblicherweise ein normaler Kellerraum eine geringere Wertigkeit auf als ein Wohnraum bzw. eine Hotel-Eingangshalle.

Hinweis:
Eine Gewichtung der Sichtbetonklassen ist im Kapitel 4.3.4 zu finden.

Tabelle 3.1: Sichtbetonklassen (SB = Sichtbeton) gemäß DBV/BDZ-Merkblatt „Sichtbeton“ [2.1.1]

SB-Klasse	Beispiel		Kosten
SB 1	Betonflächen mit geringen gestalterischen Anforderungen, z.B. Kellerbereiche oder Bereiche mit vorwiegend gewerblicher Nutzung		niedrig
SB 2	Betonflächen mit normalen gestalterischen Anforderungen, z.B. Treppenhausbereiche bzw. Nebenräume, Abstellräume		mittel
SB 3	Betonflächen mit hohen gestalterischen Anforderungen, z.B. Fassaden im Hochbau bzw. Wohnräume, insbesondere Wohnzimmer		hoch
SB 4	Betonflächen mit besonders hoher gestalterischer Bedeutung, z.B. repräsentative Bauteile im Hochbau		sehr hoch

3.1.1.1.1 Sichtbetonklasse SB 1 gem. DBV/VDZ-Merkblatt „Sichtbeton“ Tab.1, 2 + 3, Fassung Juni 2015 [2.1.1]

Tabelle 3.2: SB 1 – Betonflächen mit geringen gestalterischen Anforderungen

	Kriterium		SB 1: Anforderungen / Eigenschaft	Hinweis
1	T1	Textur	– geschlossene Zementleim- bzw. Mörtelbetonfläche	weitgehend
			– in den Schalelementstößen ausgetretener Zementleim/ Feinmörtel Breite bis ca. 20 mm und Tiefe ca. 10 mm	zulässig
			– Rahmenabdruck des Schalungselements	zulässig
2	P1	Porigkeit	– saugende Schalhaut: max. Porenanteil in mm² (ca. 1,2 % der Prüffläche)	< ca. 3.000
			– nicht saugende Schalhaut: max. Porenanteil in mm²	< ca. 3.000
3	FT1	Farbtongleichmäßigkeit	– saugende und nicht saugende Schalhaut:	
			– Hell-/Dunkelverfärbungen	zulässig
			– Rost- und Schmutzflecken	unzulässig
4	E1	Ebenheit	– gemäß DIN 18202, Tabelle 3, Zeile 5: „nichtflächenfertige“ Wände und Unterseiten von Rohdecken: 10 mm/1 m	siehe Hinweis Kap. 2.5
5	AF1	Arbeitsfugen und Schalungsstöße	– Versatz der Flächen im Fugen- bzw. Stoßbereich bis ca. 10 mm	zulässig
			– Feinmörtelaustritt auf dem vorhergehenden Betonierabschnitt muss rechtzeitig	entfernt werden
			– Trapezleiste o.Ä.	empfohlen
6	SHK1	Schalungshautklassen	– Bohrlöcher: mit Kunststoff- oder Holzstöpsel oder mit geeignetem Reparaturverfahren verschließen	zulässig
			– Nagel-und Schraublöcher	zulässig
			– Beschädigungen der Schalhaut durch Innenrüttler	zulässig
			– Kratzer	zulässig
			– Beton- oder Mörtelreste: – Beton- oder Mörtelreste in Nagellöchern und zwischen Schalungshaut und Elementkante sind	keine flächige Anhaftung zulässig
			– Zementschleier	zulässig
			– Aufquellen der Schalungshaut in Schraub- bzw. Nagelbereichen oder Welligkeiten an Kantenflächen („Ripplings“)	zulässig

Tabelle 3.3: SB 1 – Anforderungen an Planung und Ausführung

	SB 1 Anforderung		Siehe Anhang „A" im DBV/VDZ-Merkblatt „Sichtbeton", Juni 2015	Hinweis
1	T1	Textur	– Aufwand wie bei DIN EN 13670/DIN 1045-3	üblich
2	P1	Porigkeit	– Aufwand wie bei DIN EN 13670/DIN 1045-3	üblich
3	FT1	Farbton-gleichmäßig-keit	– Aufwand wie bei DIN EN 13670/DIN 1045-3	üblich
4	E1	Ebenheit der Sichtbeton-flächen	– Ebenheitsanforderungen nach DIN 18202, Tab. 3, Zeile 5	vereinbaren
			– Einmessen der Schalung	erforderlich
			– zusätzliche Toleranzen aus anderen Normen	berücksichtigen
			– Maßkoordination bei Verwendung von Schalungen von verschiedenen Herstellern	vornehmen
			– auf steifes Bewehrungsgeflecht achten; ausreichende Anzahl von Abstandhaltern	berücksichtigen
			– Schalungsanker möglichst gleichmäßig anziehen	
			– Sicherung von Einbauteilen gegen Verschiebung	berücksichtigen
			– ausreichend Abstützung des Schalungssystems	berücksichtigen
5	AF1	Arbeitsfugen und Scha-lungsstöße	– Aufwand wie bei DIN EN 13670/DIN 1045	üblich
6		Erprobungen	– Erprobungsflächen sind	freigestellt

Begriffsdefinitionen siehe Sichtbeton Glossar (Kapitel 10), u.a.:

„vereinbaren": d.h., zwei oder mehrere Personen beschließen, etwas Bestimmtes zu tun

„empfehlen": d.h., jemandem eine Sache nennen, die für einen bestimmten Zweck geeignet ist

„vorsehen": d.h., planen, beabsichtigen

„gleichmäßig": d.h., in gleichen Teilen, Aufteilung, regelmäßig, stetig

„ca." ist die Abkürzung für: circa (zirka), lateinisch für: „ungefähr", „annähernd", d.h., geringfügige Überschreitungen sind im Einzelfall zulässig

Tabelle 3.4: SB 1 – Empfehlungen für Planung und Überwachung der Ausführung

Gegenstand	Empfehlungen
Abstimmung im Planungsprozess	gemäß DIN 18331:2012-09 „Betonarbeiten"
Gliederung der Oberfläche	gemäß DIN 18331:2012-09 „Betonarbeiten", mit geordnetem Schalungsbild
Ausführung und Qualitätssicherung	gemäß DIN EN 13670:2011-03 „Ausführung von Tragwerken aus Beton" in Verbindung mit DIN 1045-3:2012-03 „Bauausführung – Anwendungsregeln zu DIN EN 13670"

3.1.1.1.2 Sichtbetonklasse SB 2 gem. DBV/VDZ-Merkblatt „Sichtbeton“ Tab.1, 2 + 3, Fassung Juni 2015 [2.1.1]

Tabelle 3.5: SB 2 – Betonflächen mit normalen gestalterischen Anforderungen

	Kriterium		SB 2: Anforderungen Die beschriebenen Merkmale der Ausführbarkeit sind bauarttypisch und gelten für Anforderungsklassen	Hinweis
1	T2	Textur	– geschlossene und weitgehend einheitliche Betonfläche	
			– in den Schalelementstößen ausgetretener Zementleim/ Feinmörtel, Breite bis ca. 10 mm und Tiefe ca. 5 mm	zulässig
			– Höhe verbleibender Grate bis ca. 5 mm	zulässig
			– Rahmenabdruck des Schalelements	zugelassen
2		Porigkeit	– Porenanteil mit Porendurchmessern d in den Grenzen $2\ mm < d < 15\ mm$ gemessen an einer repräsentativen Prüffläche 500 mm x 500 mm	
	P2		– saugende Schalhaut: max. Porenanteil in mm^2 (ca. 0,9 % der Prüffläche)	ca. 2.250
	P1		– nicht saugende Schalhaut: max. Porenanteil in mm^2	ca. 3.000
3	FT2	Farbton-gleichmäßig-keit	Saugende und nicht saugende Schalhaut	
			– Gleichmäßige, großflächige Hell-/Dunkelverfärbungen in der Flächenfärbung sind	zulässig
			– Schmutzflecken sind	unzulässig
			– Unterschiedliche Arten und Vorbehandlungen der Schalungshaut sowie Betonausgangsstoffe verschiedener Art und Herkunft sind	unzulässig
4	E1	Ebenheit	– gemäß DIN 18202, Tabelle 3, Zeile 5: *„nichtflächenfertige“ Wände und Unterseiten von Decken: 5 mm/1 m*	siehe Hinweis Kap. 2.5
5	AF 2	Arbeitsfugen und Schalungs-stöße	– Versatz der Flächen im Fugen- bzw. Stoßbereich bis ca. 10 mm	zulässig
			– Feinmörtelaustritt auf dem vorhergehenden Betonierabschnitt *sollte* rechtzeitig	entfernt werden
			– In Arbeitsfugen werden Trapezleisten o.Ä.	empfohlen

Tabelle 3.5: SB 2 – Betonflächen mit normalen gestalterischen Anforderungen *Fortsetzung*

	Kriterium		SB 2: Anforderungen Die beschriebenen Merkmale der Ausführbarkeit sind bauarttypisch und gelten für Anforderungsklassen	Hinweis
6	SHK2	Schalungs-hautklassen	1) Bohrlöcher als Reparaturstellen	zulässig
			2) Nagel-und Schraublöcher, ohne Absplitterungen	zulässig
			3) Beschädigungen der Schalhaut durch Innenrüttler [3]	nicht zulässig
			4) Kratzer („leichte") bis 1 mm [6], sonst als Reparaturstellen [2]	zulässig zulässig
			5) Beton- oder Mörtelreste [7]	nicht zulässig
			6) Zementschleier	zulässig
			7) Aufquellen der Schalungshaut in Schraub- bzw. Nagelbereichen oder Welligkeiten an Kantenflächen („Ripplings")	zulässig

[2] Reparaturen an der Schalungshaut sind sach- und fachgerecht durch qualifiziertes Personal vorzunehmen.
[3] als Reparaturstellen [2] in Abstimmung mit dem Auftraggeber zulässig
[6] siehe auch GSV-Merkblatt „Mietschalung", Güteschutzverband Betonschalungen e.V., Ratingen
[7] Beton- oder Mörtelreste in Nagellöchern und zwischen Schalungshaut und Elementkante sind zulässig.

Erfahrungen zeigen, dass Auftraggeber häufig größere Toleranzen der Merkmale einer Schalungshaut zulassen. Soweit von den Fußnoten 3 und 4 dieser Tabelle Gebrauch gemacht wird, ist eine Absprache oder Abstimmung mit dem Auftraggeber erforderlich. Diese sollte spätestens im Angebotsstadium getroffen werden bzw. erfolgen.

Die Tabelle enthält einen Widerspruch zum Thema „Farbtongleichmäßigkeit", da im DBV/VDZ-Merkblatt „Sichtbeton" im Abs. 5.1.2 (Ausgabe 2004/2015) zu finden ist, dass ein gleichmäßiger Farbton der Sichtbetonflächen im Bauwerk zu den technisch nicht zielsicher herstellbaren Anforderungen gehört.

Begriffsdefinitionen siehe Sichtbeton Glossar (Kapitel 10), u.a.:

„vereinbaren": d.h., zwei oder mehrere Personen beschließen, etwas Bestimmtes zu tun

„empfehlen": d.h., jemandem eine Sache nennen, die für einen bestimmten Zweck geeignet ist

„vorsehen": d.h., planen, beabsichtigen

„gleichmäßig": d.h., in gleichen Teilen, Aufteilung, regelmäßig, stetig

„ca." ist die Abkürzung für: circa (zirka), lateinisch für: „ungefähr", „annähernd", d.h., geringfügige Überschreitungen sind im Einzelfall zulässig

Tabelle 3.6: SB 2 – Anforderungen an Planung und Ausführung

	SB 2 Anforderungen		Siehe Anhang „A“ im DBV/VDZ-Merkblatt „Sichtbeton“, Juni 2015	Hinweis
1	T2	Textur	wie Klasse T1, zusätzlich, d.h. Aufwand wie bei DIN EN 13670 / DIN 1045-3	
			– gleiche Art und Vorbehandlung der Schalungshaut	sicherstellen
			– Sauberkeit der Schalung und dünnen, gleichmäßigen Trennmittelauftrag	sicherstellen
			– Wechsel der Betonzusammensetzung bzw. der Betonausgangsstoffe	ausschließen
			– Schalungssystem mit geringer Fertigungstoleranzen	wählen
			– Abdichtung der Schalungsstöße	vereinbaren
			– Schalungseinlagen	vereinbaren
			– Schalungsanker möglichst gleichmäßig fest anziehen	
			– fachgerechte Lagerung der Schalung	vorsehen
			– möglichst gleichalte Schalungshautplatten	verwenden
			– bauseits geschnittene Kanten der Schalungsplatten sind	zu versiegeln
2	P2	Porigkeit	wie Klasse P1, zusätzlich, d.h. Aufwand wie bei DIN EN 13670 / DIN 1045-3	
			– Betonsorte, Trennmittel und Schalungshaut aufeinander	abstimmen
			– gleiche Art und Vorbehandlung der Schalungshaut	sicherstellen
			– Sauberkeit der Schalung und dünnen, gleichmäßigen Trennmittelauftrag	sicherstellen
3	FT2	Farbton-gleich-mäßigkeit	wie Klasse FT1, zusätzlich, d.h. Aufwand wie bei DIN EN 13670 / DIN 1045-3	
			– Betonsorte, Trennmittel und Schalungshaut aufeinander	abstimmen
			– gleiche Art und Vorbehandlung der Schalungshaut	sicherstellen
			– Bei nebeneinanderliegenden Bauteilen Schalung mit gleicher Einsatzhäufigkeit	verwenden
			– Sauberkeit der Schalung und dünnen, gleichmäßigen Trennmittelauftrag	sicherstellen
			– Schalung fachgerecht lagern, dabei UV-Einwirkung	vermeiden
			– Wechsel der Betonzusammensetzung bzw. der Betonausgangsstoffe	ausschließen
			– Verwendung von Restwasser und Restbeton	ausschließen
			– Mischdauer des Betons im Werk je Charge mindestens 60 Sekunden	
			– Lieferung für zusammenhängende Bauteile jeweils nur aus einer Produktionsstätte (Lieferwerk)	Lieferwerk

Tabelle 3.6: SB 2 – Anforderungen an Planung und Ausführung *Fortsetzung*

SB 2 Anforderungen			Siehe Anhang „A" im DBV/VDZ-Merkblatt „Sichtbeton", Juni 2015	Hinweis
4	E1	Ebenheit der Sichtbeton-flächen	– Ebenheitsanforderungen nach DIN 18202, Tab. 3, Zeile 5	vereinbaren
			– Einmessen der Schalung	erforderlich
			– zusätzliche Toleranzen aus anderen Normen	berücksichtigen
			– Maßkoordination bei Verwendung von Schalungen von verschiedenen Herstellern	vornehmen
			– auf steifes Bewehrungsgeflecht achten; ausreichende Anzahl von Abstandhaltern	berücksichtigen
			– Schalungsanker möglichst gleichmäßig anziehen	
			– Sicherung von Einbauteilen gegen Verschiebung	berücksichtigen
			– ausreichend Abstützung des Schalungssystems	berücksichtigen
5	AF2	Arbeitsfugen und Schalungs-stöße	wie Klasse AF1, zusätzlich, d.h. Aufwand wie bei DIN EN 13670 / DIN 1045-3	
			– Feinmörtelaustritt aus dem vorgehenden Betonier-abschnitt	entfernen
6		Erprobungen	zur Abstimmung Schalung, Trennmittel, Beton, Einbau und Verdichtung werden Erprobungen Tests an Prüfschalungen sind zweckdienlich.	empfohlen

Tabelle 3.7: SB 2 – Empfehlungen für Planung und Überwachung der Ausführung

Gegenstand	Empfehlungen
Abstimmung im Planungsprozess	zusätzlich Sichtbetonteam nach Abschnitt 6.5 (im DBV-Merkblatt-Sichtbeton) zur planerischen Abstimmung der Haustechnik, der Bewehrung und der Einbauteile auf die Betonierbarkeit
Gliederung der Oberfläche	gemäß DIN 18331:2012-09 „Betonarbeiten" mit geordnetem Schalungsbild
Ausführung und Qualitätssicherung	zusätzlich Schalungsvorbereitung durch den Unternehmer

3.1.1.1.3 Sichtbetonklasse SB 3 gem. DBV/VDZ-Merkblatt „Sichtbeton“ Tab. 1, 2 + 3 Fassung Juni 2015 [2.1.1]

Tabelle 3.8: SB 3 – Betonflächen mit hohen gestalterischen Anforderungen

	Kriterium		SB 3: Anforderungen Die beschriebenen Merkmale der Ausführbarkeit sind bauarttypisch und gelten für Anforderungsklassen	Hinweis
1	T2	Textur	Geschlossene und weitgehend einheitliche Betonfläche	
			- in den Schalelementstößen ausgetretener Zementleim/ Feinmörtel Breite bis ca. 10 mm und Tiefe ca. 5 mm	zulässig
			- Versatz der Elementstöße bis ca. 5 mm	zulässig
			- Höhe verbleibender Grate bis ca. 5 mm	zulässig
			- Rahmenabdruck des Schalelements	zugelassen
2	P3	Porigkeit	- saugende Schalhaut : max. Porenanteil in mm² (ca. 0,6 % der Prüffläche)	ca. 1.500
	P2		- nicht saugende Schalhaut: max. Porenanteil in mm² (ca. 0,9 % der Prüffläche)	ca. 2.250
3	FT2	Farbton-gleichmäßig-keit	- gleichmäßige, großflächige Hell-/Dunkelverfärbungen in der Flächenfärbung sind	zulässig
			- Schmutzflecken sind	unzulässig
			- unterschiedliche Arten und Vorbehandlung der Schalungshaut sowie Betonausgangsstoffe verschiedener Art und Herkunft sind	unzulässig
4	E2	Ebenheit	- gemäß DIN 18202, Tabelle 3, Zeile 6: Flächenfertige Wände und Decken: 5 mm/1 m	siehe Hinweis Kap. 2.5
5	AF3	Arbeitsfugen und Schalungs-stöße	- Versatz der Flächen im Fugen- bzw. Stoßbereich bis ca. 5 mm	zulässig
			- Feinmörtelaustritt auf dem vorhergehenden Betonierabschnitt sollte rechtzeitig	entfernt werden
			- in Arbeitsfugen werden Trapezleisten o.Ä.	empfohlen

Tabelle 3.8: SB 3 – Betonflächen mit hohen gestalterischen Anforderungen *Fortsetzung*

	Kriterium		SB 3: Anforderungen Die beschriebenen Merkmale der Ausführbarkeit sind bauarttypisch und gelten für Anforderungsklassen	Hinweis
6	SHK2	Schalungs-hautklassen	- Bohrlöcher als Reparaturstellen	zulässig
			- Nagel-und Schraublöcher, ohne Absplitterungen	nicht zulässig
			- Beschädigungen der Schalhaut durch Innenrüttler [3]	zulässig
			- Kratzer als Reparaturstellen [2]	zulässig
			- Beton- oder Mörtelreste [7]	nicht zulässig
			- Zementschleier	zulässig
			- Aufquellen der Schalungshaut in Schraub- bzw. Nagelbereichen oder Welligkeiten an Kantenflächen („Ripplings“)	nicht zulässig [4] [5]

[2] Reparaturen an der Schalungshaut sind sach- und fachgerecht durch qualifiziertes Personal vorzunehmen.
[3] als Reparaturstellen [2] in Abstimmung mit dem Auftraggeber zulässig
[4] nach Absprache mit dem Auftraggeber zulässig
[5] zu tolerieren sind werkstoffbedingte Dickentoleranzen im Kantenbereich
[6] siehe auch GSV-Merkblatt „Mietschalung“, Güteschutzverband Betonschalungen e.V., Ratingen
[7] Beton- oder Mörtelreste in Nagellöchern und zwischen Schalungshaut und Elementkante sind zulässig.

Erfahrungen [des DBV/VDZ] zeigen, dass Auftraggeber häufig größere Toleranzen der Merkmale einer Schalungshaut zulassen. Soweit von den Fußnoten 3 und 4 dieser Tabelle Gebrauch gemacht wird, ist eine Absprache oder Abstimmung mit dem Auftraggeber erforderlich. Diese sollte spätestens im Angebotsstadium getroffen werden bzw. erfolgen.

Erfahrungen des Autors zeigen, dass Auftraggeber nicht größere Toleranzen der Merkmale einer Schalungshaut zulassen.

Die Tabelle enthält einen Widerspruch zum Thema „Farbtongleichmäßigkeit“, da im DBV/VDZ-Merkblatt „Sichtbeton“ im Abs. 5.1.2 (Ausgabe 2004/2015) zu finden ist, dass ein gleichmäßiger Farbton der Sichtbetonflächen im Bauwerk zu den technisch nicht zielsicher herstellbaren Anforderungen gehört.

Begriffsdefinitionen siehe Sichtbeton Glossar (Kapitel 10), u.a.:

„vereinbaren“: d.h., zwei oder mehrere Personen beschließen, etwas Bestimmtes zu tun
„empfehlen“: d.h., jemandem eine Sache nennen, die für einen bestimmten Zweck geeignet ist
„vorsehen“: d.h., planen, beabsichtigen
„gleichmäßig“: d.h., in gleichen Teilen, Aufteilung, regelmäßig, stetig
„ca.“ ist die Abkürzung für: circa (zirka), lateinisch für: „ungefähr“, „annähernd“, d.h., geringfügige Überschreitungen sind im Einzelfall zulässig

Tabelle 3.9: SB 3 – Anforderungen an die Planung und Ausführung

	SB 3 Anforderungen		Siehe Anhang „A“ im DBV/VDZ-Merkblatt „Sichtbeton“, Juni 2015	Hinweis
1	T2	Textur	wie Klasse T1, zusätzlich, d.h. Aufwand wie bei DIN EN 13670 / DIN 1045-3	
			– gleiche Art und Vorbehandlung der Schalungshaut	sicherstellen
			– Sauberkeit der Schalung und dünnen, gleichmäßigen Trennmittelauftrag	sicherstellen
			– Wechsel der Betonzusammensetzung bzw. der Betonausgangsstoffe	ausschließen
			– Schalungssystem mit geringer Fertigungstoleranzen	wählen
			– bei Trägerschalung ggf. Befestigung der Platten von Rückseite	vereinbaren
			– Abdichtung der Schalhautstöße	vereinbaren
			– Schalungseinlagen	vereinbaren
			– Schalungsanker möglichst gleichmäßig fest anziehen	
			– fachgerechte Lagerung der Schalung	vorsehen
			– möglichst gleichalte Schalungsplatten	verwenden
2	P3	Porigkeit	wie Klasse P2, zusätzlich, d.h. Aufwand wie bei DIN EN 13670 / DIN 1045-3	
			– Betonsorte, Trennmittel und Schalungshaut aufeinander	abstimmen
			– gleiche Art und Vorbehandlung der Schalungshaut	sicherstellen
			– Sauberkeit der Schalung und dünnen, gleichmäßigen Trennmittelauftrag	sicherstellen
			– besondere Sorgfalt beim Betonieren im Bereich von unterschnittenen Schalungen, Deckenschalungen, horizontalen Kanten von Leisten und Einbauteilen	erforderlich
			– Wechsel der Betonzusammensetzung bzw. der Betonausgangsstoffe	ausschließen
			– Verwendung von Restwasser und Restbeton	ausschließen
			– Nachverdichtung der obersten Betonierlage	
3	FT2	Farbtongleichmäßigkeit	wie Klasse FT1, zusätzlich, d.h. Aufwand wie bei DIN EN 13670 / DIN 1045-3	
			– Betonsorte, Trennmittel und Schalhaut aufeinander	abstimmen
			– gleiche Art und Vorbehandlung der Schalungshaut	sicherstellen
			– Sauberkeit der Schalung und dünnen, gleichmäßigen Trennmittelauftrag	sicherstellen
			– Schalung fachgerecht lagern, dabei UV-Einwirkung	ausschließen
			– Wechsel der Betonzusammensetzung bzw. der Betonausgangsstoffe	

Tabelle 3.9: SB 3 – Anforderungen an die Planung und Ausführung *Fortsetzung*

	SB 3 Anforderungen		Siehe Anhang „A" im DBV/VDZ-Merkblatt „Sichtbeton", Juni 2015	Hinweis
3	FT2	Farbton-gleichmäßig-keit	– Verwendung von Restwasser und Restbeton	ausschließen
			– Mischdauer des Betons im Werk je Charge mindestens 60 Sekunden	
			– Lieferung für zusammenhängende Bauteile jeweils nur aus einer Produktionsstätte (Lieferwerk)	(Lieferwerk)
4	E2	Ebenheit der Sichtbeton-flächen	wie Klasse E1, jedoch zusätzlich, d.h.	
			– Einmessen der Schalung	erforderlich
			– Zusätzliche Toleranzen aus anderen Normen	berücksichtigen
			– Maßkoordination bei Verwendung von Schalungen von verschiedenen Herstellern	vornehmen
			– auf steifes Bewehrungsgeflecht achten; ausreichende Anzahl von Abstandhaltern	berücksichtigen
			– Schalungsanker möglichst gleichmäßig anziehen	
			– Sicherung von Einbauteilen gegen Verschiebung	berücksichtigen
			– ausreichend Abstützung des Schalungssystems	berücksichtigen
			– Ebenheitsanforderungen nach DIN 18202 Tab. 3 Zeile 6: Flächenfertige Wände und Decken: 5 mm/1 m	vereinbaren
			– höhere Anforderungen an die Ebenflächigkeit sind im Vertrag als Leistungsoption zu	berücksichtigen
			– sorgfältige Lagerung der Schalungshaut	erforderlich
			– besondere Regelungen für gekrümmte Schalungen und Sonderausführungen	treffen
			– u.U. begrenzte Einsatzzahl der Schalung	berücksichtigen
			– sorgfältige Reinigung der Schalung	erforderlich
			– Fertigungstoleranzen des zum Einsatz kommenden Schalungssystems	berücksichtigen
5	AF3	Arbeitsfugen und Schalungs-stöße	wie Klasse AF2, zusätzlich, d. h. Aufwand wie bei DIN EN 13670 / DIN 1045-3	
			– Feinmörtelaustritt aus dem vorgehenden Betonier-abschnitt	entfernen
			– Schalungssystem mit geringen Fertigungstoleranzen	wählen
6		Erprobungen	Zur Abstimmung Schalung, Trennmittel, Beton, Einbau, Verdichtung, Anker-, Fugen- und Kantenausbildung werden Erprobungen dringend empfohlen ggf. in Verbindung mit Tests an Prüfschalungen.	empfohlen

Tabelle 3.10: SB 3 – Empfehlungen für Planung und Überwachung der Ausführung

Gegenstand	Empfehlungen
Abstimmung im Planungsprozess	zusätzlich Sichtbetonteam nach Abschnitt 6.5 (im DBV-Merkblatt „Sichtbeton“) zur planerischen Abstimmung der Haustechnik, der Bewehrung und der Einbauteile auf die Betonierbarkeit und Festlegung der schalungstechnischen Details für Fugen, Kanten etc.
Gliederung der Oberfläche	Gliederung nach Skizzen des Planers
Ausführung und Qualitätssicherung	zusätzlich Schalungsvorbereitung durch den Unternehmer und sichtbetontechnische Überwachung der Ausführung durch eine Fachkraft des Unternehmers

3.1.1.1.4 Sichtbetonklasse SB 4 gem. DBV/VDZ-Merkblatt „Sichtbeton“ Tab. 1, 2 + 3, Fassung Juni 2015 [2.1.1]

Tabelle 3.11: SB 4 - Betonflächen mit besonders hoher gestalterischer Bedeutung

	Kriterium		SB 4: Anforderungen Die beschriebenen Merkmale der Ausführbarkeit sind bauarttypisch und gelten für Anforderungsklassen	Hinweis
1	T3	Textur	– glatte, geschlossene und weitgehend einheitliche Betonfläche	
			– in den Schalelementstößen ausgetretener Zementleim/ Feinmörtel , Breite bis ca. 3 mm	zulässig
			– feine, technisch unvermeidbare Grate bis ca. 3 mm	zulässig
			– weitere Anforderungen (z.B. an Ankerausbildung, Schalungsstöße, Konenverschlüsse) sind detailliert	festzulegen
2	P4	Porigkeit	– saugende Schalhaut: max. Porenanteil in mm² (ca. 0,3 % der Prüffläche)	ca. 750
	P3		– nicht saugende Schalhaut max. Porenanteil in mm² (ca. 0,6 % der Prüffläche)	ca. 1.500
3.1	FT2	Farbtongleichmäßigkeit	nicht saugende Schalhaut:	
			– gleichmäßige, großflächige Hell-/Dunkelverfärbungen in der Flächenfärbung sind	zulässig
			– Schmutzflecken sind	unzulässig
			– unterschiedliche Arten und Vorbehandlung der Schalungshaut sowie Betonausgangsstoffe verschiedener Art und Herkunft sind	unzulässig
3.2	FT3	Farbtongleichmäßigkeit	saugende Schalhaut:	
			– geringe Hell-/Dunkelverfärbungen, z.B. leichte Wolkenbildung, geringe Farbtonabweichungen sind	zulässig
			– Schmutzflecken, deutlich sichtbare Schüttlagen sowie Verfärbungen, verursacht durch die Nichteinhaltung der Vorgaben aus Anhang A, Tabelle A 3 des DBV-Merkblattes	unzulässig

Tabelle 3.11: SB 4 - Betonflächen mit besonders hoher gestalterischer Bedeutung *Fortsetzung*

	Kriterium		SB 4: Anforderungen Die beschriebenen Merkmale der Ausführbarkeit sind bauarttypisch und gelten für Anforderungsklassen	Hinweis
3.2	FT3	Farbton-gleichmäßig-keit	saugende Schalhaut:	
			- großflächige Verfärbungen, verursacht z.B. durch Ausgangsstoffe verschiedener Art und Herkunft, unterschiedliche Art und Vorbehandlung der Schalungshaut und ungeeignete Nachbehandlung des Betons sind	unzulässig
4	E3	Ebenheit	- gemäß DIN 18202, Tabelle 3, Zeile 6: Flächenfertige Wände und Decken: 5 mm/1 m	festzulegen
			- höhere Anforderungen sind gesondert zu vereinbaren; dafür erforderliche Aufwendungen und Maßnahmen sind vom AG detailliert	festzulegen
			- höhere Ebenheitsanforderungen, z.B. nach DIN 18202, Tab. 3, Zeile 7, (3 mm/1 m) sind technisch nicht zielsicher erfüllbar.	siehe Hinweis Kap. 2.5
5	AF4	Arbeitsfugen und Schalungs-stöße	- Planung der Detailausführung	erforderlich
			- Versatz der Flächen im Fugen- bzw. Stoßbereich bis ca. 3 mm	zulässig
			- Feinmörtelaustritt auf dem vorhergehenden Betonierabschnitt sollte rechtzeitig entfernt werden.	
			- weitere Anforderungen (z.B. Ausbildung von Arbeitsfugen und Schalungsstöße) sind detailliert	Festzulegen
6	SHK3	Schalungs-hautklassen	- Bohrlöcher als Reparaturstellen [3]	nicht zulässig
			- Nagel-und Schraublöcher, ohne Absplitterungen [3]	nicht zulässig
			- Beschädigungen der Schalhaut durch Innenrüttler [3]	nicht zulässig
			- Kratzer als Reparaturstellen [2]	nicht zulässig
			- Beton- oder Mörtelreste [7]	nicht zulässig
			- Zementschleier [4]	nicht zulässig
			- Aufquellen der Schalungshaut in Schraub- bzw. Nagelbereichen oder Welligkeiten an Kantenflächen („Ripplings") [5]	nicht zulässig

[2] Reparaturen an der Schalungshaut sind sach- und fachgerecht durch qualifiziertes Personal vorzunehmen.
[3] als Reparaturstellen [2] in Abstimmung mit dem Auftraggeber zulässig
[4] nach Absprache mit dem Auftraggeber zulässig
[5] zu tolerieren sind werkstoffbedingte Dickentoleranzen im Kantenbereich
[6] siehe auch GSV-Merkblatt „Mietschalung", Güteschutzverband Betonschalungen e.V., Ratingen
[7] Beton- oder Mörtelreste in Nagellöchern und zwischen Schalungshaut und Elementkante sind zulässig.

Erfahrungen [des DBV/VDZ] zeigen, dass Auftraggeber häufig größere Toleranzen der Merkmale einer Schalungshaut zulassen. Soweit von den Fußnoten 3 und 4 dieser Tabelle Gebrauch gemacht wird, ist eine Absprache oder Abstimmung mit dem Auftraggeber erforderlich. Diese sollte spätestens im Angebotsstadium getroffen werden bzw. erfolgen.

Erfahrungen des Autors zeigen, dass Auftraggeber <u>nicht</u> größere Toleranzen der Merkmale einer Schalungshaut zulassen.

Tabelle 3.12: SB 4 – Anforderungen an Planung und Ausführung

	SB 4 Anforderungen		Siehe Anhang „A“ im DBV/VDZ-Merkblatt „Sichtbeton“, Juni 2015	Hinweis
1	T3	Textur	wie Klasse T2, zusätzlich, d.h. Aufwand wie bei DIN EN 13670 / DIN 1045-3	
			– gleiche Art und Vorbehandlung der Schalungshaut	sicherstellen
			– Sauberkeit der Schalung und dünnen, gleichmäßigen Trennmittelauftrag	sicherstellen
			– Wechsel der Betonzusammensetzung bzw. der Betonausgangsstoffe	ausschließen
			– Schalungssystem mit geringer Fertigungstoleranzen	wählen
			– bei Trägerschalung ggf. Befestigung der Platten von Rückseite	vereinbaren
			– Abdichtung der Schalhautstöße	vereinbaren
			– Schalungseinlagen	vereinbaren
			– Schalungsanker möglichst gleichmäßig fest anziehen	
			– fachgerechte Lagerung der Schalung	vorsehen
			– möglichst gleichalte Schalungsplatten	verwenden
			– Anforderungen bezüglich Schalungsstöße und Rahmenabdruck sind detailliert	festzulegen
			– Detailplanung der Schalung (Abdichtungen, Stöße, Fußpunkt)	notwendig
			– Schalung bei Lagerung vor Witterungseinflüssen	schützen
			– Schalungssystem mit sehr kleinen Fertigungstoleranzen (mögliche Einschränkungen bei der Wahl beachten)	wählen
			– Versiegelung/Abdichtung der Schnittkanten	vereinbaren
			– Kantenschutz der Schalungselemente	vorsehen
			– Entwurfsplanung	vereinbaren
			– kurze Zeitspanne zwischen Aufstellen der Schalung und dem Betoneinbau	vereinbaren
			– Erstellung von Arbeitsanweisungen	vorsehen
			– Vorgaben für die Ausbildung von Arbeitsfugen (Trapezleiste, flächenbündige Fugen u.Ä.)	definieren
			– Fußpunkt: Aufstellen der Schalung auf nichtsaugenden Schaumstoffstreifen oder Abdichten der Schalung am Wandfuß	
			– Kantenschutz der ausgeschalten Bauteile	vorsehen

Tabelle 3.12: SB 4 – Anforderungen an Planung und Ausführung *Fortsetzung*

	SB 4 Anforderungen		Siehe Anhang „A" im DBV/VDZ-Merkblatt „Sichtbeton", Juni 2015	Hinweis
2	P4	Porigkeit	wie Klasse P3, zusätzlich, d. h. Aufwand wie bei DIN EN 13670 / DIN 1045-3	
			– Betonsorte, Trennmittel und Schalungshaut aufeinander	abstimmen
			– gleiche Art und Vorbehandlung der Schalungshaut	sicherstellen
			– Sauberkeit der Schalung und dünnen, gleichmäßigen Trennmittelauftrag	sicherstellen
			– besondere Sorgfalt beim Betonieren im Bereich von unterschnittenen Schalungen, Deckenschalungen, horizontalen Kanten von Leisten und Einbauteilen	erforderlich
			– Wechsel der Betonzusammensetzung bzw. der Betonausgangsstoffe	ausschließen
			– Verwendung von Restwasser und Restbeton	ausschließen
			– Nachverdichtung der obersten Betonierlage	
			– besondere Sorgfalt beim Betonieren im Bereich von horizontalen Kanten von Leisten und Einbauteilen	erforderlich
			– keine unterschnittenen Schalungen, Deckelschalungen	vorsehen
3	FT3	Farbton-gleichmäßig-keit	wie Klasse FT2, zusätzlich, d.h. Aufwand wie bei DIN EN 13670 / DIN 1045-3	
			– Betonsorte, Trennmittel und Schalhaut aufeinander	abstimmen
			– gleiche Art und Vorbehandlung der Schalungshaut	sicherstellen
			– Sauberkeit der Schalung und dünnen, gleichmäßigen Trennmittelauftrag	sicherstellen
			– Schalung fachgerecht lagern, dabei UV-Einwirkung	ausschließen
			– Wechsel der Betonzusammensetzung bzw. der Betonausgangsstoffe	
			– Verwendung von Restwasser und Restbeton	ausschließen
			– Mischdauer des Betons im Werk je Charge mindestens 60 Sekunden	
			– Lieferung für zusammenhängende Bauteile jeweils nur aus einer Produktionsstätte (Lieferwerk)	(Lieferwerk)
			– Bauzeitplanung hat witterungsbedingte Einschrän-kungen / Verzögerungen zu	berücksichtigen
			– Bauteilgeometrie und Bewehrungsführung sind so zu planen, dass eine einfache und zügige Betonage mög-lich ist. Schütt- und Rüttelöffnungen gleichmäßigen Ab-ständen sind vom Planer	vorzusehen
			– Bewehrungsführung, Schütt- und Rüttelöffnungen sind so zu planen, dass das Berühren von Schalung und Bewehrung mit dem Innenrüttler weitgehend vermieden werden kann.	

Tabelle 3.12: SB 4 – Anforderungen an Planung und Ausführung *Fortsetzung*

	SB 4 Anforderungen		Siehe Anhang „A“ im DBV/VDZ-Merkblatt „Sichtbeton“, Juni 2015	Hinweis
3	FT3	Farbton-gleichmäßig-keit	wie Klasse FT2, zusätzlich, d.h. Aufwand wie bei DIN EN 13670 / DIN 1045-3	
			– Schalungsstöße, Durchbindungen und Aufstandsflächen sind gegen das Auslaufen von Zementleim abzudichten. Die Art der Abdichtung ist vom Planer	festzulegen
			– Saugverhalten von Leisten etc. dem der Schalungshaut	anpassen
			– Betondeckung c_v (Verlegemaß) von mindestens 30 mm	vorsehen
			– komplizierte Bauteilgeometrie vermeiden, damit Schalungsanker gleichmäßig angezogen werden können	
			– komplizierte Bauteilgeometrien vermeiden, damit Schalungsanker gleichmäßig angezogen werden können	
			– kein Betonieren bei starken Regenfällen	
			– Spülwasserkontrolle vor der Beladung eines jeden Fahrmischers	durchführen
			– Einhaltung des Wasserzementwerts auf ± 0,02 genau bzw. Einhaltung der Ausgangskonsistenz a 10 auf ± 20 mm genau	
			– Wahl geeigneter Verfahren zur Vermeidung von Kalkausblühungen an pigmentiertem Beton	
4	E3	Ebenheit der Sichtbeton-flächen	wie Klasse E2, jedoch zusätzlich, d.h.	
			– Einmessen der Schalung	erforderlich
			– Zusätzliche Toleranzen aus anderen Normen	berücksichtigen
			– Maßkoordination bei Verwendung von Schalungen von verschiedenen Herstellern	vornehmen
			– auf steifes Bewehrungsgeflecht achten; ausreichende Anzahl von Abstandhaltern	berücksichtigen
			– Schalungsanker möglichst gleichmäßig anziehen	
			– Sicherung von Einbauteilen gegen Verschiebung	berücksichtigen
			– ausreichend Abstützung des Schalungssystems	berücksichtigen
			– Ebenheitsanforderungen nach DIN 18202 Tab. 3 Zeile 6 Flächenfertige Wände und Decken: 5 mm/1 m	vereinbaren
			– höhere Anforderungen an die Ebenflächigkeit sind im Vertrag als Leistungsoption zu	berücksichtigen
			– Sorgfältige Lagerung der Schalungshaut	erforderlich
			– besondere Regelungen für gekrümmte Schalungen und Sonderausführungen	treffen
			– u.U. begrenzte Einsatzzahl der Schalung	berücksichtigen

Tabelle 3.12: SB 4 – Anforderungen an Planung und Ausführung *Fortsetzung*

	SB 4 Anforderungen		Siehe Anhang „A" im DBV/VDZ-Merkblatt „Sichtbeton", Juni 2015	Hinweis
4	E3	Ebenheit der Sichtbeton-flächen	wie Klasse E2, jedoch zusätzlich, d.h.	
			– sorgfältige Reinigung der Schalung	erforderlich
			– Fertigungstoleranzen des zum Einsatz kommenden Schalungssystems	berücksichtigen
			– ggf. über Zeile 6 von Tabelle 3 in DIN 18202 hinausgehende Ebenheitsanforderungen vertraglich	vereinbaren
			– Planung und Festlegung der zum Erreichen von über Zeile 6 von Tabelle 3 in DIN 18202 hinausgehende Ebenheitsanforderungen durch den Auftraggeber	Planung
			– geodätisches Einmessen der Schalung	erforderlich
			– Prüfung der Maßtoleranzen und der Ebenflächigkeit von Schalungshaut und Befestigung vor Ort	überprüfen
			– ggf. Detailplanung	notwendig
5	AF4	Arbeitsfugen und Schalungs-stöße	wie Klasse AF3, zusätzlich, d.h. Aufwand wie bei DIN EN 13670 / DIN 1045-3	
			– Feinmörtelaustritt aus dem vorgehenden Betonierabschnitt	entfernen
			– Schalungssystem mit geringen Fertigungstoleranzen	wählen
			– detaillierte Festlegung aller Maßnahmen durch den	Planer
6		Erprobungen	zur Abstimmung Schalung, Trennmittel, Beton, Einbau, Verdichtung, Anker-, Fugen- und Kantenausbildung sind i.A. mindestens zwei Erprobungen - ggf. in Verbindung mit Tests an Prüfschalungen	erforderlich

Begriffsdefinitionen siehe Sichtbeton Glossar (Kapitel 10), u.a.:

„vereinbaren": d.h., zwei oder mehrere Personen beschließen, etwas Bestimmtes zu tun

„empfehlen": d.h., jemandem eine Sache nennen, die für einen bestimmten Zweck geeignet ist

„vorsehen": d.h., planen, beabsichtigen

„gleichmäßig": d.h., in gleichen Teilen, Aufteilung, regelmäßig, stetig

„ca." ist die Abkürzung für: circa (zirka), lateinisch für: „ungefähr", „annähernd", d.h., geringfügige Überschreitungen sind im Einzelfall zulässig

Tabelle 3.13: SB 4 – Empfehlungen für Planung und Überwachung der Ausführung

Gegenstand	Empfehlungen
Abstimmung im Planungsprozess	zusätzlich Sichtbetonteam nach Abschnitt 6.5 (im DBV-Merkblatt „Sichtbeton“) zur planerischen Abstimmung der Haustechnik, der Bewehrung und der Einbauteile auf die Betonierbarkeit und Festlegung der schalungstechnischen Details für Fugen, Kanten etc.
Gliederung der Oberfläche	Gliederung nach Schalungsmusterplan des Planers
Ausführung und Qualitätssicherung	zusätzlich Schalungsvorbereitung durch den Unternehmer, sichtbetontechnische Überwachung der Ausführung durch eine Fachkraft des Unternehmers und mit sichtbetontechnischem Qualitätssicherungsplan

Hinweis:
Die Anforderungen der Sichtbetonklasse SB 4 sind ohne Betonkosmetik kaum zu erfüllen. Daher sollte eine „Betonkosmetik“ bereits in der Planung berücksichtigt und extra ausgeschrieben werden!

Bild 3.2: Sichtbetonklasse SB 4, nach Betonkosmetik

3.1.1.1.5 Sichtbeton – Anforderungsprofil

Das DBV/VDZ-Merkblatt „Sichtbeton“ bildet eine gute Grundlage zur Thematik Sichtbeton.

Der Autor empfiehlt, die Anfoderungen an die Sichtbetonflächen nicht gemäß DBV/VDZ-Merkblatt „Sichtbeton“ und die darin enthaltenen Sichtbetonklassen zu vereinbaren, sondern das DBV/VDZ-Merkblatt als Grundlage/„Checkliste“ zu nutzen und Sichtbeton eigenständig zu definieren, d.h. die Erwartung bezüglich der Sichtbetonflächen sollte sinngemäß nach Tabelle 3.14 (Sichtbeton Anforderungen „Anforderungsprofil“) vereinbart werden zwischen Architekten-Planer und dem Bauherren. Die Hinweise in Spalte 3 der Tabelle 3.14 sind gemeinsam festzulegen.

Über die Beratung des Planers ist ein Protokoll zu erstellen, das Auftraggeber und Planer (als gemeinsame Beschaffenheitsvereinbarung) zu unterschreiben haben.

Die entsprechenden Anforderungen an Planung und Ausführung sind der Tabelle 3.15 (Kapitel 3.1.1.6) zu entnehmen.

Begriffsdefinitionen siehe Sichtbeton Glossar (Kapitel 10), u.a.:

„vereinbaren“:	d.h., zwei oder mehrere Personen beschließen, etwas Bestimmtes zu tun
„empfehlen“:	d.h., jemandem eine Sache nennen, die für einen bestimmten Zweck geeignet ist
„vorsehen“:	d.h., planen, beabsichtigen
„gleichmäßig“:	d.h., in gleichen Teilen, Aufteilung, regelmäßig, stetig
„ca.“	ist die Abkürzung für: circa (zirka), lateinisch für: „ungefähr“, „annähernd“, d.h., geringfügige Überschreitungen sind im Einzelfall zulässig

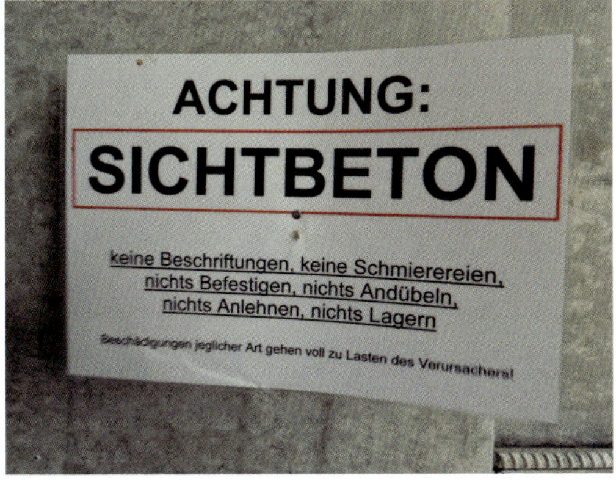

Bild 3.3: Sichtbeton Schutzmaßnahmen

Bild 3.4: Sichtbeton Ergebnis

Tabelle 3.14: Sichtbetonflächen mit besonders hohen gestalterischen Anforderungen

1	2	3
Kriterium	Sichtbeton Anforderungen: Anforderungsprofil / Beschaffenheitsvereinbarung	Hinweis
Textur, d.h. Oberflächenbeschaffenheit	– glatte, geschlossene und weitgehend einheitliche Betonfläche	
	– in den Schalelementstößen ausgetretener Zementleim/ Feinmörtel, Breite bis ca. 3 mm	zulässig
	– feine, technisch unvermeidbare Grate bis ca. 3 mm	zulässig
	– weitere Anforderungen (z.B. an Ankerausbildung, Schalungsstöße, Konenverschlüsse) sind detailliert	festzulegen
		mittels Prinzipskizzen ist vom Planer das Kriterium eindeutig zu erklären
Porigkeit	– saugende Schalhaut: max. Porenanteil in mm^2 (ca. 0,3 % der Prüffläche)	ca. 750
	– nicht saugende Schalhaut: max. Porenanteil in mm^2 (ca. 0,6 % der Prüffläche)	ca. 1.500
	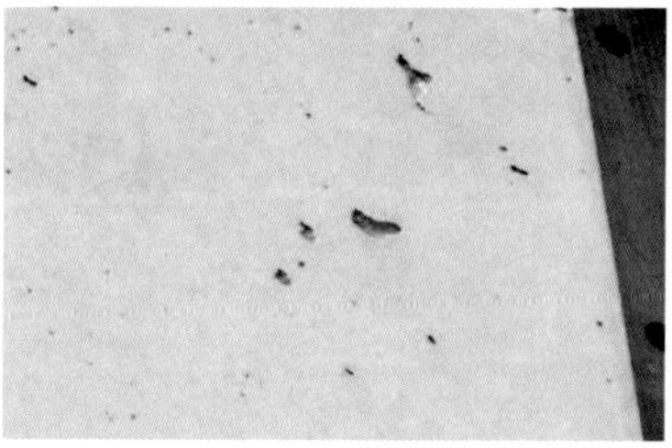	
Farbtongleichmäßigkeit saugende Schalhaut	– gleichmäßige, großflächige Hell-/Dunkelverfärbungen in der Flächenfärbung sind	zulässig
	– Schmutzflecken sind	unzulässig
	– unterschiedliche Arten und Vorbehandlung der Schalungshaut sowie Betonausgangsstoffe verschiedener Art und Herkunft sind	unzulässig

Tabelle 3.14: Sichtbetonflächen mit besonders hohen gestalterischen Anforderungen *Fortsetzung*

1	2	3
Kriterium	Sichtbeton Anforderungen: Anforderungsprofil / Beschaffenheitsvereinbarung	Hinweis
Farbton-gleichmäßigkeit nicht saugende Schalhaut	– geringe Hell-/Dunkelverfärbungen, z.B. leichte Wolkenbildung, geringe Farbtonabweichungen sind	zulässig
	– Schmutzflecken, deutlich sichtbare Schüttlagen sowie Verfärbungen, verursacht durch die Nichteinhaltung der Vorgaben	unzulässig
	– großflächige Verfärbungen, verursacht z.B. durch Ausgangsstoffe verschiedener Art und Herkunft, unterschiedliche Art und Vorbehandlung der Schalungshaut und ungeeignete Nachbehandlung des Betons sind	unzulässig
Ebenheit	– gemäß DIN 18202, Tabelle 3, Zeile 6: *Flächenfertige Wände und Decken: 5 mm/1 m*	festzulegen
	– höhere Anforderungen sind gesondert zu vereinbaren; dafür erforderliche Aufwendungen und Maßnahmen sind vom AG detailliert	festzulegen
	– höhere Ebenheitsanforderungen, z.B. nach DIN 18202, Tab. 3, Zeile 7, (3 mm/1 m) sind technisch nicht zielsicher erfüllbar.	siehe Kap. 2.5
		mittels Prinzipskizzen ist vom Planer das Kriterium eindeutig zu erklären.

Tabelle 3.14: Sichtbetonflächen mit besonders hohen gestalterischen Anforderungen *Fortsetzung*

1	2	3
Kriterium	Sichtbeton Anforderungen: Anforderungsprofil / Beschaffenheitsvereinbarung	Hinweis
Arbeitsfugen und Schalungsstöße	– Planung der Detailausführung	erforderlich
	– Versatz der Flächen im Fugen- bzw. Stoßbereich bis ca. 3 mm	zulässig
	– Feinmörtelaustritt auf dem vorhergehenden Betonierabschnitt sollte rechtzeitig entfernt werden.	
	– weitere Anforderungen (z.B. Ausbildung von Arbeitsfugen und Schalungsstöße) sind detailliert	festzulegen

Schalungshautklassen	– Bohrlöcher als Reparaturstellen	nicht zulässig
	– Nagel-und Schraublöcher, ohne Absplitterungen	nicht zulässig
	– Beschädigungen der Schalhaut durch Innenrüttler	nicht zulässig
	– Kratzer als Reparaturstellen	nicht zulässig
	– Beton- oder Mörtelreste	nicht zulässig
	– Zementschleier	nicht zulässig
	– Aufquellen der Schalungshaut in Schraub- bzw. Nagelbereichen oder Welligkeiten an Kantenflächen („Ripplings“)	nicht zulässig
Betonkosmetik	in Teilflächen < 10 % der Gesamtfläche, nur nach Abstimmung mit dem Auftraggeber. Wird die Fläche der Betonkosmetik > 10% wird eine Preisminderung vom AG in Ansatz gebracht, die vom Sichtbeton-Sachverständigen ermittelt wird.	zulässig

Risse	Gewählte, zulässige Rissbreite w = 0,15 mm, als Vorgabe für die Tragwerksplanung (Nachweis der Rissbreitenbegrenzung)	unvermeidlich

MUSTER

Sichtbeton – Beschaffenheitsvereinbarung

1.) Das o.g. Anforderungsprofil für Sichtbeton wurde gemeinsam zwischen dem Bauherren und dem Architekten-Planer abgestimmt.
2.) Der Bauherr wurde vom Architekten auf die zu erwartenden Sichtbetonergebnisse eindeutig und erschöpfend hingewiesen.
3.) Der Bauherr wurde vom Architekten auf evtl. Einschränkungen hingewiesen bzw. Erfordernisse sowie den Umstand, dass der Sichtbeton ein Unikat ist, d.h. das Abweichungen (z.B. gegenüber Musterobjekte) unvermeidlich sind.
4.) Der Bauherr/AG erklärt, dass er die Hinweise vollumfänglich verstanden hat.
5.) Sollte es während der Ausführung oder zur Bauabnahme zu Unstimmigkeiten über die Sichtbetonergebnisse kommen, wird ein öbuv Sachverständiger für Sichtbeton hinzugezogen werden, der ggf. ein Schiedsgutachten erstellt.

Datum: ___________ 2016

_______________________ _______________________

Bauherr/AG / Unterschrift Architekt / Unterschrift

Hinweis:
Um die Gefahr einer Haftungspflicht zu umgehen, sollte bei sensiblen Konstruktionen (wie beim Sichtbeton) mit dem Bauherren/Auftraggeber ein Anforderungsprofil aufgestellt werden, in dem die Eigenschaften des Sichtbetons mit Vor- und Nachteilen bzw. Risiken beschrieben werden.

3.1.1.1.6 Sichtbeton – Anforderungsprofil an die Planung

Tabelle 3.15: Anforderungen an die Planung

	Kriterium	Anforderungen an die Planung und Ausführung	Hinweis
1	Textur	Aufwand wie bei DIN EN 13670/DIN 1045-3	
		– gleiche Art und Vorbehandlung der Schalungshaut	sicherstellen
		– Sauberkeit der Schalung und dünnen, gleichmäßigen Trennmittelauftrag	sicherstellen
		– Wechsel der Betonzusammensetzung bzw. der Betonausgangsstoffe	ausschließen
		– Schalungssystem mit geringer Fertigungstoleranzen	wählen
		– bei Trägerschalung ggf. Befestigung der Platten von Rückseite	vereinbaren
		– Abdichtung der Schalhautstöße	vereinbaren
		– Schalungseinlagen	vereinbaren
		– Schalungsanker möglichst gleichmäßig fest anziehen	
		– fachgerechte Lagerung der Schalung	vorsehen

Tabelle 3.15: Anforderungen an die Planung *Fortsetzung*

	Kriterium	Anforderungen an die Planung und Ausführung	Hinweis
1	Textur	Aufwand wie bei DIN EN 13670/DIN 1045-3	
		– möglichst gleichalte Schalungsplatten	verwenden
		– Anforderungen bezüglich Schalungsstöße und Rahmenabdruck sind detailliert –	festzulegen
		– Detailplanung der Schalung (Abdichtungen, Stöße, Fußpunkt)	notwendig
		– Schalung bei Lagerung vor Witterungseinflüssen	schützen
		– Schalungssystem mit sehr kleinen Fertigungstoleranzen (mögliche Einschränkungen bei der Wahl beachten)	wählen
		– Versiegelung/Abdichtung der Schnittkanten	vereinbaren
		– Kantenschutz der Schalungselemente	vorsehen
		– Entwurfsplanung	vereinbaren
		– kurze Zeitspanne zwischen Aufstellen der Schalung und dem Betoneinbau	vereinbaren
		– Erstellung von Arbeitsanweisungen, d.h.	vorsehen
		– Vorgaben für die Ausbildung von Arbeitsfugen (Trapezleiste, flächenbündige Fugen u.Ä.)	definieren
		– Fußpunkt: Aufstellen der Schalung auf nichtsaugenden Schaumstoffstreifen oder Abdichten der Schalung am Wandfuß	
		– Kantenschutz der ausgeschalten Bauteile	vorsehen
2	Porigkeit	Aufwand wie bei DIN EN 13670 / DIN 1045-3	
		– Betonsorte, Trennmittel und Schalungshaut aufeinander	abstimmen
		– gleiche Art und Vorbehandlung der Schalungshaut	sicherstellen
		– Sauberkeit der Schalung und dünnen, gleichmäßigen Trennmittelauftrag	sicherstellen
		– besondere Sorgfalt beim Betonieren im Bereich von horizontalen Kanten von Leisten und Einbauteilen	erforderlich
		– keine unterschnittenen Schalungen, Deckelschalungen	vorsehen
3	Farbton-gleichmäßig-keit	Aufwand wie bei DIN EN 13670/DIN 1045-3	
		– Betonsorte, Trennmittel und Schalhaut aufeinander	abstimmen
		– gleiche Art und Vorbehandlung der Schalungshaut	sicherstellen
		– Sauberkeit der Schalung und dünnen, gleichmäßigen Trennmittelauftrag	sicherstellen
		– Schalung fachgerecht lagern, dabei UV-Einwirkung	ausschließen
		– Wechsel der Betonzusammensetzung bzw. der Betonausgangs-stoffe	
		– Verwendung von Restwasser und Restbeton	ausschließen
		– Mischdauer des Betons im Werk je Charge mindestens 60 Sekunden	

Tabelle 3.15: Anforderungen an die Planung *Fortsetzung*

	Kriterium	Anforderungen an die Planung und Ausführung	Hinweis
3	Farbton-gleichmäßig-keit	Aufwand wie bei DIN EN 13670/DIN 1045-3	
		– Lieferung für zusammenhängende Bauteile jeweils nur aus einer Produktionsstätte (Lieferwerk)	(Lieferwerk)
		– Bauzeitplanung hat witterungsbedingte Einschränkungen / Verzögerungen zu	berücksichtigen
		– Bauteilgeometrie und Bewehrungsführung sind so zu planen, dass eine einfache und zügige Betonage möglich ist. Schütt- und Rüttelöffnungen gleichmäßigen Abständen sind vom Planer	vorzusehen
		– Bewehrungsführung, Schütt- und Rüttelöffnungen sind so zu planen, dass das Berühren von Schalung und Bewehrung mit dem Innenrüttler weitgehend vermieden werden kann.	
		– Schalungsstöße, Durchbindungen und Aufstandsflächen sind gegen das Auslaufen von Zementleim abzudichten. Die Art der Abdichtung ist vom Planer	festzulegen
		– Saugverhalten von Leisten etc. dem der Schalungshaut	anpassen
		– Betondeckung c_v (Verlegemaß) von mindestens 30 mm	vorsehen
		– komplizierte Bauteilgeometrie vermeiden, damit Schalungsanker gleichmäßig angezogen werden können	
		– komplizierte Bauteilgeometrien vermeiden, damit Schalungs-anker gleichmäßig angezogen werden können	
		– kein Betonieren bei starken Regenfällen	
		– Spülwasserkontrolle vor der Beladung eines jeden Fahrmischers	durchführen
		– Einhaltung des Wasserzementwerts auf ± 0,02 genau bzw. Einhaltung der Ausgangskonsistenz a 10 auf ± 20 mm genau	
		– Wahl geeigneter Verfahren zur Vermeidung von Kalkausblühungen an pigmentiertem Beton	
4	Ebenheit der Sichtbeton-flächen	– Einmessen der Schalung	erforderlich
		– zusätzliche Toleranzen aus anderen Normen	berücksichtigen
		– Maßkoordination bei Verwendung von Schalungen von verschiedenen Herstellern	vornehmen
		– auf steifes Bewehrungsgeflecht achten; ausreichende Anzahl von Abstandhaltern	berücksichtigen
		– Schalungsanker möglichst gleichmäßig anziehen	
		– Sicherung von Einbauteilen gegen Verschiebung	berücksichtigen
		– ausreichend Abstützung des Schalungssystems	berücksichtigen
		– ggf. über Zeile 6 von Tabelle 3 in DIN 18202 hinausgehende Ebenheitsanforderungen vertraglich	vereinbaren
		– Planung und Festlegung der zum Erreichen von über Zeile 6 von Tabelle 3 in DIN 18202 hinausgehende Ebenheits-anforderungen durch den Auftraggeber	Planung

Tabelle 3.15: Anforderungen an die Planung *Fortsetzung*

	Kriterium	Anforderungen an die Planung und Ausführung	Hinweis
4	Ebenheit der Sichtbeton-flächen	– geodätisches Einmessen der Schalung	erforderlich
		– Prüfung der Maßtoleranzen und der Ebenflächigkeit von Schalungshaut und Befestigung vor Ort	überprüfen
		– ggf. Detailplanung	notwendig
5	Arbeitsfugen und Schalungs-stöße	Aufwand wie bei DIN EN 13670 / DIN 1045-3	
		– Feinmörtelaustritt aus dem vorgehenden Betonierabschnitt	entfernen
		– Schalungssystem mit geringen Fertigungstoleranzen	wählen
		– detaillierte Festlegung aller Maßnahmen durch den	Planer
6	Erprobungen	zur Abstimmung Schalung, Trennmittel, Beton, Einbau, Verdichtung, Anker-, Fugen- und Kantenausbildung sind i.A. mindestens zwei Erprobungen erforderlich – ggf. in Verbindung mit Tests an Prüfschalungen	erforderlich

Weitere Hinweise sind auch von Schalungsherstellern (z.B. der PERI-Checkliste: „Ausführungshinweise für Sichtbeton – Schalungsarbeiten“) zu entnehmen.

3.1.1.2 Herstellungstechnische Grenzen

Im DBV/VDZ-Merkblatt „Sichtbeton“ [2.1.1] sind Einschränkungen der zu erwartenden Sichtbetonqualität formuliert als:

- „technisch nicht oder nicht zielsicher herstellbare Anforderungen“ oder
- „eingeschränkt vermeidbare Abweichungen“ (siehe Tabelle 3.16)

Hinweis:
Im Merkblatt „Grundlage der Planung und Ausschreibung“, werden „Hinzunehmende Unregelmäßigkeiten“ festgeschrieben, d.h. alle unter diesen Punkten aufgeführten Unregelmäßigkeiten sind (gem. DBV/VDZ-Merkblatt „Sichtbeton“) hinzunehmen!

Daher sollten die Empfehlungen des Autors im Kapitel 3.1.1.1.5 beachtet werden.

Der Sichtbeton-Planer, i.d.R. der Architekt, muss explizit auf diese „Einschränkungen“ im DBV/VDZ-Merkblatt hinweisen, da der Bauherr diese im Normalfall nicht kennt.

Besonders hohe Anforderungen an hochwertige Sichtbetonflächen müssen „mit Worten geplant“, d.h. es müssen umfangreiche zusätzliche technische Vorbemerkungen zum Sichtbeton vertraglich vereinbart werden.

Andernfalls sind Enttäuschungen seitens des Bauherrn vorprogrammiert!

Bild 3.5: Betonkosmetik – Sichtbetonklasse SB 4

Tabelle 3.16: Herstellungstechnische Sichtbeton-Grenzen (Ortbeton) gemäß DBV/VDZ-Merkblatt „Sichtbeton" Abs. 5.1.2 „Ausführbarkeit" [2.1.1]

	Stichwort	technisch nicht oder nicht zielsicher herstellbare Anforderungen	eingeschränkt vermeidbare Abweichungen	vermeidbare Abweichung
1	„Farbtönung"/	gleichmäßiger Farbton aller Ansichtsflächen	Wolkenbildung und Marmorierungen, leichte Farbunterschiede zwischen aufeinander folgenden Schüttlagen	Farb- und Texturunterschiede durch unsachgemäß gelagerte Schalung
	Farbton	Farbton- und Texturgleichheit im Bereich von Schalungsstößen		unterschiedliche Oberflächenqualitäten (Farbton/Textur) durch unsachgemäß gelagerte Schalung
2	„Poren"/ Lunker	gleichmäßige Porenstruktur (Porengröße + -verteilung) Porenfreie Ansichtsflächen	Porenanhäufung im oberen Teil vertikaler Bauteile	
3	„Ausblutungen"/ „Kantenabbrüche"	ungefaste, scharfe Kanten ohne kleinere Abbrüche und Ausblutungen	geringe Ausblutungen an Stößen zwischen Schalbrettern bzw. -elementen, Ankerlöchern u.Ä.	starke Ausblutungen an Schalbrett- und Schalelementstößen sowie an Bauteilanschlüssen und Ankerlöchern

Tabelle 3.16: Herstellungstechnische Sichtbeton-Grenzen (Ortbeton) gemäß DBV/VDZ-Merkblatt „Sichtbeton“ Abs. 5.1.2 „Ausführbarkeit“ [2.1.1] *Fortsetzung*

	Stichwort	technisch nicht oder nicht zielsicher herstellbare Anforderungen	eingeschränkt vermeidbare Abweichungen	vermeidbare Abweichung
4	„Rost-spuren“		Rostspuren an Untersichten von horizontalen Bauteilen einzelne Kalk- und Rostfahnen an vertikalen Bauteilen	Häufung von Rostfahnen an vertikalen Bauteilen sowie Rostspuren durch zurückgelassene Bewehrungsreste an den Untersichten horizontaler Bauteile
5	„Kies-nester“/ Schütt-lagen			Fehler beim Einbringen und Verdichten (z.B. Kiesnester, starke sichtbare Schüttlagen)
6	„Mörtel-reste“, „Nasen“			herunterlaufende Mörtelreste („Nasen“) durch undichte Arbeitsfugen an vertikalen Bauteilen
7	„Scha-lungs-anker“/ Anker-löcher			willkürliche, ungeordnete Anordnung von Schalungsankern, unsauberer oder unterschiedlicher Verschluss von Ankerlöcher, falls gefordert
8	Versätze Schalhaut-stöße			Versätze > 10 mm zwischen Schalelementstößen und an Bauteilanschlüssen
9	„Aus-blühung“	ausblühungsfreie Ansichtsflächen von Ortbetonbauteilen		
10	Abzeich-nung der Be-wehrung		Abzeichnung der Bewehrung oder des Grobkorns	
11	Schlepp-wasser-effekt		Schleppwassereffekt in geringerer Anzahl und Ausdehnung	stark ausgeprägte Schleppwassereffekte

Hinweis:
Zulässige Sichtbeton-Ebenheitsabweichungen („Toleranzen“) siehe Kapitel 2.5

Bild 3.6: Sichtbetonklasse SB 4 erfüllt?

Bild 3.7: Sichtbetonklasse SB 4 erfüllt?

Tabelle 3.17: Anforderungen an die Ausführung

	Stichwort	DBV/VDZ-Merkblatt „Sichtbeton“ 2015	Anmerkungen
1	scharfe, spitzwinklige Kanten: Abplatzungen	Abs.5.1.3 Bautechn. Grundsätze: „Bei der Planung und Ausschreibung von spitzwinklig zulaufenden Wänden, scharfen Ecken, Kanten u.a. ist zu beachten, dass trotz größter Sorgfalt bei der Festlegung des Ausschalzeitpunkts und beim Ausschalen Kanten abbrechen können“.	ggf. Bedenkenanmeldung erforderlich
2	Abzeichnung von Befestigungsmittel, z.B. Nagel-, Schraubköpfe	Abs. 5.1.4.3 Trägerschalung: (b) „Auf der Sichrbetonfläche zeichnen sich in diesem Fall die Befestigungsmittel ab.“ [Die Schalhaut wird i.d.R. auf die Trägerlage aufgeschraubt bzw. genagelt.]	ggf. Bedenkenanmeldung erforderlich
3	undichte Schalhaut bzw. Schalungsstöße, z.B. Arbeitsfugen, Türleibungen	Abs. 6.1 Schalung: (6) „Abdichtungen (Silikon oder komprimierbare, geschlossenzellige Fugeneinlagen) können die Dichtheit der Schalhaut- bzw. Schalungsstöße erhöhen.“ (auch bei Arbeitsfugen)	ggf. Bedenkenanmeldung erforderlich
4	Abstandhalter störend abzeichnen	Abs. 6.2 Bewehrung + Einbauteile: Da Abstandhalter sich in weiche Schalungshaut eindrücken oder in Bauteiloberflächen (insbesondere in Bauteiluntersichten) störend abzeichnen können, sollten Abstandhalter zumindest ab SB 2 erprobt werden.	ggf. Bedenkenanmeldung erforderlich
5	Rostverfärbungen an Wänden, Stützen	Abs. 6.4 Bauausführung: (8) „Die vertikalen Sichtbetonflächen sind vor Rostverschmutzungen, z.B. durch Witterungsschutz der Anschlussbewehrung, zu schützen.“	ggf. Bedenkenanmeldung erforderlich
6	Decken-Wand-Anschluss: „Arbeitsfuge“ „Betonnase“ auslaufender Zementleim	Abs. 6.4 Bauausführung: (4) „Vermeidung der Verschmutzung der Sichtbetonfläche durch auslaufenden Zementleim oder -mörtel („Betonnasen“) bei nachfolgenden Betoniervorgängen. Aufgetretene Verschmutzungen sind im frischen Zustand mit Wasser zu entfernen.“	ggf. Bedenkenanmeldung erforderlich
7	Abzeichnung von z.B. Kanthölzern auf der Deckenunterseite	Abs. 6.4 Bauausführung: (5) „Bei der Nachbehandlung durch Abdecken mit Folie dürfen sich keine Hilfsmittel wie Kanthölzer etc. auf den Flächen abzeichnen.“	ggf. Bedenkenanmeldung erforderlich
8	„sichtbare“ Abstandhalter	Abs. 6.2: Bewehrung + Einbauteile (1) „Die Auflagerungspunkte und -flächen der Abstandhalter sind im Allgemeinen an der Betonoberfläche erkennbar. Ein Probeeinsatz zur Vorlage und Abstimmung mit dem AG wird empfohlen.“ Auch das DBV-Merkblatt „Abstandhalter“ [2.1.6] weist darauf hin, dass „die Auflagerungspunkte und -flächen der Abstandhalter im Allgemeinen an der Betonoberfläche erkennbar“ bleiben.	Ein sich Abzeichnen der Abstandhalter in der Sichtfläche kann durch besondere Maßnahmen verhindert werden, z.B. „Aufhängung“ der Bewehrung. Dies muss jedoch vereinbart werden (Kosten)! Eine Planung, u.a. über die Lage, Anordnung, Form der Abstandhalter, ist erforderlich.
9	Rostverfärbungen an Deckenuntersichten	Abs. 6.2 Bewehrung: (4) „Bei längeren Standzeiten besteht bei horizontalen Bauteilen die Gefahr, dass Rostpartikel vom Bewehrungsstahl auf die Schalung fallen und nicht entfernt werden können.“	ggf. Bedenkenanmeldung erforderlich

3.1.1.3 Porigkeit (Lunker)

Im DBV/VDZ-Merkblatt „Sichtbeton“ [2.1.1] Tabelle 2: „Porigkeit“ wird der maximale Porenanteil mit „ca.“ angegeben, d.h. dass geringfügige Überschreitungen zulässig sind. Die Prüfung erfolgt anhand einer Prüffläche von 500 x 500 mm.

Die Porigkeit ist der Anteil offener Poren von 2 bis 15 mm Durchmesser.

Die Praxis zeigt, dass die Porengröße < 2 mm nicht den Gesamteindruck einer Sichtbetonfläche stört. Die Erfassung ist oft nur ungenau und fehlerhaft.

Zudem schleichen sich Fehler in der Dokumentation ein:

- durch Umkreisung der Poren: in Bleistiftdicke, z.B. 0,5 mm
- bereits beim Ablesen der Umkreisung (Lunker) mit dem Maßstablineal kann es schnell (±1 mm bis 3 mm) zu Fehlern kommen
- durch Addition von Maßungenauigkeiten usw.

Kaum vermeidbar sind Poren bei:

- geneigter Schalung,
- hohem Bewehrungsgrad, d.h. enger Bewehrung.

Poren/Lunker von einer Größe von ca. 15 x 15 mm, die bei einer glatten Schalung vereinzelt vorkommen, sind kaum vermeidbar und stellen keinen technischen Mangel dar.

Die Sichtbewertung, insbesondere die Erfassung der Porigkeit mittels „automatisierter Bildverarbeitung“, kann in der Praxis teilweise „gefährlich“ werden.

Sichtbetonflächen mit Poren/Lunkern als „optischer Mangel“ sind in z.B. repräsentativen Hoteleingangshallen anders zu bewerten, als Wände im Keller von Müll- und Abstellräumen.

Der Gesamteindruck der Sichtbetonfläche muss der Beschaffenheitsvereinbarung, d.h. der Gestaltungsabsicht entsprechen, die im Gebäudeentwurf festgelegt und durch Werkplanung und Leistungsverzeichnis präzisiert ist.

Bei ungenauer Sichtbetonbeschreibung ist bei der Sichtbetonbewertung zu berücksichtigen, dass Betonarbeiten immer noch Handwerkerarbeiten und keine feinmechanischen Uhrmacherarbeiten sind. Andernfalls sind Streitigkeiten vor Gericht vorprogrammiert!

Empfehlung:
Bereits im Leistungsverzeichnis sollten vorgegeben werden:
- Anzahl der Prüfflächen
- Lage der Prüfflächen, z.B. oben am Wandkopf oder unten am Wandsockel oder Wandmitte,
- usw.

Bild 3.8: Porengröße Wandfläche

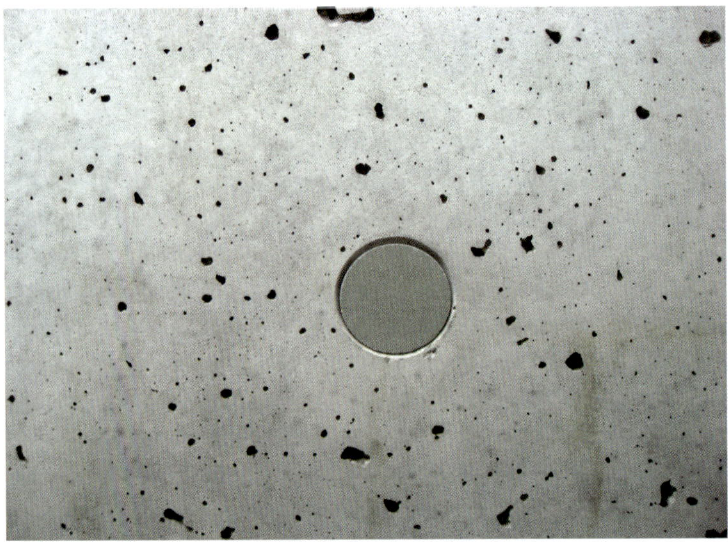

Bild 3.9: Porenanteil bei „Dämmbeton“

Bild 3.10: Sichtbetonklasse SB 3

Bild 3.11: Poren auf der geschalten „Einfüllseite“ nicht vermeidbar

3.1.1.4 Ebenheit (Toleranzen im Hochbau)

Die im DBV/VDZ-Merkblatt „Sichtbeton“ enthaltenen Hinweise zum Thema Bautoleranzen wurden im Kapitel 2.5 behandelt.

3.1.1.5 Schalungsmusterplan

In einen „Schalungsmusterplan“ gehören u.a. die folgenden Darstellungen:

- Ausbildung der Schalelemente, -stöße
- Ausbildung der Schalungsanker (Lage) einschl. Schließung
- Schalungssystem: Angabe
- Schalungstyp/Qualität
- Schalungshautbefestigung
- Ausbildung der Arbeitsfugen sowie
- Bauteil- und Dehnungsfugen, ggf.
- Schattenfugen (Flächengliederung)
- Kantenausbildung (scharf, Fasen)
- Einbauteile, z.B. Lampen, Handläufe
- zulässige Toleranzen, z.B. DIN 18202, Tab. 3, Zeile 7: „erhöhte Anforderungen“, (siehe Kapitel 2.5)
- Hinweis zum Abstandhalter (siehe Kapitel 2.1.3)
- Vorsorgemaßnahmen, u.a. zur Vermeidung von „Schuhabdrücken“ usw.

Hinweis:
Der Architekt muss die Baubeteiligten koordinieren und deren Leistungen in seine Planung integrieren.

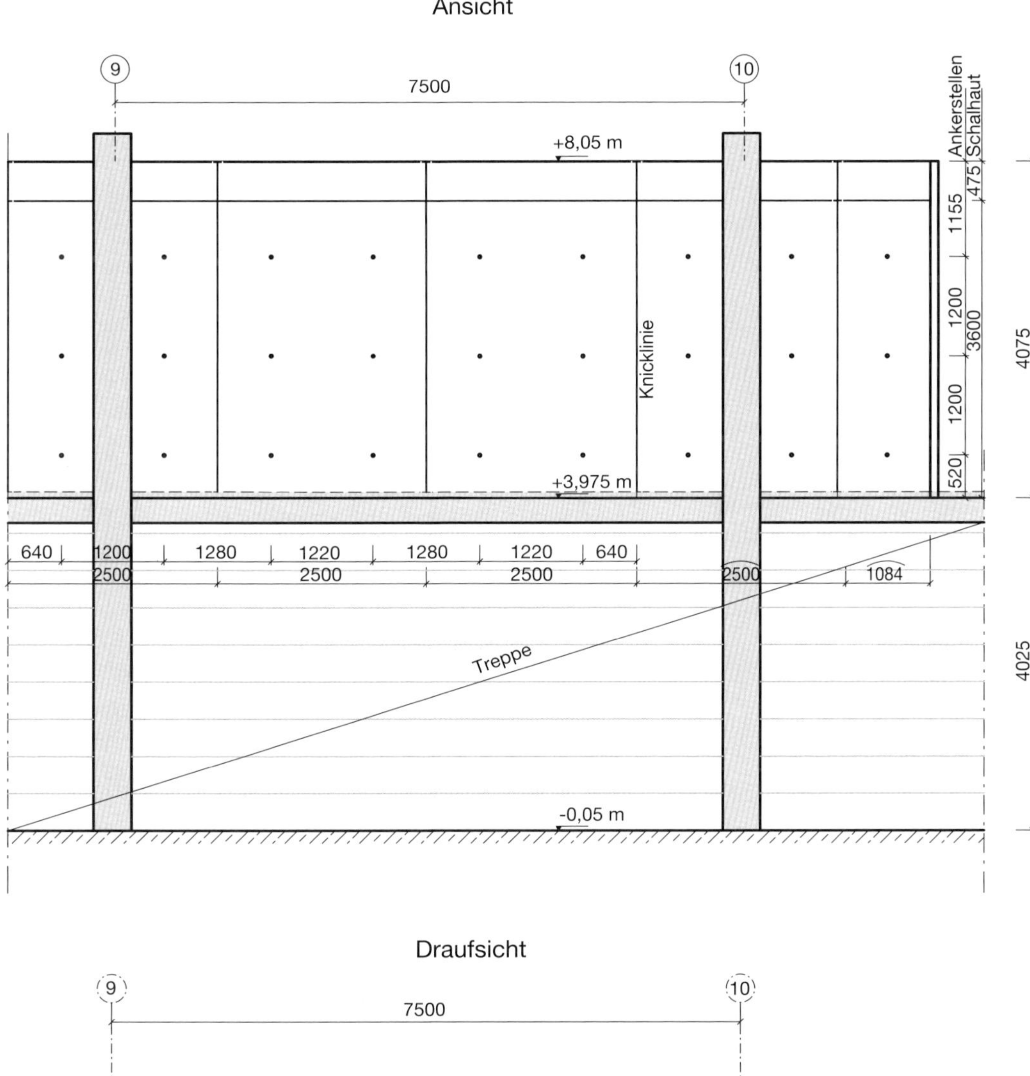

Bild 3.12: Empfehlungen zur Planung

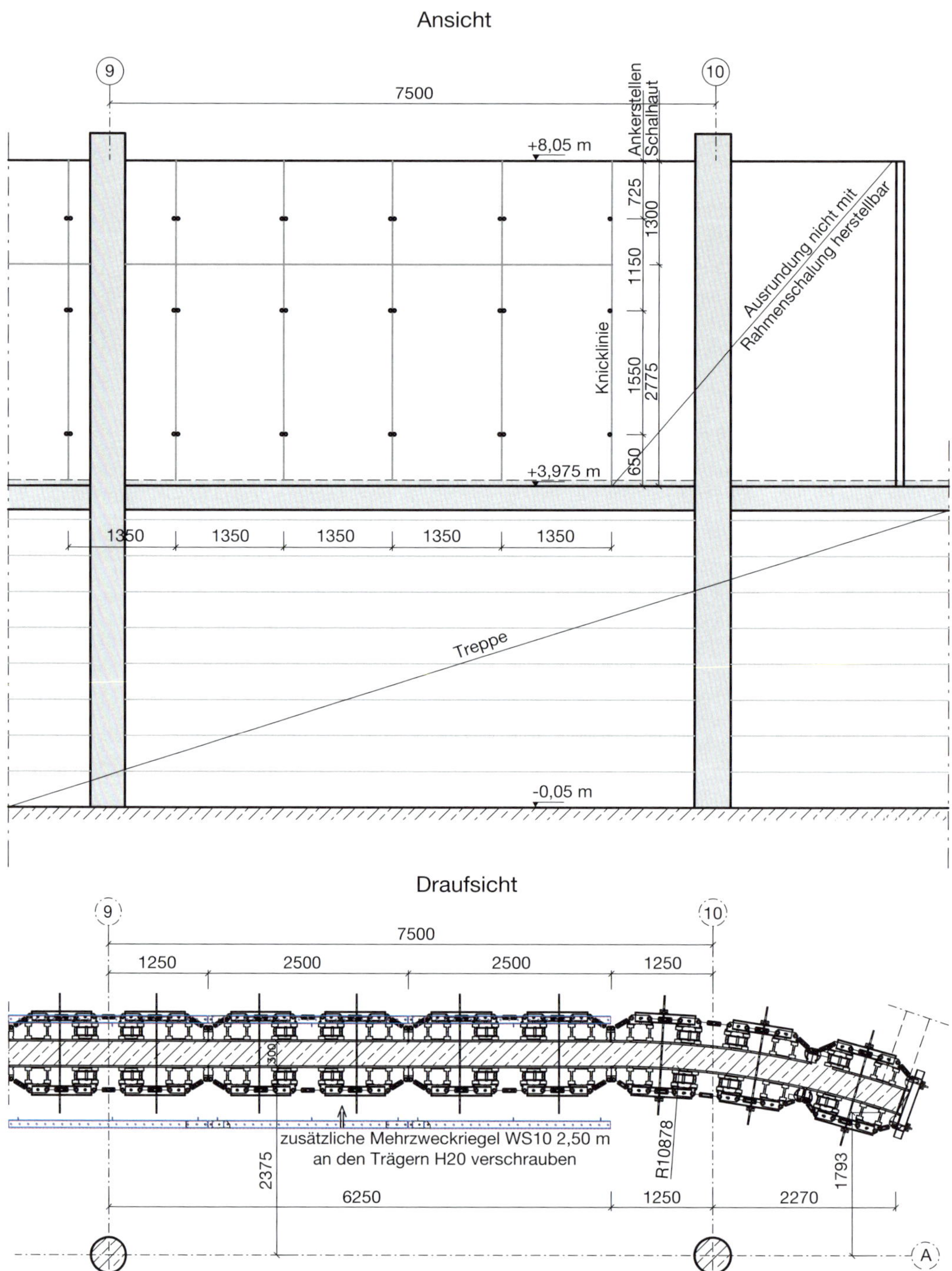

Bild 3.13: Empfehlungen zur Planung

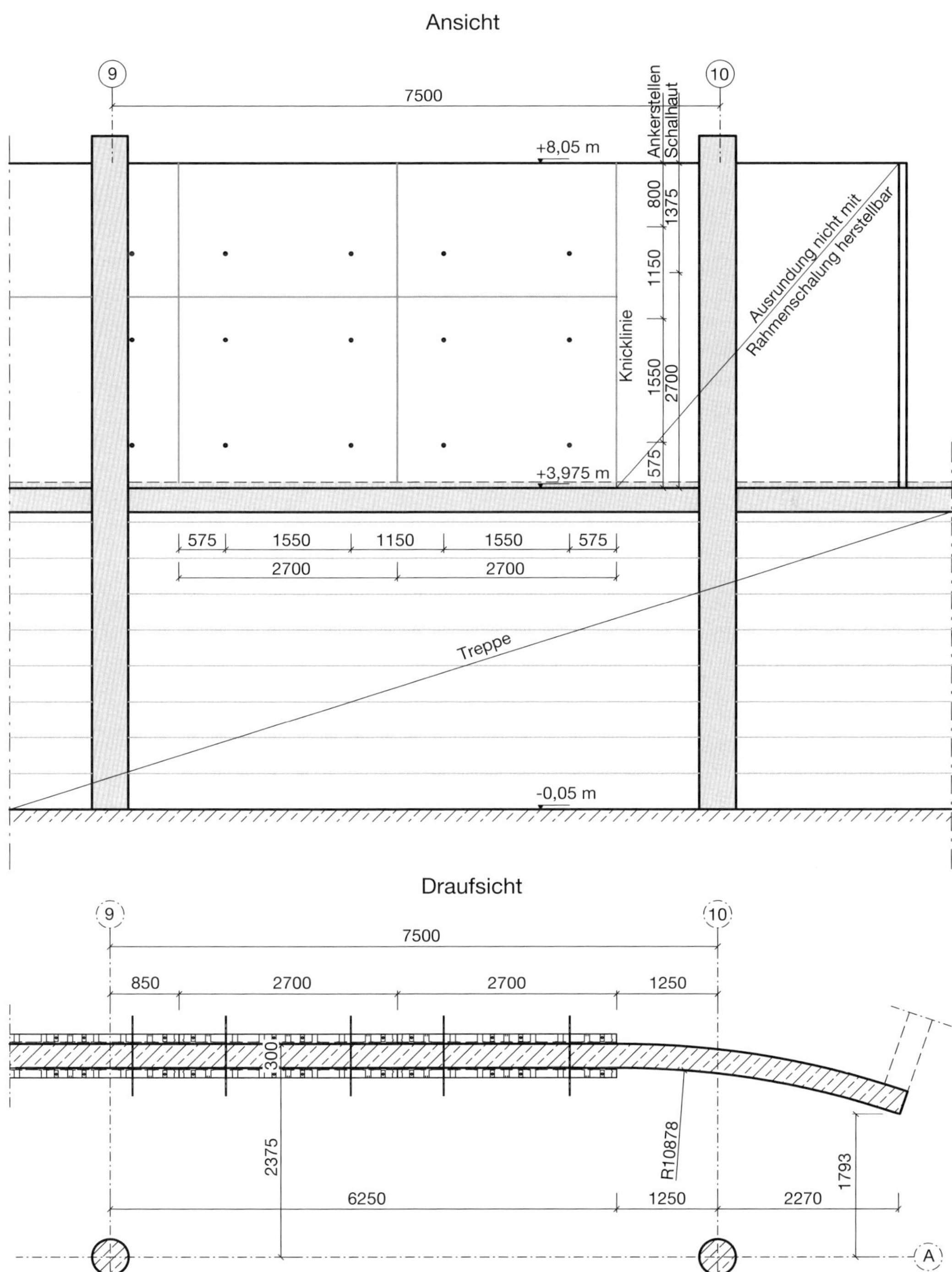

Bild 3.14: Empfehlungen zur Planung

3.1.1.6 Ausbildung von Stößen und Fugen

3.1.1.6.1 Arbeitsfugen (geplante)

Zwischen den einzelnen „Betonierabschnitten“, z.B.

- Sohle-Wand,
- Wand-Decke,
- Decke-Wand,

entstehen Arbeitsfugen, die besonders geplant und gewissenhaft ausgeführt werden müssen. Gerade an Treppenhaus-Wänden fallen die Arbeitsfugen besonders auf.

Durch Undichtigkeiten im Bereich der Arbeitsfuge entstehen Ausblutungen/Kiesnester. Durch Maßungenauigkeiten, labile Schalelemente entstehen Absätze („Versatz“) in den Wandebenen.

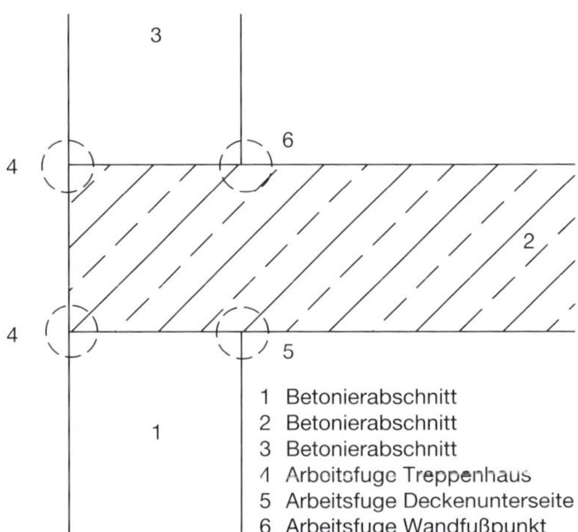

Bild 3.15: Prinzipskizze Arbeitsfuge

Bild 3.16: Zulässiger Versatz der Betonierabschnitte?

Bild 3.17: Sichtbare Betonkosmetik

Bild 3.18: Sichtbare Betonkosmetik

3.1.1.6.2 Arbeitsfugen (ungeplante)

Ungeplante Arbeitsfugen sind z.B. „Schüttlagen".

Gerade bei einer „Weißen Wanne", u.a. aus „WU-Beton" als Sichtbeton, treten Probleme in mehrerlei Hinsicht auf, z.B.:

- nachträgliches Abdichten der ungeplanten Arbeitsfuge (Schüttlage) siehe Beispiel Kapitel 8
- optische Beeinträchtigung der Schüttlage

Bild 3.19: Schüttlagen

Bild 3.20: Schüttlagen im Fenstersturzbereich

3.1.1.6.3 Schalhautstöße

Für die Sichtbetonklassen SB 2, SB 3 und SB 4 ist das Abdichten der Schalhautstöße bzw. Schnittkanten zu „vereinbaren“, andernfalls sind „Grate“ oder herauslaufender Zementleim nicht vermeidbar.

Auch bei der Sichtbetonklasse SB 4 sind Grate bis ca. 3 mm zulässig!

Bild 3.21: Schalelementstöße

Bild 3.22: Schalelementstöße

3.1.1.7 Musterflächen, Erprobungsflächen, Referenzflächen

Musterflächen sind unter normalen handwerklichen, witterungsbedingten Gegebenheiten auszuführen, entweder vor Beginn des Bauwerks oder innerhalb des Gebäudes, am besten bereits im Untergeschoss als Erprobungsfläche für die Sichtbetonarbeiten. Darin müssen alle „Details“ entsprechend dem Anforderungsprofil enthalten sein.

Erprobungsflächen (Musterflächen) sind so zu wählen, dass sie hinsichtlich ihrer Abmessungen (Decken-, Wanddicke), Öffnungen (Aussparungen), Bewehrungsgrad

Bild 3.23: Musterflächen Sichtbetonoberfläche

Bild 3.24: Betrachtungsabstand

Bild 3.25: Musterflächen Sichtbetonoberfläche – Oberflächengestaltung

(Stahlmenge), Schalungsgrad (Verhältnis Beton zur Schalfläche) usw. dem geplanten Bauwerk (M 1:1) entsprechen. Aus geeigneten Erprobungsflächen sind Ansichtsflächen auszusuchen, die die vertragliche Referenz definieren, sogenannte „Referenzflächen“.

Die Abnahme dieser Fläche sollte unter den gleichen Voraussetzungen (Lichtverhältnisse, Betrachtungsabstand usw.), die der späteren Nutzung entsprechen, erfolgen. Es ist ein „Abnahmeprotokoll“ zu erstellen, welches Grundlage für die zukünftige Sichtbeton-Beurteilung wird.

Bild 3.26: Musterflächen Sichtbetonoberfläche – Oberflächengestaltung

Bild 3.27: Musterfläche

3.1.1.8 Mängelbeseitigung

Da die Sichtbeton-Anforderung (z.B. an die Sichtbetonklasse) – leider – nicht immer gelingt, empfiehlt es sich, sich bereits in der Planung/Ausschreibung Gedanken über eine Mängelbeseitigung zu machen.

Die Punkte in Tabelle 3.18 sind dabei u.a. zu berücksichtigen (siehe auch Betonkosmetik, Kapitel 7).

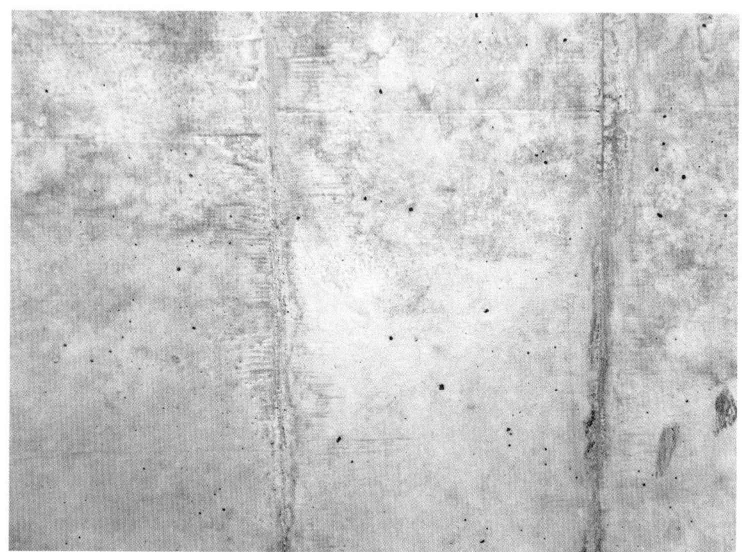

Bild 3.28: Sichtbare Betonkosmetik: Sichtbetonklasse?

Tabelle 3.18: Mängelbeseitigung – Vergleich „SOLL-IST-Ausführung" von Sichtbeton

1	gemeinsame Festlegungen (Auftraggeber + Auftragnehmer)
1.1	„hinzunehmende" Unregelmäßigkeiten: – materialbedingt – konstruktionsbedingt – ausführungsbedingt
1.2	Was und wie soll nachgebessert werden?
1.3	Entscheidung, ob der Aufwand zur Mängelbeseitigungen gerechtfertigt ist.
2	Verfahrensentwicklung und Herstellung von Erprobungsflächen
2.1	Prüfung, ob die Mängelbeseitigung erfolgreich sein wird.
2.2	Festlegung von Referenzflächen, auf denen die Mangelbeseitigung „geübt" wird.
2.3	Erstellung von Arbeitsanweisungen (Planung!)
3	Ausführung am Bauteil
3.1	Anpassung
3.2	baubegleitende Qualitäts-Kontrolle (Sichtbeton QM-Planung/Heft)
3.3	Abnahme der Mängelbeseitigung
4	ggf. Schiedsgutachten durch einen öbuv Sichtbeton-Sachverständigen

Bild 3.29: Sichtbeton Balkone

Bild 3.30: Balkongeländer Halterung

Bild 3.31: Sichtbeton Abplatzungen

3.1.2 DBV-Merkblatt: „Betonierbarkeit von Bauteilen aus Stahlbeton", 2014-01

Die Hinweise für den Sichtbeton-Planer in den nachfolgenden Normen sind unzureichend:

- DIN EN 1992-1-1:2011-01 „Bemessung und Konstruktion von Stahlbeton",
- DIN EN 13670:2011-03 „Ausführung von Tragwerken aus Beton",

sodass das entsprechende DBV-Merkblatt überarbeitet wurde.

Das Merkblatt weist in der Vorbemerkung ausdrücklich darauf hin, dass es sich in erster Linie an den Planer und Bauausführenden richtet.

Planer beim Sichtbeton ist in der Regel der Architekt in Zusammenarbeit mit dem Tragwerksplaner. Es muss leider immer wieder festgestellt werden, dass eine Koordinierung vom planenden Architekten unzureichend ausgeführt wird.

Die Koordinierung umfasst u.a.:

Bauteilquerschnitte,
d.h. die Mindestdicke des Bauteils ergibt sich aus der Summe von

- Betondeckung c_V, beidseitig
- Stahlbewehrung, beidseitig
- Einfüllschlauch zzgl. 40 mm Bewegungsraum

Betonieröffnungen
zum Einführen des Einfüllschlauchs/Einbauschlauchs/Rohrs sind bereits in der Planung, d.h. in den Bewehrungsplänen des Tragwerksplaners, zu berücksichtigen.
Empfohlen wird ein Abstand von ca. 1,5 m.

Rüttellücken
zum Einführen des Innenrüttlers sind bereits in der Planung, d.h. in den Bewehrungsplänen des Tragwerksplaners, zu berücksichtigen.
Empfohlen wird ein Abstand von ca. 8- bis 10fachem Durchmesser des Innenrüttlers.

Einbauteile
sind in einem größeren Maßstab, ggf. 1:1, in den Bewehrungsplänen darzustellen, da diese zusätzlich zu der eng liegenden Bewehrung das Einfüllen des Betons verhindern, mit der Folge von Fehlstellen/Kiesnestern.

Betondeckung sowie Abstandhalter
siehe DBV-Merkblatt „Abstandhalter"

Arbeitsfugen
und deren Ausbildung und Abdichtung sind bereits in der Planung, d.h. vom Objekt- und Tragwerksplaner, zu berücksichtigen.

Hinweis:
Der sachkundige Sichtbeton-Planer/Bauleiter hat in der Planung („Koordinierungs-Pflicht“) vor Ausführung und spätestens vor Ort o.g. Bauteile zu überprüfen!

Der Architekt muss die Sichtbeton-Arbeiten in angemessener und zumutbarer Weise überwachen. Er muss sich durch häufige Kontrollen vergewissern, dass seine Planung sachgerecht umgesetzt wird.

Gerade Sichtbetonarbeiten weisen erfahrungsgemäß ein höheres Mängelrisiko auf, sodass der Architekt zu erhöhter Aufmerksamkeit und zu einer intensiveren Wahrnehmung der Bauaufsicht verpflichtet ist.

Besondere Aufmerksamkeit hat der Architekt auch solchen Baumaßnahmen zu widmen, bei denen sich im Verlauf der Bauausführung Anhaltspunkte für Mängel ergeben.

Bild 3.32: Bewehrung Stützenkopf: Stahlbau oder Stahlbeton?

Bild 3.33: schräge Stützen-Bewehrung: Risiko Lunkerbildung

Bild 3.34: Stahlbau oder Stahlbeton?

Bild 3.35: Verdichtung

3.1.3 DBV-Merkblatt „Abstandhalter nach Eurocode 2“, 2011-01

Das DBV-Merkblatt gibt Ergänzungen zur DIN EN 1992-1-1:2011-01, die nicht nur vom Tragwerksplaner, sondern auch vom Sichtbeton-Planer zu berücksichtigen sind („Koordinierungs-Pflicht“).

Die Abstandhalter gewährleisten die erforderliche Betondeckung, d.h. den Abstand zwischen der Bewehrung und der angrenzenden Sichtbetonoberfläche.

Die Abstandhalter müssen ausreichend stabil, d.h. tragfähig sein, sich aber nicht auffällig an der Sichtbetonoberfläche abzeichnen.

Das DBV-Merkblatt „Abstandhalter nach Eurocode 2“ weist unter Punkt 2.3 Sichtbeton darauf hin:

„Werden Abstandhalter in Stahlbetonbauteilen verwendet, die als Beton mit gestalteten Ansichtsflächen (Sichtbeton) geplant sind, so muss die Aufstandsfläche der Abstandhalter auf der Schalung möglichst klein sein. Die Abstandhalter dürfen sich nur geringfügig in die Schalung eindrücken bzw. an der Betonoberfläche abzeichnen.“

Bild 3.36: Sichtbare Abstandhalter auf der Sichtbetonoberfläche

3.2 FDB-Merkblätter „Betonfertigteilbau“ [2.2.2]

Betonfertigteile werden anders hergestellt als Ortbetonbauteile. Dies ist auch bei der Sichtbeton-Bewertung zu berücksichtigen.

In der Regel werden die Fertigteilplatten auf sogenannten „Kipptischen“ (Bild 3.39) produziert, die gleichzeitig mit einer Heizung sowie einem Flächenrüttler ausgestattet sind. Durch die liegende Herstellung auf dem Tisch entsteht eine geschalte glatte Oberfläche und eine „Füllseite“, deren Oberseite abgerieben wird.

Der Planer muss also im Vorfeld überlegen, welche Seite er wo einsetzt, z.B.

- die glatte Seite als Balkonfußboden oder Treppenstufen,
- die rauere Seite als Balkondecke oder Treppenunterseite.

Die Fachvereinigung deutsche Betonfertigteilbau e.V. hat die FDB-Merkblätter „Sichtbetonflächen von Fertigteilen aus Beton und Stahlbeton [2.2.1] und „Betonfertigteile aus Architekturbeton“ [2.2.2] herausgegeben.

Der Begriff „Sichtbeton“ wird aus der DIN 18217 [1.2] (siehe Kommentar [3.1]) übernommen.

Es wird darauf hingewiesen, dass eine „eindeutige und praktisch ausführbare Leistungsbeschreibung“ erforderlich ist. Wichtig ist u.a. der Hinweis auf die Anforderungen an die „Einfüllseite“ (Bild 3.40, nicht geschalte Seite).

Das Glätten der ungeschalten Frischbetonoberflächen („Einfüllseite“) erfolgt maschinell mittels Flügelglätter („kellenglatt“) oder handwerklich (Bild 3.42).

Die Oberfläche ist nicht vergleichbar mit einer geschalten Betonfläche. Besondere Eigenschaften/Anforderungen an die Oberfläche, die über die einschlägigen Vorschriften hinausgehen, müssen gesondert definiert werden.

Der optische Gesamteindruck eines Bauwerks oder Bauteils kann nur aus angemessener Entfernung und bei üblichen Lichtverhältnissen beurteilt werden (siehe Kapitel 4.2.2.1 und 4.2.2.2).

Bild 3.37: Sichtbeton-Fertigteile

Bild 3.38: Sichtbeton Vorbereitung

Bild 3.39: Kipptische

Bild 3.40: Liegende Schalung „Füllseite“

Bild 3.41: Verdichten auf der „Füllseite“

Bild 3.42: Glätten der Füllseite

Bild 3.43: Liegende Schalung „Einfüllseite

Bild 3.44: „Füllseite“ oben / sog. „Negativ-Schalung“ z.B. für Balkon-Fertigteile

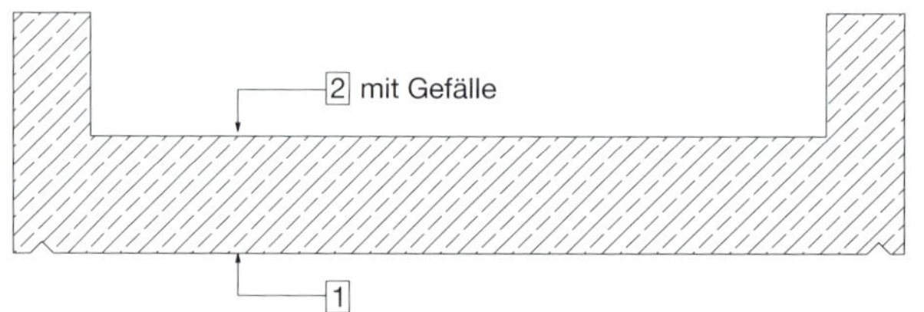

Bild 3.45: Betonfertigteil (Balkondecke) gewendet: Deckenuntersicht (ehemalige Füllseite): „geglättet“= rau Deckendraufsicht (Schalung): glatt

3.2.1 FDB-Merkblatt Nr. 1 „Sichtbetonflächen von Fertigteilen aus Beton und Stahlbeton", 2015-06

Gemäß dem Merkblatt „Sichtbetonflächen von Fertigteilen aus Beton und Stahlbeton der Fachvereinigung Deutscher Betonfertigteilbau e.V. [2.2.1] reicht die Forderung im Leistungsverzeichnis nach „Sichtbeton" allein nicht aus. Vor der Ausführung muss eine eindeutige und praktisch ausführbare Leistungsbeschreibung vorliegen.

Die Einteilung in Sichtbetonklassen entsprechend [2.1.1] ist bei der Verwendung von Fertigteilen i.d.R. nicht erforderlich.

Die Betonoberflächen-Seiten werden unterteilt in:

- geschalte Seiten
- Einfüllseite

Anforderungen an die Einfüllseite (nichtgeschalte Seite) sind besonders zu beschreiben u.a.

- abgezogene Oberflächen
- abgeriebene Oberflächen
- handgeglättete Oberflächen
- flügelgeglättete Oberflächen
- gerollte Oberflächen
- Oberflächen mit Besenstrich

Material- und fachgerechte Ausbesserungen sind nach DIN 18217 (siehe Kommentar [3.1]) zulässig, die i.d.R. auch bei größtem handwerklichen Geschick als solche erkennbar bleiben.

Bei der Beurteilung der Sichtbetonflächen ist der Gesamteindruck aus dem üblichen Betrachtungsabstand maßgebend.

Einzelkriterien werden nur überprüft, wenn der Gesamteindruck der Ansichtsflächen den vereinbarten Anforderungen nicht entspricht.

Bild 3.46: Glätten der „Füllseite“, d.h. nicht geschalte Betonoberseite

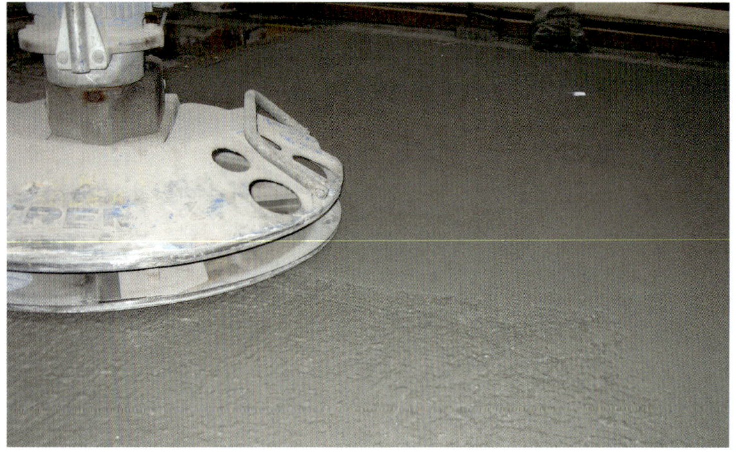

Bild 3.47: Oberflächenbearbeitung

Bild 3.48: Füllseite mit „Besenstrich“

Tabelle 3.19: Herstellungstechnische Sichtbeton-Grenzen „Einzelkriterien“ nach [2.2.1]

	Stichwort	zu tolerierende Abweichungen FDB-Merkblatt-Nr. 1:2005-06 [alt]	zu tolerierende Abweichungen FDB-Merkblatt-Nr. 1:2015-06 [2.1.1]
1	Strukturunterschiede	geringe Strukturunterschiede bei bearbeiteten Betonflächen	geringe Strukturunterschiede bei bearbeiteten Betonflächen
2	Wolkenbildung, Farbabweichung	Wolkenbildung, Marmorierungen und geringe Farbabweichung	Wolkenbildung, Marmorierungen und geringe Farbabweichung
3	Schwindverhalten		„Kranzbildung“ durch frühes Schwinden an den Seiten (Abheben von der Schalung)
4	Poren, Anker	Porenanhäufung	Porenanhäufung
5	abzeichnende Abstandhalter	sich abzeichnende Abstandhalter und Bewehrung	sich abzeichnende Abstandhalter und Bewehrung
6	Oberfläche		sich abzeichnendes Grobkorn („Leopardenhaut“)
7	Ausblutungen	dunkle Streifen und geringe Ausblutungen an Schalelementstößen	dunkle Streifen und geringe Ausblutungen an Schalelementstößen
8	Schleppwassereffekt	Schleppwassereffekte in geringerer Anzahl und Ausdehnung	Schleppwassereffekte in geringerer Anzahl und Ausdehnung
9	Ausblühungen	vereinzelte Kalkfahnen und Ausblühungen	vereinzelte Kalkfahnen und Ausblühungen
10	Kantenabbrüche	Kantenabbrüche bei der Ausführung scharfer Kanten	Kantenabbrüche bei der Ausführung scharfer Kanten;
11	Verwölbungen	geringe Verwölbungen	geringe Verwölbungen

Tabelle 3.20: Gesamteindruck

	Stichwort	technisch nicht oder nicht zielsicher herstellbar FDB-Merkblatt-Nr. 1:2005-06 [alt]	technisch nicht oder nicht zielsicher herstellbar FDB-Merkblatt-Nr. 1:2015-06 [2.1.1]
1	Wolkenbildung, Farbabweichung	gleichmäßiger Farbton aller Ansichtsflächen am Bauwerk	gleichmäßiger Farbton aller Ansichtsflächen am Bauwerk
2	Poren, / „Lunker“	porenfeie Ansichtsflächen, gleichmäßige Porenstruktur (Porengröße und -verteilung)	porenfeie Ansichtsflächen, gleichmäßige Porenstruktur (Porengröße und -verteilung)
3	Risse	Oberfläche ohne Haarrisse	Oberfläche ohne Haarrisse

Bild 3.49: Sichtbeton-Fertigteile: Balkonbrüstungen

Bild 3.50: Sichtbeton-Fertigteile: Fassaden-Elemente

3.2.2 FDB-Merkblatt Nr. 8 „Betonfertigteile aus Architekturbeton", 2009-01

Die Festlegungen des Merkblatts „Betonfertigteile aus Architekturbeton" [2.2.2] der Fachvereinigung Deutscher Betonfertigteilbau e.V. sind in Tabelle 3.20 zusammengefasst und kommentiert.

Tabelle 3.21: Herstellungstechnische Sichtbeton-Grenzen „Einzelkriterien" nach [2.2.2]

	Stichwort	Merkblatt-Nr. 8 : „Betonfertigteile aus Architekturbeton"	Anmerkungen
1	Farbgleichmäßigkeit	2.2(2): „Schalungsglatter Beton „lebt" und ist nicht mit einer gestrichenen Oberfläche vergleichbar."	Eine höhere Farbgleichmäßigkeit der Oberfläche kann durch helle, texturierte oder bearbeitete Oberflächen erreicht werden, z.B. Feinwaschen, Säuern usw.
2	Geschalte und ungeschalte Oberflächen („Füllseiten")	2.2(3): „Die Oberflächen des gegen die Schalung (Holz- Stahl- oder Matrizenschalung) betonierten Betons und die Oberflächen der ungeschalten Seite sind nicht gleich."	Die ungeschalte Seite „Füllseite" wird z.B. durch Abziehen, Reiben, Glätten oder Rollen bearbeitet. Sie kann nicht so ausgeführt werden wie eine gegen die Schalung betonierte Oberfläche.
3	Ausblühungen	2.2(9): „Ausblühungen können durch besondere Maßnahmen reduziert werden, z.B. Lagerungsbedingungen, Hydrophobierung." Diese Leistungen müssen jedoch vereinbart werden.	Bei „hellen" Betonfarben fallen Ausblühungen weniger auf als bei „dunklem" Anthrazit.
4	Abstandhalter	2.2(11): „Ein sich Abzeichnen der Abstandhalter in der Sichtfläche kann durch besondere Maßnahmen verhindert werden."	Die zusätzlichen Maßnahmen (Kosten) müssen vereinbart werden, z.B. Aufhängen der Bewehrung.
5	Wasserableitung „Fassadenverschmutzung"	2.2(12): „Eine geplante Wasserführung sollte in der Detailausbildung und der Planung der Fassade beachtet werden."	Fassadenverschmutzung, Wasserablaufspuren können vermieden werden, z.B. durch lotrecht, richtungsgebundene Strukturen, Gefälle.
6	Transportanker	2.2(13): „Bei geometrisch aufwändigen oder allseitig sichtbaren Architekturbetonelementen können sichtbar bleibende Transportanker nicht immer vermieden werden."	Die Lage, Anordnung und das Verschließen der Transportanker sind festzulegen und zu planen, z.B. bei Balkonen (unten und oben sichtbarer Beton).
7	Lagerstellen	2.3(3): „Um Abdrücke oder Verfärbungen an den Bauteilen zu vermeiden, hat sich eine Lagerung bewährt, z.B. auf Kunststoffnoppenplatten."	Abdrücke von Hilfsunterstützungen, Lagerungshölzern usw. führen immer wieder zu Streitigkeiten. Deshalb ist diese Leistung zu planen.

3.3 DAfStb-Richtlinie

3.3.1 Oberflächenschutzsysteme gemäß DAfStb-Richtlinie „Schutz und Instandsetzung von Betonbauteilen“ [2.3.1]

Im Sommer 2016 wird die DAfStb-Richtline „Schutz und Instandsetzung von Betonbauteilen“ – Ausgabe 10-2001 ersetzt werden durch die Richtlinie „Instandhaltung von Betonbauteilen“. Aufgrund der nur geringfügigen Änderungen zum Thema dieses Kapitels wird hier Bezug genommen auf die zum Redaktionsschluss gültige Richtlinie.

Für Sichtbeton wird oft eine Hydrophobierung gewählt, ohne sich näher mit der Produktbeschreibung des Herstellers auseinander zu setzen. Die Produktdatenblätter des Herstellers sind oft irreführend. Dort steht groß gedruckt in der Überschrift: *„RISSE-ÜBERBRÜCKENDES OBERFLÄCHENSYSTEM“* und nur kleingedruckt: Rissüberbrückungsklasse „i_T“, bei 300 µm Trockenschichtdicke.

Was bedeutet „i_T“? In der DAfStb-Richtlinie „Schutz und Instandsetzungs-Richtlinie“ Teil 2 Tab. 5.1 „Oberflächenschutzsysteme“ wird jeweils eine Rissüberbrückungsklasse zugeordnet: „i_T“ steht für „gering“, d.h. Rissbreite max. 0,15 mm.

Bild 3.51: Windkraftrad

Folge: Bei den vorhandenen zulässigen statischen Rissbreiten von 0,25 mm muss das gewählte Oberflächenschutzsystem reißen.

Gerade bei älteren Sichtbetonbauten (vor ca. 1970), bei denen die erforderliche Betondeckung zu gering ist, empfiehlt es sich, im Rahmen der Betoninstandsetzung einen Oberflächenschutz zu wählen.

Bild 3.52: Sichtbetonfundament mit Hydrophobierung

3.4 Richtlinien in Österreich

3.4.1 „Sichtbeton – Geschalte Betonflächen" [2.6]

Die Sichtbetonklassen SB 1 bis SB 3 und die damit beschriebenen Anforderungen an die Betonoberfläche stellen Empfehlungen dar, welche die Mehrheit der Einzelfälle abdecken. In der Sonderklasse SBS obliegt es den Planern und Ausschreibenden, sämtliche Anforderungen zu definieren.

Tabelle 3.22: Sichtbetonklassen (SB = Sichtbeton) nach ÖBV-Richtlinie

SB-Klasse	Beispiel		Kosten
SB 1	Geringen Umfangs: überwiegend technische Anforderungen im Industrie- und Tiefbau		niedrig
SB 2	Normalen Umfangs z.B.: einfache Fassaden in Hochbauten, Sichtflächen im Industriebau mit großem Betrachtungsabstand		mittel
SB 3	Hohen Umfangs z.B.: repräsentative Oberflächen oder komplexe Fassaden in Hochbauten		hoch
SB S	Sonderklasse, frei definierbar		sehr hoch

Tabelle 3.23: Sichtbetonklasse SB 1 – nach ÖBV-Richtlinie „Sichtbeton" mit
PQ1 = Anforderungsklasse, Bauteilbeschreibung
BQ1 = Anforderungsklasse, Betonoberfläche
AQ1 = Anforderungsklasse, Bauausführung
SQ1 = Anforderungsklasse, Schalungsmaterial, Trennmitteleinsatz

	Kriterium		SB 1: Anforderungen/Eigenschaft	
1	PQ1	AP1		
1.1		Abstimmung im Planungsprozess	Angaben zu Bauteilmessungen, Betonüberdeckungen, Toleranzklasse, Ebenheit, Bauwerksfugen, Festlegung der Betonsorte (Festigkeitsklasse, Expositionsklasse, Betonstandard)	erforderlich
2		GO1		
		Gliederung der Betonoberfläche	Regelmäßig und geordnetes Schalungsbild, Ankerlöcher in ausreichender Zahl nach Wahl des Ausführenden	
3	BQ1	3P		
3.1		Porigkeit	3P ≤ 0,9% der Prüffläche	
3.3		FT1		
		Farbtongleichmäßigkeit	– Hell-/Dunkelverfärbungen im Bereich von 4 benachbarten Farbtonstufen laut Farbtonskala	zulässig
			– Rost- und Schmutzflecken	unzulässig
3.4		BSBQ1		
		Betonstandard	Anforderungen an Betonzusammensetzung	
4	C	Farbe:		
4.1		C1	Betonfarbe, die sich aufgrund der Verwendung nutzungskonformer Betonmischungen und Zementarten ergibt	oder
4.2		C2	Durch Zusatzstoffe oder Pigmente eingefärbter Beton, die Definition der Farbe erfolgt durch Referenzbauten, Referenzflächen oder Herstellermuster u.ä. durch den Planer im Leistungsverzeichnis, die Festlegung des Betonrezeptes erfolgt durch den Betonhersteller	oder
4.3		C3	Wie C2, jedoch unter Verwendung von Weißzement, ausgewählter Gesteinskörnung oder weiteren Maßnahmen wie eingefärbter Beton unter Angabe dieser Maßnahmen im Leistungsverzeichnis	oder
4.4	AQ1	E1 Ebenheit	Ebenheitsanforderungen nach ÖNORM – DIN 18202 (2005) Tab. 3, Zeile 5, d.h.:	
5		AF1		
5.1		Arbeitsfuge	In den Arbeitsfugen ausgetretener Zementleim/ Feinmörtel bis 15 mm Breite und 10 mm Tiefe	zulässig
5.2			Versatz der Flächen zweier Betonabschnitte bis 10 mm	zulässig
5.3			Feinmörtelaustritt auf dem vorhergehenden Betonierabschnitt muss rechtzeitig	entfernt werden
5.4			Trapezleiste od. glw. kann ohne Vereinbarung	verwendet werden

Fortsetzung Tabelle 3.23: Sichtbetonklasse SB 1 – nach ÖBV-Richtlinie „Sichtbeton" mit
PQ1 = Anforderungsklasse, Bauteilbeschreibung
BQ1 = Anforderungsklasse, Betonoberfläche
AQ1 = Anforderungsklasse, Bauausführung
SQ1 = Anforderungsklasse, Schalungsmaterial, Trennmitteleinsatz

	Kriterium		SB 1: Anforderungen/Eigenschaft	
6		HS1		
6.1		Schalhautstoß	Schalhautstoß ohne besondere Maßnahmen (z.B.: nach Schalungssystem, stumpfer Stoß) mit üblichen Feinmörtelaustritt	
6.2			Versatz der Schalhautränder bis 5 mm	zulässig
7	K	Kantenbildung		
7.1		K1	gebrochene, gefaste Kante (z.B. Dreikantleisten)	oder
7.2		K2	Scharfe Kante (ungefaste, scharfe Kanten ohne kleinere Abbrüche bzw. Feinmörtelaustritt sind nicht zielsicher herzustellen. Scharfe Kanten sind während der Bauzeit zu schützen.)	oder
8	AS	Ankerstelle		
8.1		AS1	Ankerstelle ohne besonderen Maßnahmen (z.B.: nach Schalungssystem) mit üblichen Feinmörtelaustritt	oder
8.2		AS2	Ankerstellen mit besonderen, festzulegenden Maßnahmen (z.B. Dichtungsring) mit geringen Feinmörtelaustritt	oder
8.3		AS3	Keine sichtbaren Ankerstellen durch ankerfreie Schalungskonstruktion	oder
9	AV	Ankerverschluss		
9.1		AV1	Distanzrohre, Konen und marktübliche Verschlussstopfen oder vertieft gespachtelter Mörtelverschluss nach Wahl des Ausführenden	oder
9.2		AV2	Distanzrohre, Konen und Verschlussstopfen aus Kunststoff, Beton, Faserzement und dgl. nach Angaben im Leistungsverzeichnis	oder
10	AH	Aufhängestellen		
10.1		AH1	Aufhängestellen in systemkonformer Ausführung nach Wahl des Ausführenden. Anordnung und Erscheinungsbild dürfen von den Ankerlöchern abweichen.	oder
10.2		AH2	Anordnung und Erscheinungsbild müssen den Ankerlöcher entsprechen	oder
11	SQ1	BA1		
11.1		Befestigungsart der Schalhaut	Abdrücke durch systemkonforme Befestigung von vorne mit max. 3 mm tiefen oder erhabenen Abdrücken in der Betonoberfläche	zulässig

Fortsetzung Tabelle 3.23: Sichtbetonklasse SB 1 – nach ÖBV-Richtlinie „Sichtbeton" mit
PQ1 = Anforderungsklasse, Bauteilbeschreibung
BQ1 = Anforderungsklasse, Betonoberfläche
AQ1 = Anforderungsklasse, Bauausführung
SQ1 = Anforderungsklasse, Schalungsmaterial, Trennmitteleinsatz

	Kriterium		SB 1: Anforderungen/Eigenschaft	
	SQ1	SZ1		
11.2		Schalhautzustand	Abdrücke in der Betonoberfläche durch:	
11.3			– mehrmaligen Gebrauch, solange die vereinbarte Betonoberfläche erreicht wird	zulässig
11.4			– Plattenüberstand über Rahmen bis zu ca. 2 mm	zulässig
11.5			– systemkonforme und fachgerechte Reparaturstellen der Schalhaut	zulässig
11.6			– Kratzer bis zu ca. 3 mm Tiefe und ca. 5 mm Breite	zulässig
11.7			– Nagel- und Schraublöcher ohne Absplitterung bis ca. 10 mm Durchmesser	zulässig
11.8			– Aufquellungen im Befestigungsbereich	zulässig
11.9			– Betonreste in Vertiefungen und Zementschleier	zulässig
		TE1		
11.10		Trennmitteleinsatz	Eignung der Kombination von Schalhaut, Trennmittel	
12	SY	Schalungssystem		
12.1		SY1	System-Rahmenschalung Betonbild mit regelmäßigen Rahmenabdrücken im Raster des Herstellers, Ankerstellen, Schalhautstoß und Schalhaut systembedingt vorgegeben	oder
12.2		SY2	System-Trägerschalung Betonbild ohne Rahmenabdruck, Ankerstellen, Schalhautstoß und Schalhaut systembedingt vorgegeben	oder
12.3		SY3	Objektschalung Betonbild durch an das Bauteil angepasste einzelgefertigte Schalungselemente, Schalhautstoß und Schalhaut in den Grenzen der technischen Möglichkeiten frei wählbar	oder
13	T	Textur		
13.1		T1	raue Betonoberfläche unter Verwendung von Schalhäuten nach Wahl des Ausführenden	oder
13.2		T2	glatte Betonoberfläche unter Verwendung von Schalhäuten nach Wahl des Ausführenden	oder
13.3		T3	Betonoberfläche nach Angabe des Planers	oder
14		Musterflächen		nicht erforderlich
15		Sichtbetonteam		nicht erforderlich

Tabelle 3.24: Sichtbetonklasse SB 2 – nach ÖBV-Richtlinie „Sichtbeton"
PQ2 = Anforderungsklasse, Bauteilbeschreibung
BQ2 = Anforderungsklasse, Betonoberfläche
AQ2 = Anforderungsklasse, Bauausführung
SQ2 = Anforderungsklasse, Schalungsmaterial, Trennmitteleinsatz

	Kriterium		SB 2: Anforderungen/Eigenschaft	
1	PQ2	AP2		
1.1		Abstimmung im Planungsprozess	wie AP1, zusätzlich: Betonanbringung, Verdichtung, Rüttelgassen, Bewehrungsgrad	
2	GO2			
2.1		Gliederung der Betonoberfläche	wie GO1, zusätzlich: Ausführung nach Vorgaben des Planers (Beschreibung und/oder Skizzen, z.B. durchgehende Vertikalfugen mit eingelegten Trapezleisten, einheitlichen Elementstößen des Schalungssystems	
3	BQ2	2P		
3.1		Porigkeit	2P ≤ 0,6% der Prüffläche	
3.3		FT2		
		Farbtongleichmäßigkeit	– wie FT1, jedoch: nur gleichmäßige, großflächige Hell-/Dunkel verfärbungen im Bereich von 3 benachbarten Farbtonstufen laut Farbskala.	zulässig
			– deutlich sichtbare Schüttlagen	unzulässig
3.4		BSBQ2 Betonstandard	Anforderungen an Betonzusammensetzung	
4	C	Farbe		
4.1		C1	Betonfarbe, die sich aufgrund der Verwendung nutzungskonformer Betonmischungen und Zementarten ergibt	oder
4.2		C2	durch Zusatzstoffe oder Pigmente eingefärbter Beton, die Definition der Farbe erfolgt durch Referenzbauten, Referenzflächen oder Herstellermuster u.ä. durch den Planer im Leistungsverzeichnis, die Festlegung des Betonrezeptes erfolgt durch den Betonhersteller	oder
4.3		C3	Wie C2, jedoch unter Verwendung von Weißzement, ausgewählter Gesteinskörnung oder weiteren Maßnahmen wie eingefärbter Beton unter Angabe dieser Maßnahmen im Leistungsverzeichnis	oder
5	AQ2			
5.1		E1 Ebenheit	Ebenheitsanforderungen nach ÖNORM – DIN 18 202 (2005) Tab. 3, Zeile 5	

Fortsetzung Tabelle 3.24: Sichtbetonklasse SB 2 – nach ÖBV-Richtlinie „Sichtbeton"
PQ2 = Anforderungsklasse, Bauteilbeschreibung
BQ2 = Anforderungsklasse, Betonoberfläche
AQ2 = Anforderungsklasse, Bauausführung
SQ2 = Anforderungsklasse, Schalungsmaterial, Trennmitteleinsatz

	Kriterium		SB 2: Anforderungen/Eigenschaft	
6				
6.1		AF2 Arbeitsfugen	in den Arbeitsfugen ausgetretener Zementleim/ Feinmörtel bis 15 mm Breite und 10 mm Tiefe	zulässig
6.2			Versatz der Flächen zweier Betonierabschnitte bis 5 mm	zulässig
6.3			Feinmörtelaustritt auf dem vorhergehenden Betonierabschnitt muss rechtzeitig	entfernt werden
6.4			Trapezleiste oder gleichwertig kann nur mit Vereinbarung	verwendet werden
7		HS1		
7.1		Schalhautstoß	Schalhautstoß ohne besondere Maßnahmen (z.B. nach Schalungssystem, stumpfer Stoß) mit üblichen Feinmörtelaustritt	
7.2			Versatz der Schalhautränder bis 5 mm	zulässig
8	K	Kantenbildung		
8.1		K1	gebrochene, gefaste Kante (z.B. Dreikantleisten)	oder
8.2		K2	scharfe Kante (ungefaste, scharfe Kanten ohne kleinere Abbrüche bzw. Feinmörtelaustritt sind nicht zielsicher herzustellen. Scharfe Kanten sind während der Bauzeit zu schützen.)	oder
9	AS	Ankerstelle		
9.1		AS1	Ankerstelle ohne besondere festzulegende Maßnahmen (z.B. nach Schalungssystem) mit üblichen Feinmörtelaustritt	oder
9.2		AS2	Ankerstellen mit besonderen, festzulegenden Maßnahmen (z.B. Dichtungsring) mit geringem Feinmörtelaustritt	oder
9.3		AS3	Keine sichtbaren Ankerstellen durch ankerfreie Schalungskonstruktion	oder
10	AV	Ankerverschluss		
10.1		AV1	Distanzrohre, Konen und marktübliche Verschlussstopfen oder vertieft gespachtelter Mörtelverschluss nach Wahl des Ausführenden	oder
10.2		AV2	Distanzrohre, Konen und marktübliche Verschlussstopfen aus Kunststoff, Beton, Faserzement und dgl. nach Angaben im Leistungsverzeichnis	oder

Fortsetzung Tabelle 3.24: Sichtbetonklasse SB 2 – nach ÖBV-Richtlinie „Sichtbeton"
PQ2 = Anforderungsklasse, Bauteilbeschreibung
BQ2 = Anforderungsklasse, Betonoberfläche
AQ2 = Anforderungsklasse, Bauausführung
SQ2 = Anforderungsklasse, Schalungsmaterial, Trennmitteleinsatz

	Kriterium		SB 2: Anforderungen/Eigenschaft	
11	AH	Aufhängestellen		
11.1		AH1	Aufhängestellen in systemkonformer Ausführung nach Wahl des Ausführenden. Anordnung und Erscheinungsbild dürfen von den Ankerlöchern abweichen.	oder
11.2		AH2	Anordnung und Erscheinungsbild müssen den Ankerlöcher entsprechen	oder
12	SQ2			
12.1		BA1 Befestigungsart der Schalhaut	Abdrücke durch systemkonforme Befestigung von vorne mit max. 3 mm tiefen od. erhabenen Abdrücken in der Betonoberfläche	zulässig
12.2		SZ1 Schalhautzustand	Abdrücke in der Betonoberfläche durch:	
12.3			– mehrmaligen Gebrauch, solange die vereinbarte Betonoberfläche erreicht wird	zulässig
12.4			– Plattenüberstand über Rahmen bis zu ca. 2 mm	zulässig
12.5			– systemkonforme und fachgerechte Reparaturstellen der Schalhaut	zulässig
12.6			– Kratzer bis zu ca. 3 mm Tiefe und ca. 5 mm Breite	zulässig
12.7			– Nagel- und Schraublöcher ohne Absplitterung bis ca. 10 mm Durchmesser	zulässig
12.8			– Aufquellungen im Befestigungsbereich	zulässig
12.9			– Betonreste in Vertiefungen und Zementschleier	zulässig
12.10		TE1 Trennmitteleinsatz	Eignung der Kombination von Schalhaut und Trennmittel	
13	SY	Schalungssystem		
13.1		SY1	System-Rahmenschalung Betonbild mit regelmäßigen Rahmenabdrücken im Raster des Herstellers, Ankerstellen, Schalhautstoß und Schalhaut systembedingt vorgegeben	oder
13.2		SY2	System-Trägerschalung Betonbild ohne Rahmenabdruck, Ankerstellen, Schalhautstoß und Schalhaut systembedingt vorgegeben	oder

Fortsetzung Tabelle 3.24: Sichtbetonklasse SB 2 – nach ÖBV-Richtlinie „Sichtbeton"
PQ2 = Anforderungsklasse, Bauteilbeschreibung
BQ2 = Anforderungsklasse, Betonoberfläche
AQ2 = Anforderungsklasse, Bauausführung
SQ2 = Anforderungsklasse, Schalungsmaterial, Trennmitteleinsatz

	Kriterium		SB 2: Anforderungen / Eigenschaft	
13.3	SY	SY3	Objektschalung Betonbild durch an das Bauteil angepasste einzelgefertigte Schalungselemente, Schalhautstoß und Schalhaut in den Grenzen der technischen Möglichkeiten frei wählbar	oder
14	T	Textur		
14.1		T1	Raue Betonoberfläche unter Verwendung von Schalhäuten nach Wahl des Ausführenden	oder
14.2		T2	Glatte Betonoberfläche unter Verwendung von Schalhäuten nach Wahl des Ausführenden	oder
14.3		T3	Betonoberfläche nach Angabe des Planers	oder
15		Musterfläche		?
16		Sichtbetonteam		empfohlen

Tabelle 3.25: Sichtbetonklasse SB 3 – nach ÖBV-Richtlinie „Sichtbeton"
PQ3 = Anforderungsklasse, Bauteilbeschreibung
BQ3 = Anforderungsklasse, Betonoberfläche
AQ3 = Anforderungsklasse, Bauausführung
SQ3 = Anforderungsklasse, Schalungsmaterial, Trennmitteleinsatz

	Kriterium		SB 3: Anforderungen / Eigenschaft	
1	PQ3			
1.1		AP3 Abstimmung im Planungsprozess	Wie AP2, zusätzlich: Lage von Arbeitsfugen, Entlüftung horizontaler oder geneigter Sichtflächen, Einbauteile, wenn erforderlich Details des Schalungsbau, sichtbetonkonforme Bauzeitplanung	
2	GO3			
2.1		Gliederung der Betonoberfläche	Wie GO2, zusätzlich: Gliederung durch Schalungsmusterplan festgelegt mit Angaben zu Schalungssystem, Bauteilabmessungen, Größe der Schalungselemente, Ankerstellen und Betonierabschnitte	
3	BQ3			
3.1		P Porigkeit	Anteil offener Poren von 1–15 mm größter Abmessung: P ≤ 0,3 % der Prüffläche	

Fortsetzung Tabelle 3.25: Sichtbetonklasse SB 3 – nach ÖBV-Richtlinie „Sichtbeton“
PQ3 = Anforderungsklasse, Bauteilbeschreibung
BQ3 = Anforderungsklasse, Betonoberfläche
AQ3 = Anforderungsklasse, Bauausführung
SQ3 = Anforderungsklasse, Schalungsmaterial, Trennmitteleinsatz

	Kriterium		SB 3: Anforderungen/Eigenschaft	
4				
4.1		FT3 Farbtongleich-mäßigkeit	– wie FT2, jedoch: – geringe Hell-/Dunkelverfärbungen (z.B. leichte Wolkenbildung, geringe Farbtonabweichung) zulässig im Bereich von 2 benachbarten Farbtonstufen laut Farbtonskala	zulässig
4.2			– Verfärbungen durch ungeeignete Nachbehandlung des Betons	unzulässig
4.3			– Bauzeitplanung muss witterungsbedingte Einschränkungen/ Verzögerungen Kein Betonieren bei starken Regenfällen oder kalter Witterung	berück-sichtigen
4.4			– Spülwasserkontrolle vor jeder einzelnen Beladung eines Fahrmischers	durchzuführen
5		BSBQ3 Betonstandard	Anforderungen an Betonzusammensetzung	
6	C	Farbe		
6.1		C1	Betonfarbe, die sich aufgrund der Verwendung nutzungskonformer Betonmischungen und Zementarten ergibt	oder
6.2		C2	Durch Zusatzstoffe oder Pigmente eingefärbter Beton, die Definition der Farbe erfolgt durch Referenzbauten, Referenzflächen oder Herstellermuster u.ä. durch den Planer im Leistungsverzeichnis, die Festlegung des Betonrezeptes erfolgt durch den Betonhersteller	oder
6.3		C3	Wie C2, jedoch unter Verwendung von Weißzement, ausgewählter Gesteinskörnung oder weiteren Maßnahmen wie eingefärbter Beton unter Angabe dieser Maßnahmen im Leistungsverzeichnis	oder
7	AQ3	E2 Ebenheit		
7.1			Ebenheitsanforderungen nach ÖNORM – DIN 18202 (2005) Tab. 3, Zeile 6	
8		AF2 Arbeitsfugen		
8.1			In den Arbeitsfugen ausgetretener Zementleim/ Feinmörtel bis 15 mm Breite und 10 mm Tiefe	zulässig
8.2			Versatz der Flächen zweier Betonabschnitte bis 5 mm	zulässig
8.3			Feinmörtelaustritt auf dem vorhergehenden Betonierabschnitt muss rechtzeitig	entfernt werden
8.4			Trapezleiste oder gleichwertig kann ohne Vereinbarung	verwendet werden

Fortsetzung Tabelle 3.25: Sichtbetonklasse SB 3 – nach ÖBV-Richtlinie „Sichtbeton“
PQ3 = Anforderungsklasse, Bauteilbeschreibung
BQ3 = Anforderungsklasse, Betonoberfläche
AQ3 = Anforderungsklasse, Bauausführung
SQ3 = Anforderungsklasse, Schalungsmaterial, Trennmitteleinsatz

	Kriterium		SB 3: Anforderungen/Eigenschaft	
9		HS2		
9.1		Schalhautstoß	Schalhautstoß mit besondere Maßnahmen (z.B. Neubelegung, Dichtungsband) mit geringen Feinmörtelaustritt	
9.2			Versatz der Schalhautränder bis 3 mm	zulässig
10	K	Kantenbildung		
10.1		K1	gebrochene, gefaste Kante (z.B. Dreikantleisten)	oder
10.2		K2	Scharfe Kante (ungefaste, scharfe Kanten ohne kleinere Abbrüche bzw. Feinmörtelaustritt sind nicht zielsicher herzustellen. Scharfe Kanten sind während der Bauzeit zu schützen.)	oder
11	AS	Ankerstelle		
11.1		AS1	Ankerstelle ohne besondere, festzulegende Maßnahmen (z.B. nach Schalungssystem) mit üblichen Feinmörtelaustritt	oder
11.2		AS2	Ankerstellen mit besonderen, festzulegenden Maßnahmen (z.B. Dichtungsring) mit geringen Feinmörtelaustritt	oder
11.3		AS3	Keine sichtbaren Ankerstellen durch ankerfreie Schalungskonstruktion	oder
12	AV	Ankerverschluss		
12.1		AV1	Distanzrohre, Konen und marktübliche Verschlussstopfen oder vertieft gespachtelter Mörtelverschluss nach Wahl des Ausführenden	oder
12.2		AV2	Distanzrohre, Konen und marktübliche Verschlussstopfen aus Kunststoff, Beton, Faserzement und dgl. nach Angaben im Leistungsverzeichnis	oder
13	AH	Aufhängestellen		
13.1		AH1	Aufhängestellen in systemkonformer Ausführung nach Wahl des Ausführenden. Anordnung und Erscheinungsbild dürfen von den Ankerlöchern abweichen.	oder
13.2		AH2	Anordnung und Erscheinungsbild müssen den Ankerlöcher entsprechen	oder
14	SQ3	BA2		
14.1		Befestigungsart der Schalhaut	die Befestigung der Schalhaut (z.B. Schalhautebene/überstehende Befestigung, nicht sichtbare Befestigung, betonte Befestigung	vereinbaren

Fortsetzung Tabelle 3.25: Sichtbetonklasse SB 3 – nach ÖBV-Richtlinie „Sichtbeton“
PQ3 = Anforderungsklasse, Bauteilbeschreibung
BQ3 = Anforderungsklasse, Betonoberfläche
AQ3 = Anforderungsklasse, Bauausführung
SQ3 = Anforderungsklasse, Schalungsmaterial, Trennmitteleinsatz

	Kriterium		SB 3: Anforderungen/Eigenschaft	
	SQ3	SZ2		
14.2		– Schalhaut-zustand	Abdrücke in der Betonoberfläche durch:	
14.3			– mehrmaligen Gebrauch, solange die vereinbarte Betonoberfläche erreicht wird	
14.4			– Plattenüberstand über Rahmen bis zu ca. 10 mm	zulässig
14.5			– systemkonforme und fachgerechte Reparaturstellen der Schalhaut	zulässig
14.6			– Kratzer bis zu ca. 0,2 cm Tiefe und ca. 0,2cm Breite	zulässig
14.7			– Nagel- und Schraublöcher ohne Absplitterung bis ca. 0,5 cm Durchmesser	zulässig
14.8			Abdrücke in der Betonoberfläche durch:	
14.9			– Aufquellungen im Befestigungsbereich	nicht zulässig
14.10			– Betonreste in Vertiefungen	nicht zulässig
14.11			– Beschädigungen der Schalhaut durch Innenrüttler und dergleichen	nicht zulässig
14.12		TE2		
		– Trennmittel-einsatz	Kombination von Schalhaut, Trennmittel und Beton ist an Probeflächen bei der jeweiligen Einsatzwitterung anzuwenden, zu beurteilen und	festzulegen
15	SY	SY1		
15.1		– Schalungs-system	System-Rahmenschalung Betonbild mit regelmäßigen Rahmenabdrücken im Raster des Herstellers, Ankerstellen, Schalhautstoß und Schalhaut systembedingt vorgegeben	oder
15.2		SY2	System-Trägerschalung Betonbild ohne Rahmenabdruck, Ankerstellen, Schalhautstoß und Schalhaut systembedingt vorgegeben	oder
15.3		SY3	Objektschalung Betonbild durch an das Bauteil angepasste einzelgefertigte Schalungselemente, Schalhautstoß und Schalhaut in den Grenzen der technischen Möglichkeiten frei wählbar	oder

Fortsetzung Tabelle 3.25: Sichtbetonklasse SB 3 – nach ÖBV-Richtlinie „Sichtbeton"
PQ3 = Anforderungsklasse, Bauteilbeschreibung
BQ3 = Anforderungsklasse, Betonoberfläche
AQ3 = Anforderungsklasse, Bauausführung
SQ3 = Anforderungsklasse, Schalungsmaterial, Trennmitteleinsatz

	Kriterium		SB 3: Anforderungen/Eigenschaft	
16	T	Textur		
16.1		T1	raue Betonoberfläche unter Verwendung von Schalhäuten nach Wahl des Ausführenden	oder
		T2		
16.2			Glatte Betonoberfläche unter Verwendung von Schalhäuten nach Wahl des Ausführenden	oder
		T3		
16.3			Betonoberfläche nach Angabe des Planers	oder
17		Musterfläche		erforderlich
18		Sichtbetonteam		erforderlich

Begriffsdefinitionen siehe Sichtbeton Glossar (Kapitel 10), u.a.:

„vereinbaren": d.h., zwei oder mehrere Personen beschließen, etwas Bestimmtes zu tun

„empfehlen": d.h., jemandem eine Sache nennen, die für einen bestimmten Zweck geeignet ist

„vorsehen": d.h., planen, beabsichtigen

„gleichmäßig": d.h., in gleichen Teilen, Aufteilung, regelmäßig, stetig

„ca." ist die Abkürzung für: circa (zirka), lateinisch für: „ungefähr", „annähernd", d.h., geringfügige Überschreitungen sind im Einzelfall zulässig

3.4.2 „Sichtbeton für Fertigteile aus Beton und Stahlbeton" [2.5]

Die Richtlinie „Sichtbeton für Fertigteile aus Beton und Stahlbeton" des Verbands Österreichischer Beton- und Fertigteilwerke e.V. (VÖB) gilt, wenn diese ausdrücklich vereinbart wird. Wenn Sichtbeton vereinbart wurde, aber keine weiteren Angaben zu den Anforderungen gemacht werden, gelten die Mindestanforderungen und Abnahmekriterien der ÖNORM B 2210 (Kapitel 2.8).

Tabelle 3.26: Checkliste für die Planung und Ausschreibung von Sichtbeton gemäß VÖB-Richtlinie [2.5]

Phase/Vorgang/Teilvorgang oder Element	Darstellung		Klarheit		Ausführbarkeit		Kontrolle	
	erfüllt	nicht erfüllt	erfüllt	nicht erfüllt	bedenklich	unbedenklich	erfüllt	nicht erfüllt
Schalungsplan								
Leistungsbeschreibung								
Gestaltungsmerkmale								
Abnahmekriterien								
Ebenheit								
Struktur								
Flächengliederung								
Elementfugen								
Schalungshautfugen								
Aussparungen, Einbauten, etc.								
Betoneinbringung								
Expositionsklassen								
Bewehrungsüberdeckung								
Bauteilabmessungen								
Bewehrungsgrad								
Kantenausbildung								
Lage und Art der Montageeinbauteile								
Nachträgliche Oberflächenbehandlung								
Ausführungsplan (Fertigungsplan)								
Leistungsbeschreibung für die Schalung								
Leistungsbeschreibung für die Bewehrung								
Leistungsbeschreibung für den Beton								
Leistungsbeschreibung für die Musterfläche								
Leistungsbeschreibung für nachträglich bearbeiteten Sichtbeton								
Abnahmekriterien – Gesamteindruck								
Abnahmekriterien – Einzeleindruck								
Nachbehandlung								
Schutz über die Bauzeit								
Transport auf die Baustelle								
Lagerung auf der Baustelle								

4 Überprüfung des Erfolgs eines Sichtbeton-Projekts

Der „Inhalt“ einer vertraglichen „Beschaffenheitsvereinbarung“ ist eine rechtliche Würdigung auf Grundlage der Vertragsunterlagen, z.B. einer Leistungsbeschreibung. Nachfolgend wird in technischer Hinsicht geklärt, ob die Bauleistungen die Anforderungen an die Beschaffenheitsvereinbarung erfüllen.

Das Sichtbeton-Bauteil ist frei von Sachmängeln, wenn es

- *„... die vertraglich vereinbarte Beschaffenheit aufweist“* (§ 633 BGB, Abs. 2, Satz 1) und
- *„... den allgemein anerkannten Regeln der Technik“* (vertraglicher Mindeststandard)

entspricht.

Sollte eine Beschaffenheit vertraglich nicht explizit vereinbart worden sein, muss sich das Baugewerk:

- für die nach dem Vertrag vorausgesetzte Verwendung eignen (§ 633 BGB Abs. 2 Satz 2, Nr. 1) ansonsten
- für die gewöhnliche Verwendung eignen und
- eine Beschaffenheit aufweisen, die bei Werken der gleichen Art üblich ist und
- die der Auftraggeber nach der Art der Leistung erwarten kann (§ 633 BGB Abs. 2 Satz 2 Nr. 2).

Die aufgezählten Kriterien dürfen nicht alternativ, sondern müssen kumulativ (anhäufend, aufsummierend, steigend) angewandt werden.

4.1 SOLL-Zustand

Damit der „Subjektivität“ nicht zu viel Spielraum gegeben wird, wird der „SOLL“-Zustand nachempfunden und definiert.

Die unterschiedliche Interpretation der Leistungsbeschreibung „Sichtbeton“ führt aufgrund immer größer werdender Erwartungshaltungen immer häufiger zum Streit. Die Ursache liegt meist darin, dass Bauwerke mit Bühnenbildern verwechselt werden sowie fehlende Grundkenntnisse der Baustoffe und Bauchemie und deren praxisgerechte Umsetzung in die Planung fehlen. Der alleinige Hinweis auf das DBV/VDZ-Merkblatt „Sichtbeton“ mit Bezug auf eine Sichtbetonklasse reicht nicht aus. Im Merkblatt werden im Anhang diverse Empfehlungen gegeben, die oft nicht berücksichtigt werden, z.B. *„...sind zu vereinbaren“, „festzulegen“* usw. Auf Grundlage eines „Anforderungsprofils“ muss Sichtbeton definiert, d.h. beschrieben werden.

Tabelle 4.1: Anforderungsprofil, schemenhaft

Ergebnis	Anforderungen	Kapitel
Sichtbetonklasse	SB 1, SB 2, SB 3, SB 4 Besser: mit eigenen Worten	3.1.1 bis 3.1.1.1.5
Schalhautklassen	glatt, texturiert	
Betonzusammensetzung	z.B. farbiger Beton	
Toleranzen	Ebenheit, erhöhte	2.5
Fugenaufteilung	Ansichtszeichnungen	2.6
Ankerlöcher	Verschlussart	2.2
Befestigungspunkte	Nagel- und Schraublöcher	
Plattenstöße	Schließung, Abdichtung, Grate	3.1.1.6
Arbeitsfugen	Zeit- und Betoniermöglichkeit	
Porigkeit	Porigkeitsklassen, Lunker	3.1.1.3
Beanstandungen	Reparaturgrenzen	3.1.1.2
Vertrag	„vertragen“, Schiedsgutachten	3.1.1.1.5

Empfehlung:
Eine „eindeutige und erschöpfende“ Ausschreibung („mit Worten geplant“) und Ausführungspläne gem. DIN 1356-1 [1.7] sowie eine Sichtbeton-Definition sind daher unerlässlich.

Bild 4.1: Sichtbeton-Wand

4.1.1 Ungenaue Sichtbeton-Leistungsbeschreibung / Erwartungshaltung

Oft gibt es Streitigkeiten, wenn eine Leistung nicht genau beschrieben bzw. definiert ist und das Ergebnis die Erwartungshaltung nicht befriedigt.

Welche Sichtbeton-Leistungen darf man erwarten bzw. wie muss das Ergebnis aussehen, wenn keine Sichtbetonklasse (z.B. nach dem DBV/VDZ-Merkblatt) vorgegeben ist?

Folgende allgemein anerkannte Regeln der Technik gibt es, um die Erfüllung eines Mindeststandards der Leistung, hier: Bauteil Sichtbeton, beurteilen zukommen:

- VOB/B (Allgemeine Vertragsbedingungen für die Ausführung von Bauleistungen/ DIN 1961:2012-09)
- DIN-Normen
- Merkblätter
- Verarbeitungsrichtlinien

VOB/B Allgemeine Vertragsbedingungen für die Ausführung von Bauleistungen; DIN 1961 [1.8]

§ 13 Mängelansprüche
„(1) Der Auftragnehmer hat dem Auftraggeber seine Leistung zum Zeitpunkt der Abnahme frei von Sachmängeln zu verschaffen. Die Leistung ist zur Zeit der Abnahme frei von Sachmängeln, wenn sie die vereinbarte Beschaffenheit hat und den anerkannten Regeln der Technik entspricht."

Ist die Beschaffenheit nicht vereinbart, so ist die Leistung zurzeit der Abnahme frei von Sachmängeln,

1. wenn sie sich für die nach dem Vertrag vorausgesetzte, sonst
2. für die gewöhnliche Verwendung geeignet und eine Beschaffenheit aufweist, die bei Werken der gleichen Art üblich ist und die der Auftraggeber nach der Art der Leistung erwarten kann.

Was bei Sichtbeton üblich bzw. was der Auftraggeber bei einem undefinierten Sichtbeton erwarten kann (s.a. Kapitel 9), ist u.a. der DIN EN 1992-1-1 NA zu entnehmen.

DIN EN 1992-1-1 NA 2.8.4

4.4 Baubeschreibung
„(1) Angaben, die für die Bauausführung oder für die Prüfung der Zeichnungen oder der statischen Berechnung notwendig sind, aber aus den Unterlagen nach NA 2.8.2 und NA 2.8.3 nicht ohne Weiteres entnommen werden können, müssen in einer Baubeschreibung enthalten und erläutert sein. Dazu gehören auch die erforderlichen Angaben für Beton mit gestalteten Ansichtsflächen."

Demnach muss Sichtbeton (gestaltete Ansichtsflächen) geplant werden, sei es mit Worten oder zeichnerisch im Detail (u.a. durch folgende DIN-Normen):

DIN 1045-3 [1.4.3] „Tragwerke aus Beton – Bauausführung“

3 Begriffe

3.4 Beton mit gestalteten Ansichtsflächen

„Beton mit in der Projektbeschreibung angegebenen Anforderungen an das Aussehen“

5.3 Schalungen

„(4) Bei Schalungen für Beton mit gestalteten Ansichtsflächen sind die in den bautechnischen Unterlagen gestellten besonderen Anforderungen an die Schalhaut bei der Ausführung zu berücksichtigen (siehe z.B. DBV/VDZ-Merkblatt „Sichtbeton“).“

Hier erfolgt innerhalb der DIN für die Schalung ein Hinweis auf das DBV/VDZ-Merkblatt.

DIN 18217 [1.2] „Betonflächen und Schalungshaut“

2.1 Betonflächen – Allgemeines

„Betonflächen sind das Spiegelbild der Schalungshaut oder das Ergebnis nachträglicher Bearbeitung und/oder Behandlung.“

und

„Betonflächen mit Anforderungen an das Aussehen sind sichtbar bleibende Betonflächen, für die eine eindeutige und praktisch ausführende Beschreibung vorliegen muss.“

Siehe dazu den Kommentar der DIN 18217 in „Sichtbeton – Planung“ [3.1]

DIN 18331 [1.3] „Betonarbeiten“

0.2 Angaben zur Ausführung

0.2.4 Bei sichtbar bleibenden Betonflächen u.a.

- *Klassifizierung der Ansichtsflächen,*
- *Oberflächentextur, erforderlichenfalls Beschreibung des Schalungs- und Schalhautsystems,*
- *Oberflächenausbildung nicht geschalter Teilflächen,*
- *Farbtönung,*
- Flächengliederung,
- Ausbildung von Fugen, Kanten, Ankern und Ankerlöchern sowie Schalungsstößen,
- Anzahl der Erprobungsflächen, Auswahl der Referenzfläche.

3.2 Herstellen des Betons

„Es bleibt dem Auftragnehmer überlassen, wie er den Beton zur Erreichung der geforderten Eigenschaften herstellt, mischt, verarbeitet und nachbehandelt.“

Aus den o.g. Hinweisen zu den DIN-Normen wird deutlich, dass in den DIN-Normen Sichtbeton nicht definiert ist, d.h. in der Architektenplanung ist eine „eindeutige und erschöpfende" Beschreibung des Sichtbetons zwingend erforderlich, um nachträgliche Diskussionen zu vermeiden.

⇨ Beispiele siehe Kapitel 8.

4.1.2 Sichtbeton-Ausschreibung: Hinweise

Vor Beginn der Planung und Ausschreibung ist zwischen dem Bauherren und dem Planer ein „Anforderungsprofil" zu erstellen, das gemeinsam als Protokoll zu unterschreiben ist (Muster: siehe Kapitel 3.1.1.1.5).

Ein Schalungsmusterplan soll u.a. darstellen:

- Ausbildung der Schalelemente, -stöße
- Ausbildung der Schalungsanker (Lage) einschl. Schließung
- Schalungssystem: Angabe
- Schalungstyp/Qualität
- Schalungshautbefestigung
- Ausbildung der Arbeitsfugen sowie
- Bauteil- und Dehnungsfugen, ggf.
- Schattenfugen (Flächengliederung)
- Kantenausbildung (scharf, Fasen)
- Einbauteile, z.B. Lampen, Handläufe
- zulässige Toleranzen, z.B. DIN 18202 Tab. 3 Zeile 7: „erhöhte Anforderungen"
- Hinweis zum Abstandhalter

Die Schalung muss absolut wasserundurchlässig sein, d.h. Verfärbungen bzw. Strukturabweichungen an der Sichtbetonoberfläche durch Schalungsundichtigkeiten sind unzulässig.

Vorsorgemaßnahmen, u.a. zur Vermeidung von „Schuhabdrücken" usw., müssen getroffen werden.

Sichtbeton-Betonzusammensetzungen / Betontechnologische Vorgaben
Bereits im Rahmen einer Entwicklung der Betonzusammensetzung sind neben der allgemein üblichen Erstprüfung im Sinn der DIN EN 206-1 und DIN 1045-2 die Sichtbetoneigenschaften der Betonzusammensetzung zu überprüfen.

Erprobungsflächen, Musterflächen, Referenzflächen (Ortbeton)
Zwecks „Übung" des Sichtbetons sind „Erprobungsflächen" in den Untergeschossen vorzusehen, die in der Ausführungsplanung gekennzeichnet sind. Sie sind so zu wählen, dass sie hinsichtlich ihrer Abmessungen (Decken-, Wanddicke), Öffnungen (Aussparungen), Bewehrungsgrad (Stahlmenge), Schalungsgrad (Verhältnis Beton zur Schalfläche) usw. dem geplanten Bauwerk (M 1:1) entsprechen.

Alle Sichtbetonanforderungen und Herstelltechnologien sind an diesen Erprobungsflächen / Musterflächen zu erfassen (z.B. Ankerlöcher, Schalhautstöße, Arbeitsfugen, Eckausbildung, Schutz der Anschlussbewehrung usw.). Aus geeigneten Erprobungsflächen sind Ansichtsflächen auszusuchen, die die vertragliche Referenz definieren, sog. „Referenzflächen".

Es ist ein „Abnahmeprotokoll" (Fotodokumentation) zu erstellen, welches Grundlage für die zukünftige Sichtbeton-Beurteilung wird.

Muster Sichtbetonfertigteile
Sinngemäß ist hier wie bei Ortbeton vorzugehen. Die Betonoberflächen-Seiten werden unterteilt in:

- geschalte Seiten
- Einfüllseite

Anforderungen an die Einfüllseite (nichtgeschalte Seite) sind besonders zu beschreiben, u.a. durch die Angaben:

- abgezogene Oberflächen
- abgeriebene Oberflächen
- handgeglättete Oberflächen
- flügelgeglättete Oberflächen
- gerollte Oberflächen
- Oberflächen mit Besenstrich
- usw.

Abstandhalter
Abstandhalter können sich an der Sichtbetonoberfläche abzeichnen, daher ist eine systematische Verlegung/Planung erforderlich. (Siehe DBV-Merkblatt „Abstandhalter nach EC 2").

Die DIN EN 1992-1-1 liefert Angaben zum Vorhaltemaß, Verlegemaß usw. als Grundlage zur Mindestbetondeckung, die Basis zur Auswahl der Abstandhalter sind. Eine Bemusterung der Abstandhalter sowie entsprechende Hinweise im Leistungsverzeichnis sind erforderlich und schriftlich zu vereinbaren.

Ankerlöcher
Die Ankerlöcher der Schalung sind mittels Vorsatz-Konen (Durchmesser ca. 40 mm) auszubilden, abzudichten und mit entsprechenden Betonstöpseln aus Beton gleicher Farbe zu verschließen (Grenzmuster). Die Betonstöpsel müssen bezüglich der Wandoberfläche 7 mm nach innen versetzt angeordnet sein. Es sind Betonstöpsel in mindestens fünf verschiedenen Farben (Farbtönen) vorzuhalten, um diese dem Farbton der jeweils vorgefundenen Betonfläche anpassen zu können.

Bewehrung
Auch bei dichter Bewehrung ist durch den Auftragnehmer durch geeignete Maßnahmen eine gute Einbringung und Verdichtung des Betons sicherzustellen, z.B. durch Einsatz von an die Bewehrungsabstände („Rüttelgassen") angepassten Rüttlern. Die Architekten-Bauleitung hat dies ständig zu überprüfen und bei Abweichung sofort den Tragwerksplaner zu informieren.

Die Lagerung der Bewehrung hat grundsätzlich witterungsgeschützt zu erfolgen. Es ist nicht rostender Bindedraht zu verwenden. Rostabzeichnungen auf der Schalung bzw. der Betonoberfläche sind unzulässig.

Schalungsstoß
Die Arbeitsfuge ist so auszuführen, dass zwischen unterem und oberem Betonierabschnitt lediglich eine minimale Kante von max. 3 mm entsteht.

Die Schnittkanten müssen wieder lackiert bzw. imprägniert werden. In die Nut wird ein Schalungsfugenband (geschlossenzellig, nicht saugend) eingeklebt. Die Tafel ist exakt auszurichten. Es ist für ein gleichmäßiges Anliegen/Anpressen der Schalung und Dichtung Sorge zu tragen. Hierzu wird der Einsatz von Drehmomentschlüsseln bzw. Vorspanneinrichtungen empfohlen.

Die Schalung/Fuge muss absolut wasserundurchlässig sein
Verfärbungen der Betonfläche aufgrund undichter Schalung (Veränderung Wasser-Zement-Wert) sind nicht zulässig. Vor dem Verschluss der Schalung ist diese von der Bauleitung abnehmen zu lassen.

Nachbehandlung des Sichtbetons
Die Bauteile sind bis zum Ende der Bauzeit mit reißfesten Folien/Planen abzudecken und durch geeignete Maßnahmen zu schützen, insbesondere vor mechanischer Beschädigung. Vor und nach dem Betonieren von Deckenabschnitten sind darunterliegende Sichtbetonflächen auf Rostfahnen und andere Verschmutzungen zu prüfen und ggf. zu reinigen.

Eine Beschädigung der Sichtbetonbauteile, auch durch andere am Bau beteiligte Unternehmen ist während der gesamten Bauzeit auszuschließen.

Die fertiggestellten Bauteile müssen mit Faserplatten mit UK oder Mehrschichtholzplatten vor Beschädigungen geschützt werden. Der Schutz ist so anzubringen, dass er dauerhaft – bis kurz vor der Gesamtfertigstellung des Bauwerks – das jeweilige Bauteil schützt, aber auch zum Einbringen des Bodens partiell im unteren Teil zurückgebaut werden kann. Die hierzu notwendigen Abstandhalter sind im Bereich der Konen bzw. Abspannlöcher anzuordnen. Ein Platzieren an anderer Stelle kann irreversible Schäden an der Betonoberfläche hervorrufen (Verfärbungen) und ist deshalb untersagt.

Maßtoleranzen
Es wird darauf verwiesen, dass insbesondere bei den Schalungsaufdoppelungen für Zargennischen der Türen, Aufzugstüren und Fenster auf eine sehr hohe Maßhaltigkeit geachtet werden muss!

Zargen müssen auf der angeschlagenen Seite so gesetzt werden, dass das (ggf. bauseitige) Bauelement bündig zur Oberfläche der Betonwand sitzt. Auf der Gegenseite muss die Zarge in der Betonnische verschwinden. Die Maßhaltigkeit darf im Lot 3,0 mm nicht überschreiten.

Das Verfüllloch zum Zargenverguss ist mit dem Architekten abzustimmen.

Die für das Bauwerk geltenden Grenzabweichungen sind gemäß DIN 18202 Tabelle 1 Spalte 4 einzuhalten. Die Grenzwerte für die Ebenheitsabweichungen sind gemäß DIN 18202 Tabelle 3 Zeile 4 und Zeile 7 einzuhalten.

Jahreszeitliche Einflüsse auf die Sichtbetonausführung
Aufgrund der hohen Anforderungen an die Sichtbetoneigenschaften wird die Baustelle bezüglich der Durchführbarkeit von Arbeiten sehr witterungsabhängig sein. Vor allem niedrige oder sehr hohe Temperaturen oder Niederschlag lassen die Erstellung von hochwertigen Sichtbetonflächen nicht zu.

Grundsätzlich sind für Betonagen bei winterlichen Umgebungsbedingungen die Regelungen der DIN 1045-3 sowie des DBV-Merkblattes „Betonieren im Winter“ (Fassung August 1999, redaktionell überarbeitet 2004) zu beachten.

Qualitätssicherung Sichtbeton
Der Auftragnehmer hat für die gesamte Bauzeit vorzuhalten:

- Betoningenieur mit nachgewiesenen Erfahrungen im Sichtbetonbereich. (Der Nachweis der Qualifikation des Betoningenieurs ist mit dem Angebot abzugeben.)
- Auf Grundlage des Sichtbeton-Anforderungsprofils des Auftraggeber hat der Auftragnehmer (spätestens vier Wochen nach Auftragserteilung) dem Auftraggeber eine Broschüre „Sichtbetonkonzept“ vorzulegen, aus dem hervorgeht, durch welche Maßnahmen die Anforderungen aus der Architektenplanung und Ausschreibung die hochwertige Sichtbetonausführung zielsicher erreicht werden, u.a. Betonierplan (drei Tage vor Beginn der jeweiligen Arbeiten), u.a. mit Betonrezeptur, Ausführung, Kontrolle, Wettervorhersage, Ausschalfristen, Nachbehandlung usw.
- Der Auftragnehmer hat für jede Sichtbetonarbeiten ein Protokoll sowie Fotodokumentation zu erstellen und spätestens wöchentlich dem Auftraggeber als PDF-Datei zur Verfügung zu stellen.

- Vor dem Verschluss der Schalung, d.h. vor dem Betonieren hat eine gemeinsame Überprüfung (durch den Bauleiter des Auftragnehmer und Auftraggeber) zu erfolgen, einschl. Protokoll im Hinblick auf die absolute Dichtigkeit der Schalungsstöße und weitere Anforderung gem. Planung.
- Vom Auftragnehmer ist eine Namensliste der Mitarbeiter zu erstellen und dem Auftraggeber vor Baubeginn vorzulegen, die „verantwortlich" sind (für die gesamte Dauer der Bauzeit) u.a. für:
  - Reinigung der Arbeitsfuge vor Verschließung der Schalung
  - Ausführung/Überprüfung der Dichtigkeit von Schalungsstößen/Ankerlöcher/ Arbeitsfugen
  - Ausführung der Abstandhalter
  - Auftrag der Trennmittel

Hinweis:
Es müssen immer dieselben Handwerker diese Leistungen ausführen.
(Bereits bei den Erprobungsflächen im Untergeschoss, d.h. „wechselnde" Handwerker sind unzulässig.)

Es ist ein Sichtbetonteam zu berufen, bestehend u.a. aus:

- Bauherrenvertreter
- Architekten Mitarbeiter
- Tragwerksplaner Mitarbeiter
- Betontechnologen des AN
- Transportlieferanten Mitarbeiter
- Schalungshersteller Mitarbeiter
- ö.b.u.v. Sachverständiger für Sichtbeton
  (als Schiedsgutachter z.B. Dipl.-Ing. Joachim Schulz)

Rückbau bei Nichterreichen der Sichtbetonqualität
Sollte ein Rückbau vom Auftraggeber aus technischen oder terminlichen Gründen ausgeschlossen werden, so entstehen Minderungsansprüche i.H. des zehnfachen des Neubauwerts. Diese Minderungsansprüche bestehen dabei nicht allein für die unmittelbar nicht vertragskonformen Teilflächen, sondern darüber hinaus auch für die Flächen, die durch die bereichsweise mangelhafte Sichtbetonqualität beeinflusst werden. Die Summe beinhaltet daher auch jene Flächen eines Bauteils, die im üblichen Betrachtungsabstand vom Betrachter mit erfasst werden.

4.2 IST-Zustand / Erfassung

Bei der IST-Zustandserfassung wird unterschieden zwischen:

- Gesamteindruck
- Einzelkriterien

Ein Beispiel zu Erfassung des Ist-Zustandes einer Fassade ist im Kapitel 5.1 zu finden. Nur wenn der „Gesamteindruck“ nicht den Anforderungen entspricht, müssen auch „Einzelkriterien“ überprüft werden.

4.2.1 Einzelkriterien

Zu den Einzelkriterien zählen:

- Textur und Ausbildung der Elementstöße
- Porigkeit
- Farbtongleichmäßigkeit
- Ebenheit
- Arbeits- und Schalhautfugen

⇨ Siehe hierzu Kapitel 3.1.1.1.5.

Technische Fehler (Mängel) werden bedingt durch:

- Planung
- Material
- Schalung
- Trennmittel
- Bewehrung
- Betonverarbeitung

Hinsichtlich der Einzelkriterien bei der Bewertung der Gebrauchsfunktion wird auf das Buch „Sichtbeton-Mängel“ [3.2] verwiesen. Darin werden die Sichtbetonmängel gutachterlich eingestuft sowie Hinweise zur Mängelbeseitigung bis hin zur Betoninstandsetzung gegeben.

4.2.1.1 Beispiele für Sichtbeton-Bewertung: Einzelkriterien

Tabelle 4.2: Einzelkriterien für Sichtbeton-Bewertung nach dem Ausschlussverfahren

Stichwort	Foto (Beispiel)	Vermutliche Ursache
Farbton-Abweichungen: Hell-Dunkel „Farbton-gleichmäßigkeit" „Grauton"		Zusammensetzung des Betons (Betonrezeptur), Wechselwirkung mit Trennmittel, Schalhaut, ggf. witterungsbedingt
Poren Lunker „Porigkeit"	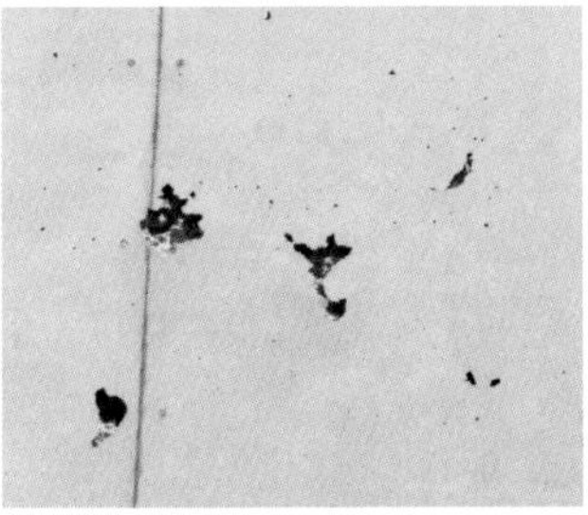	– Luft- und Wassereinschlüsse an dichter, glatter Schalung. – zu hohe Einfüllhöhe, schlecht verdichtet („Rüttler").
Ausblutung Blutungen Bluten (hier: Wand/Ecke) „Textur"	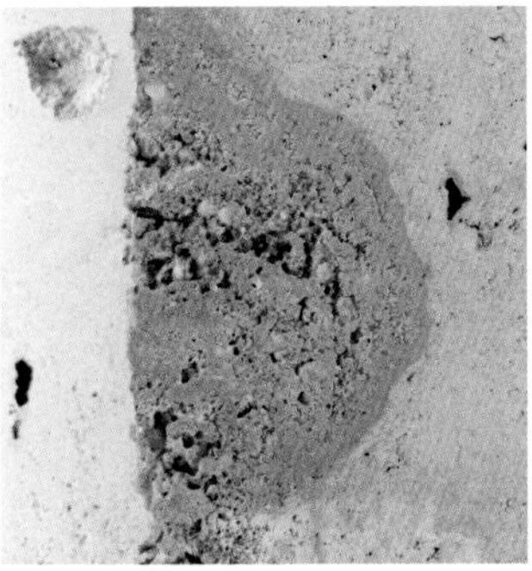	– undichter Schalelementstoß – herauslaufende Zementschlämme Achtung: zulässig (*) bis SB 2: 10 mm Breite SB 3: 10 mm Breite SB 4: 3 mm Breite
Kiesnester (hier Unterzug) „Textur"		– undichte Schalung (nicht abgedichtet) – Auslaufen des Zementleims – zu enge/viel Bewehrung Achtung: zulässig (*) bis: SB 2: 10 mm Breite SB 3: 10 mm Breite SB 4: 3 mm Breite

Tabelle 4.2: Einzelkriterien für Sichtbeton-Bewertung nach dem Ausschlussverfahren *Fortsetzung*

Stichwort		Vermutliche Ursache
Rostspuren (hier: Decke) „Farbton- gleichmäßigkeit“		– Partikelrost der Bewehrung – Rest des Bindedrahtes – Abtropfrost nach Regen
Schüttlagen (hier Wand) „Textur“	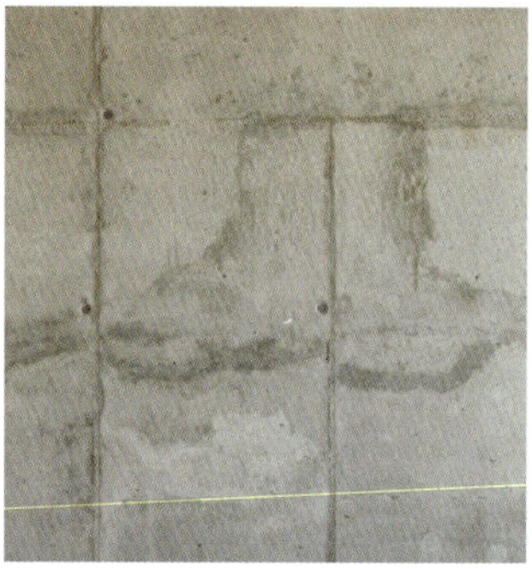	– zwischen unteren und oberen Betonier-abschnitt zu große Zeitunterbrechung – keine fachgerechte „Verdichtung“ / „Vernadelung möglich
Mörtelreste Nasen „Schalhautfugen“		– undichte Schalhautfuge Wand/Decke – heraustretender Zementleim Achtung: zulässig (*) bis: SB 2: 10 mm Breite SB 3: 10 mm Breite SB 4: 3 mm Breite
Schalungsanker Ankerlöcher „Schalhautfuge“	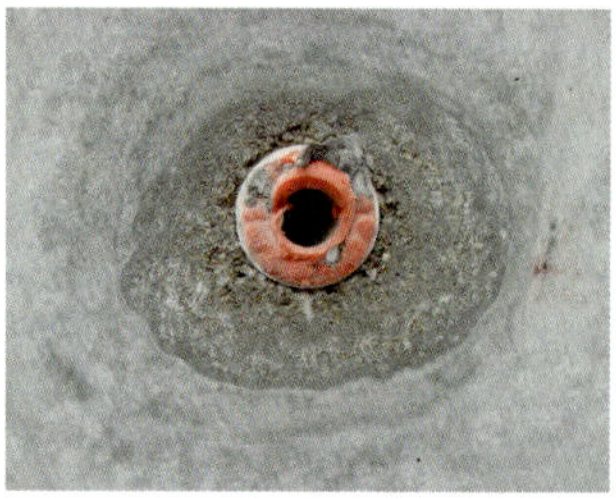	– undichter Schalungsanker – Auslauf des Zementleimes – Feinstzementanreicherung, dunklere Verfärbung

Tabelle 4.2: Einzelkriterien für Sichtbeton-Bewertung nach dem Ausschlussverfahrenverfahren *Fortsetzung*

Stichwort		Vermutliche Ursache
Versatz Schalelementstöße „Ebenheit" „Schalhautfuge"		– Toleranzen zwischen unterer und oberer Schalung Achtung: Versatz zulässig (*) bis: SB 2: 10 mm SB 3: 5 mm SB 4: 5 mm
Ausblühungen an Decke, Nähe freie Stirnseite „Farbton-gleichmäßigkeit"		„Helle schleierartige Verfärbungen" auf der Sichtbetonoberfläche. Mit Kalkhydrat angereichertes Wasser, das an der Oberfläche verdunkelt, wird mit der Zeit schwächer bzw. verschwindet vollständig. Ursache nachträglicher Feuchtigkeitseinwirkung auf frischen Betonflächen, sei es von innen durch austretendes Überschusswasser oder Niederschlag von außen.
Abzeichnung der Bewehrung „Farbton-gleichmäßigkeit"	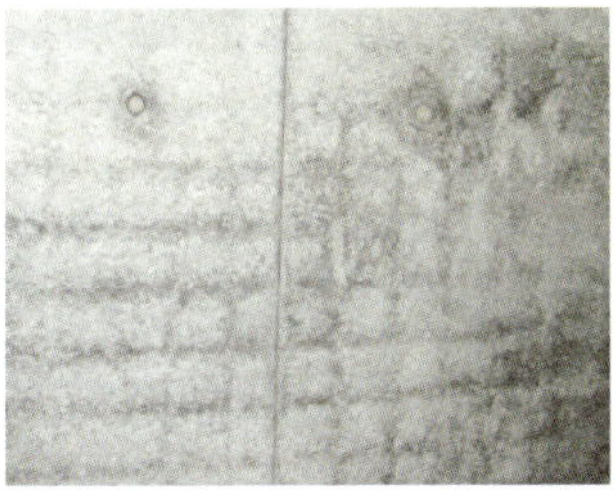	Das Berühren der Bewehrung mit dem Rüttler hat zur Folge, dass sich die Stäbe an der Oberfläche abzeichnen. Vibrationsschwingungen auf Bewehrung verursacht Ansammlung von Feinstanteilen mit dunkler Abzeichnung.
Schlepp-wassereffekt „Textur"		Kleinere Zement- bzw. Gesteinskörnungen, die aufgrund ihrer geringen spezifischen Gewichte nach oben „geschleppt" werden. Je höher die kontinuierliche Betoneinfüllung, desto intensiver der Trend zur sog. Schleppwasserbildung, d.h. zum Auftrieb des überschüssigen Zugabewassers unter Mitnahme von Zement- und Mehlkornbestandteilen.

Tabelle 4.2: Einzelkriterien für Sichtbeton-Bewertung nach dem Ausschlussverfahren *Fortsetzung*

Stichwort		Vermutliche Ursache
„sichtbare“ Abstandhalter „Farbton-gleichmäßigkeit“		– falsche Auswahl von Abstandhaltern – keine geometrische Anordnung – Abhängung der Bewehrung möglich (Kosten)
Abzeichnung von z.B. Kanthölzern (Beton-Fertig-teiltreppe) „Farbton-gleichmäßigkeit“		Abdruck der Lagerhölzer
Abzeichnung von Befestigungsmittel „Textur“		– zu tiefe Befestigung Spiegelbild: Abzeichnung – Verspachtelung vor Ausführung möglich (Kosten)
Schuhabdrücke „Farbton-gleichmäßigkeit“		– Verschmutzte Schuhe auf mit Trennmittel versehener Schalung – Spiegel-Abdruck
Arbeitsfuge Wand-Decke-Wand		– undichte Schalungsstöße – Auslauf des Zementleimes Achtung: zulässig (*) bis: SB 2: 10 mm Breite SB 3: 10 mm Breite SB 4: 3 mm Breite

Tabelle 4.2: Einzelkriterien für Sichtbeton-Bewertung nach dem Ausschlussverfahrenverfahren *Fortsetzung*

Stichwort		Vermutliche Ursache
Beton- fehlstellen „Textur“		– zu enge Bewehrung – unzureichende Verdichtung
Wolkenbildungen Hell-Dunkel- verfärbungen „Farbton- gleichmäßigkeit“		– kreisförmige Sedimentation – ungleichmäßiges Schütten/Verteilen (bei waagerechten Betonfertigteilen)
Grate „Textur“	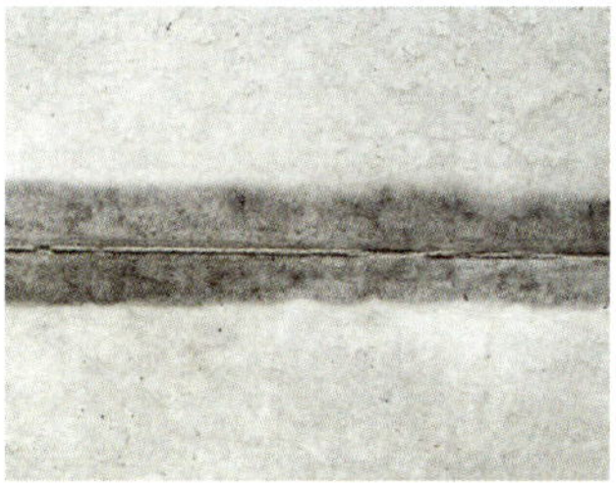	– undichter Schalelementstoß – fehlende Fugenabdichtung Achtung: Grate (Höhe) zulässig gemäß DBV/VDZ-Merkblatt „Sichtbeton“ bis: SB 2: 5 mm Breite SB 3: 5 mm Breite SB 4: 3 mm Breite
Fehlstellen im Bereich der Schalelementstöße „Textur“		– undichter Schalelementstoß – unzureichende Fugenabdichtung – Auslauf des Zementleimes Achtung: zulässig gemäß DBV/VDZ-Merkblatt „Sichtbeton“ bis: SB 1: 20 mm Breite, Tiefe 10 mm SB 2: 10 mm Breite, Tiefe 5 mm SB 3: 10 mm Breite, Tiefe 5 mm SB 4: 3 mm Breite

Tabelle 4.2: Einzelkriterien für Sichtbeton-Bewertung nach dem Ausschlussverfahren *Fortsetzung*

Poren Lunker Porigkeit		Aufgrund der oberen (schrägen) Schalung kann die eingeschlossene Luft/Wasser nicht entweichen – trotz „Einfüllstützen“. Folge: Poren an der Oberseite
Ripplings	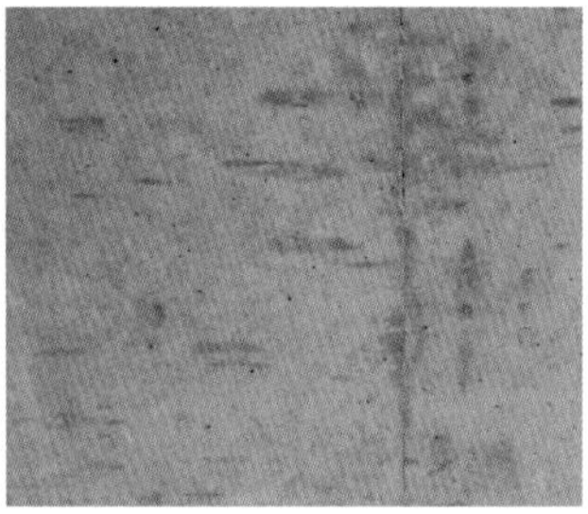	Vertiefungen an der Sichtbeton-Oberfläche („Riefen“).

(*) Achtung: Teilweise „zulässig“ gem. DBV/VDZ-Merkblatt „Sichtbeton“ [2.1.1]

Die o.g. Beispiele sind dem Buch „Sichtbeton-Mängel“ [3.2] entnommen

Hinweis:

Begriffdefinition siehe Sichtbeton Glossar im Kapitel 10.

Einige Mängel werden im DBV/VDZ-Merkblatt als „hinzunehmende“ Unregelmäßigkeiten eingestuft, d.h. Unregelmäßigkeiten sind hinzunehmen.

Eine eindeutige Leistungsbeschreibung ist daher erforderlich!

4.2.2 Gesamteindruck / Sichtflächenbetrachtung

Das Objekt ist unter gebrauchsüblichem Abstand zu betrachten. Eventuelle optische Beeinträchtigungen sind für jeden nachvollziehbar in einem Protokoll festzuhalten, unter Angabe von:

- Beanstandungen, z.B. „netzartige Risse" (siehe Kapitel 4.2.1)
- Betrachtungsabstand (siehe Kapitel 4.2.2.1)
- Lichtquelle (siehe Kapitel 4.2.2.2)

Eine Fotodokumentation ist beizufügen.

4.2.2.1 Betrachtungsabstand / „übliche Nutzung"

Die Prüfung von Sichtflächen ist in der Regel in dem Abstand durchzuführen, welcher der „üblichen Nutzung" entspricht.

Der „übliche" Betrachtungsabstand ist vergleichbar mit einer Gemäldebetrachtung, d.h.:

- kleinere Bilder erfordern einen geringeren,
- größere Bilder einen entsprechend größeren Betrachtungsabstand.

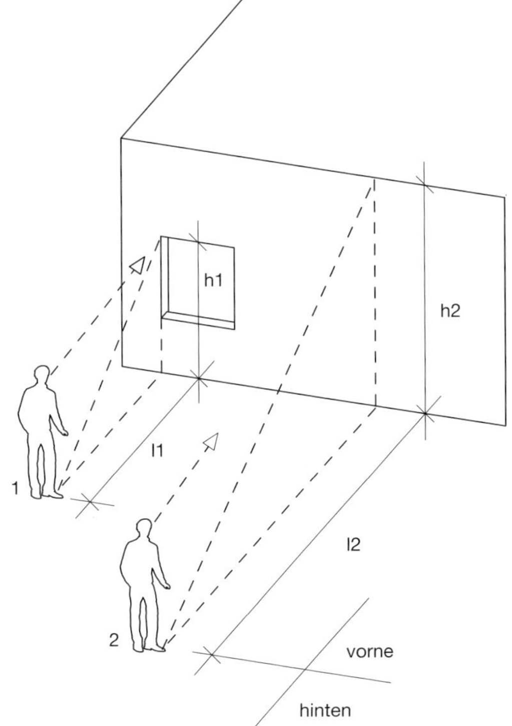

Punkt 1: Bei kleineren Besichtigungsflächen (h1), geringer Abstand (l1)
Punkt 2: Bei größeren Besichtigungsflächen (h2) (z.B. Gesamteindruck der Fassade) entsprechend weiterer Abstand (l2)

Bild 4.2: Betrachtungsabstand und Gesamteindruck

Bild 4.3 definiert den richtigen Betrachtungsabstand in diesen Abhängigkeiten.

Demzufolge wird eine Fassade als Gesamteindruck nicht vom Gerüst betrachtet:

- Bei größeren Betrachtungsflächen entspricht der Betrachtungsabstand der Traufhöhe.
- Bei kleineren Betrachtungsflächen, wie um ein Erdgeschossfenster, entspricht der Betrachtungsabstand der Höhe des Fenstersturzes über dem Erdboden.

Die übliche Nutzung muss nicht immer der tatsächlichen Nutzung entsprechen. Wenn möglich, sollte der Abstand von 1 m bei der Bewertung nicht unterschritten werden.

Ein „Fernglas" ist zwar zur Ursachenfindung eines evtl. Schadens nützlich, stellt jedoch nicht den üblichen Betrachtungsabstand dar. Bei der Prüfung auf evtl. Fehler ist die Betrachtung möglichst im rechten Winkel auf die Oberfläche durchzuführen.

Betrachtungsabstand (Beispiele):

- Ein Standpunkt auf dem Bürgersteig (direkt vor der Fassade): nicht geeignet einen Gesamteindruck der Fassade zu erhalten.
- Ein Standpunkt auf dem Bürgersteig auf der anderen Straßenseite ist dagegen geeignet, einen Gesamteindruck der Fassade zu erhalten.

<u>„Eingeschränkter" Gesamteindruck</u>
Ein Gerüst kann die Auswahl des richtigen Betrachtungsstandpunktes für eine Fassade erheblich behindern und den Betrachtungsabstand einengen (siehe Bilder 4.4 und 4.5).

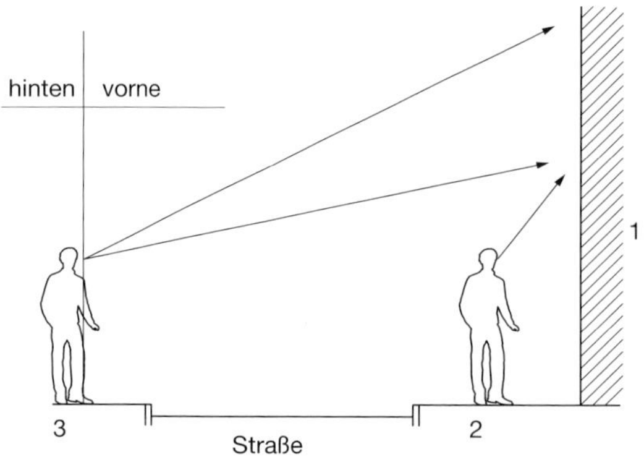

Punkt 1: zu bewertendes Objekt
Punkt 2: zur Bewertung von „Einzelkriterien": geringerer Abstand
Punkt 3: zur Bewertung vom Gesamteindruck: größerer Abstand

Bild 4.3: Betrachtungsabstand

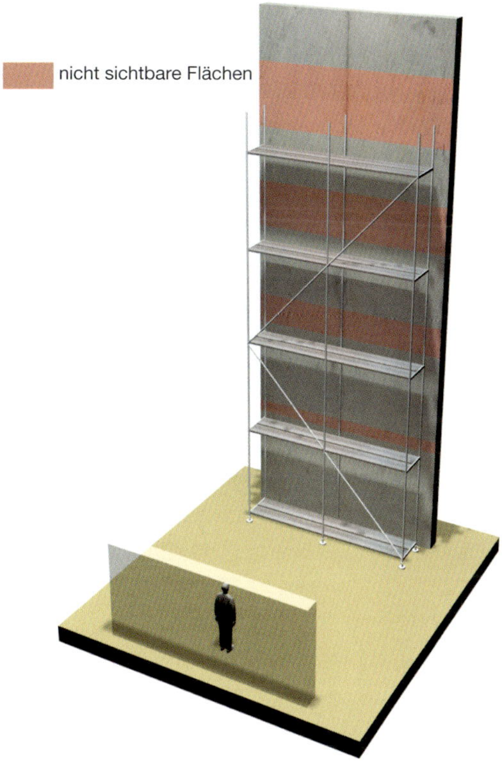

nicht sichtbare Flächen

Bild 4.4: Gesamteindruck durch Gerüst behindert

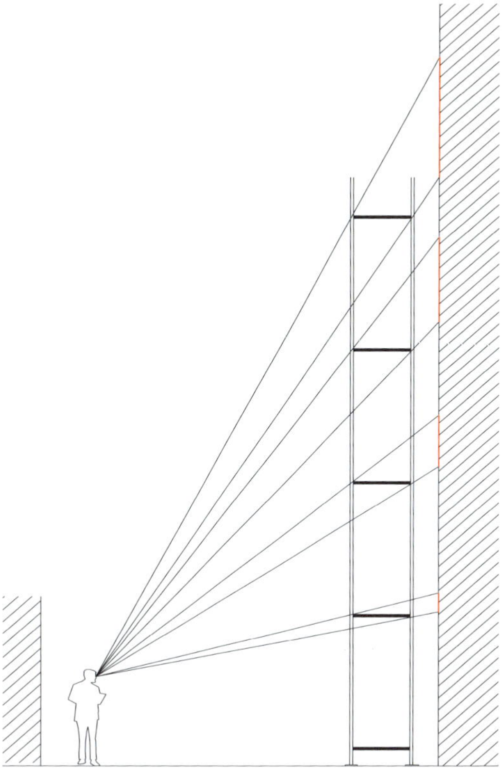

Bild 4.5: „eingeschränkter" Gesamteindruck

Bild 4.6: Fassade: Gesamteindruck? Gebrauchsüblicher Abstand?

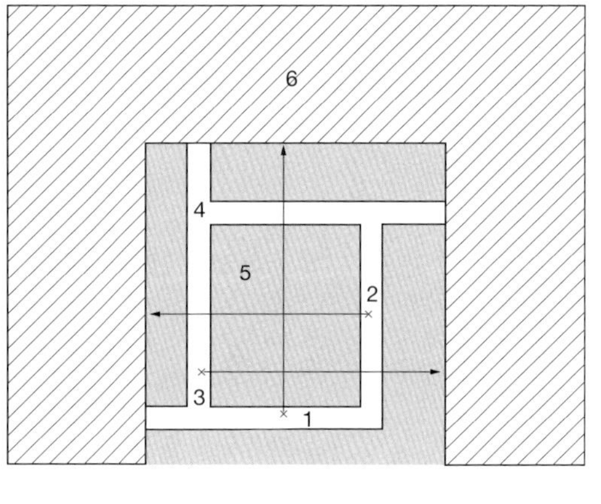

z.B. bei Hofbegrünung
Punkt 1 bis 3: Betrachtungsabstände
Punkt 4: gepflasterter Weg
Punkt 5: Rasenfläche/Hofbegrünung
Punkt 6: zu betrachtendes Objekt

Bild 4.7: Betrachtungsabstand, Fassaden-Gesamteindruck

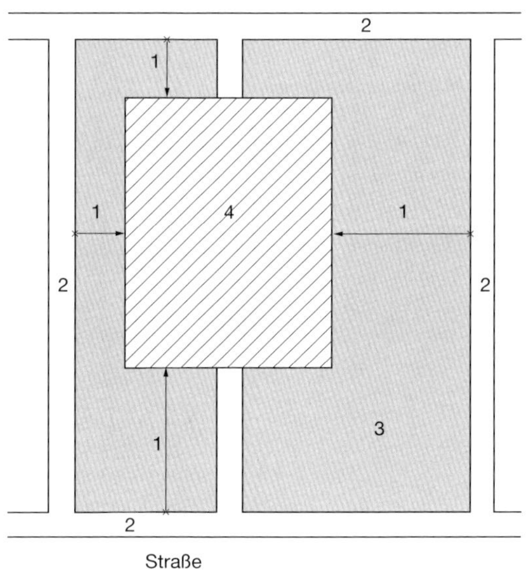

z.B. von Wegen, Bürgersteigen

Bild 4.8: Betrachtungsabstand, Fassaden-Gesamteindruck

Wenn ein Vorgarten bzw. eine Rasenfläche (z.B. eine Hofbegrünung) vorhanden ist, die in der „Regel" nicht begangen wird, ist der Betrachtungsabstand entsprechend der Objektgröße vorzunehmen.

4.2.2.2 Lichtquelle

Geprüft werden sollte unter „normalen" Tageslichtverhältnissen, d.h. Unregelmäßigkeiten, die durch seitlichen Einfall von natürlichem Sonnenlicht zeitlich begrenzt sichtbar werden, sind in der Regel hinzunehmen. Künstliches Streiflicht ist zur Bewertung nicht zugelassen.

Die Elektroplanung (Decken- bzw. Wand-Halogenstrahler) ist bei der Sichtbetonplanung daher besonders zu berücksichtigen. Künstliches Streiflicht („Beleuchtung") stellt eine erhöhte Anforderung dar und ist gesondert zu vereinbaren.

Bei der Bewertung von Sichtbetonflächen ist die Angabe der Lage der Lichtquelle besonders wichtig, falls nachträglich eine andere Person die „Sichtbewertung" (Gutachten) nachvollzieht bzw. überprüft. Dies ist vergleichbar nur möglich, wenn von gleichen Grundlagen (hier „Lichtquelle") ausgegangen wird.

Lichtquellen mit anderen Einfallswinkeln zum Objekt können durchaus andere Erkenntnisse/Ergebnisse hervorrufen.

Beispiel:

- Eine Lichtquelle (z.B. Sonne) „von oben" lässt Vor- und Rücksprünge innerhalb der Fassade deutlicher erscheinen als eine Lichtquelle „im Rücken".
- Eine Lichtquelle (z.B. Sonne) von der Seite („Streiflicht") verdeutlicht „Unebenheiten" mehr als bei einer im Schatten liegenden Fassade.

Folgende Angaben zur Lichtquelle bzw. zum Sonnenstand sind bei Feststellung des Objektzustands in einem Protokoll zu dokumentieren:

- Fassade im Gegenlicht
- Fassade im Schatten
- Sonne „von oben"
- Sonne von hinten, d. h. „im Rücken"
- Sonne „von links" bzw. „rechts"

Bild 4.9: Fassade: Licht – Schatten

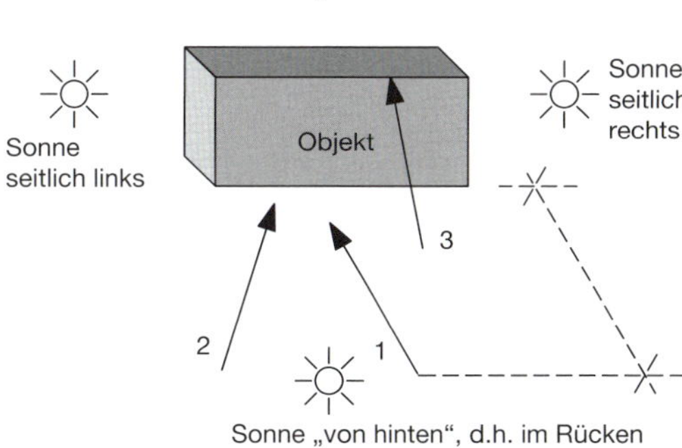

Punkt 1: übliche Betrachtung im rechten Winkel mit Betrachtungsabstand „l" (siehe Bild 4.2)
Punkt 2: unübliche Betrachtung, schräg von der Seite
Punkt 3: unübliche Betrachtung direkt <u>vor</u> dem Objekt, von unten nach oben gesehen

Bild 4.10: Sonnenstand bzw. Lichtquelle

„Vorne“ bzw. „hinten“ bezieht sich immer von der Person ausgehend in Blickrichtung. Wie wichtig die Dokumentation der Lichtverhältnisse ist, wird am folgenden Beispiel verdeutlicht. Die Sonne (als natürliche Lichtquelle) zieht bekannter Weise von Ost nach West.

In der Regel werden fünf „Lichtquellen“ unterschieden:

- Sonne von links (Streiflicht)
- Sonne von rechts (Streiflicht)
- Sonne von oben (Streiflicht)
- Sonne von hinten (Fassade im Gegenlicht)
- Sonne von vorne (Fassade im Schatten)

Die Bilder 4.11 bis 4.14 zeigen die Lichtverhältnisse zu verschiedenen Tageszeiten.

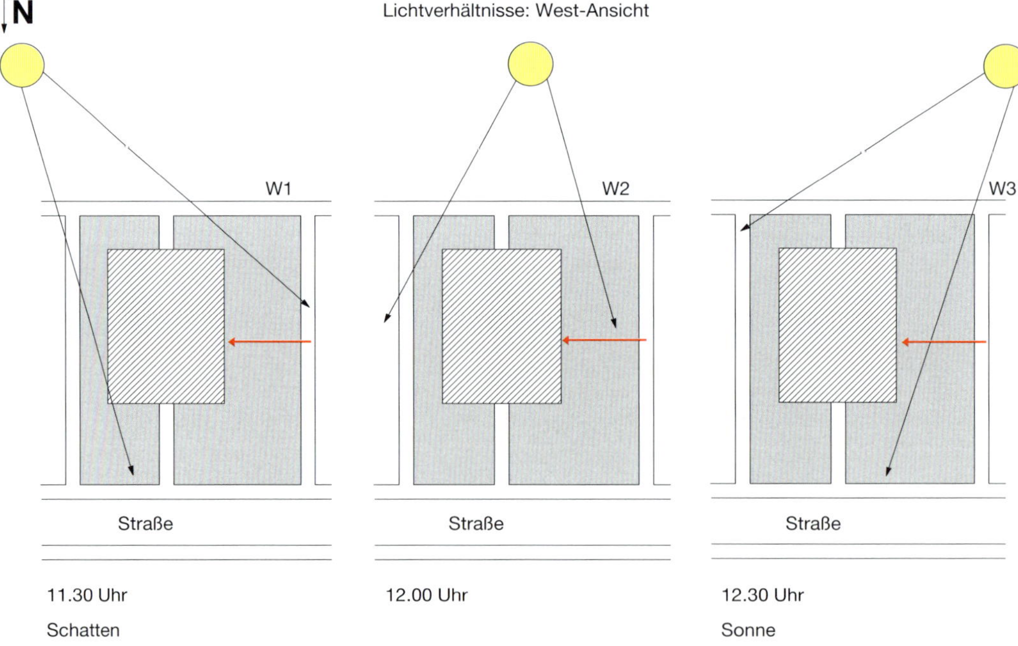

Bild 4.11: Sonnenstand Westseite, dicker Pfeil zeigt Standpunkt des Betrachters

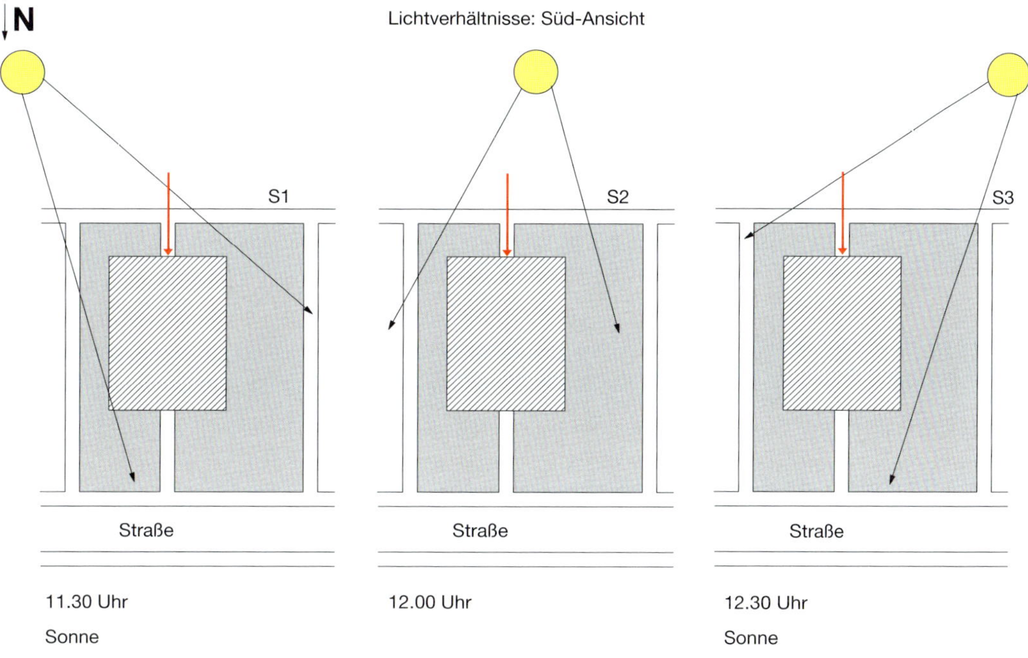

Bild 4.12: Sonnenstand Südseite, dicker Pfeil zeigt Standpunkt des Betrachters

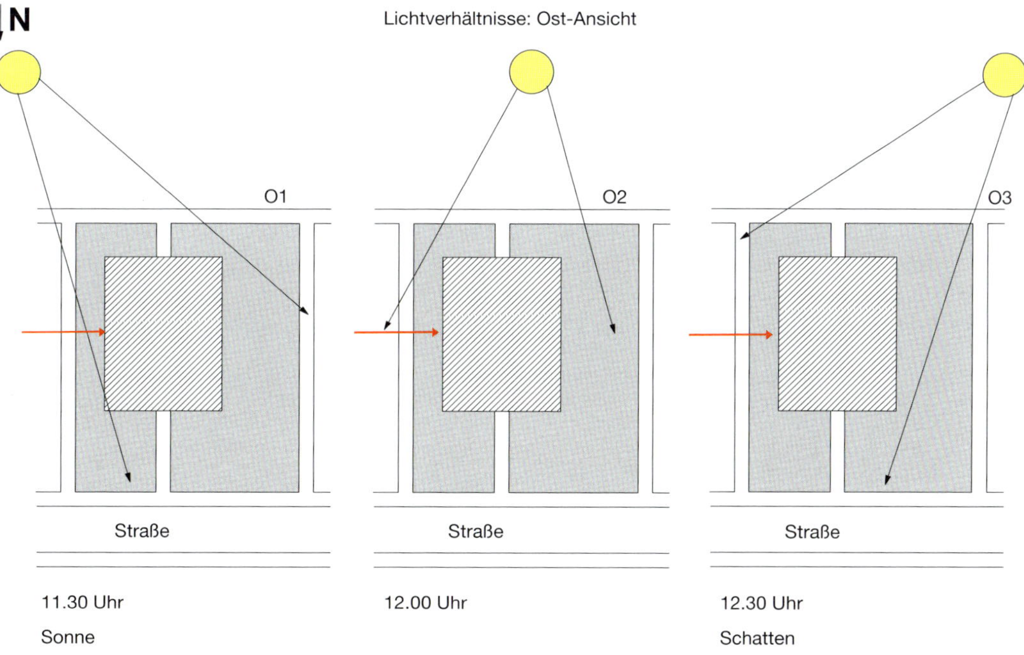

Bild 4.13: Sonnenstand Ostseite, dicker Pfeil zeigt Standpunkt des Betrachters

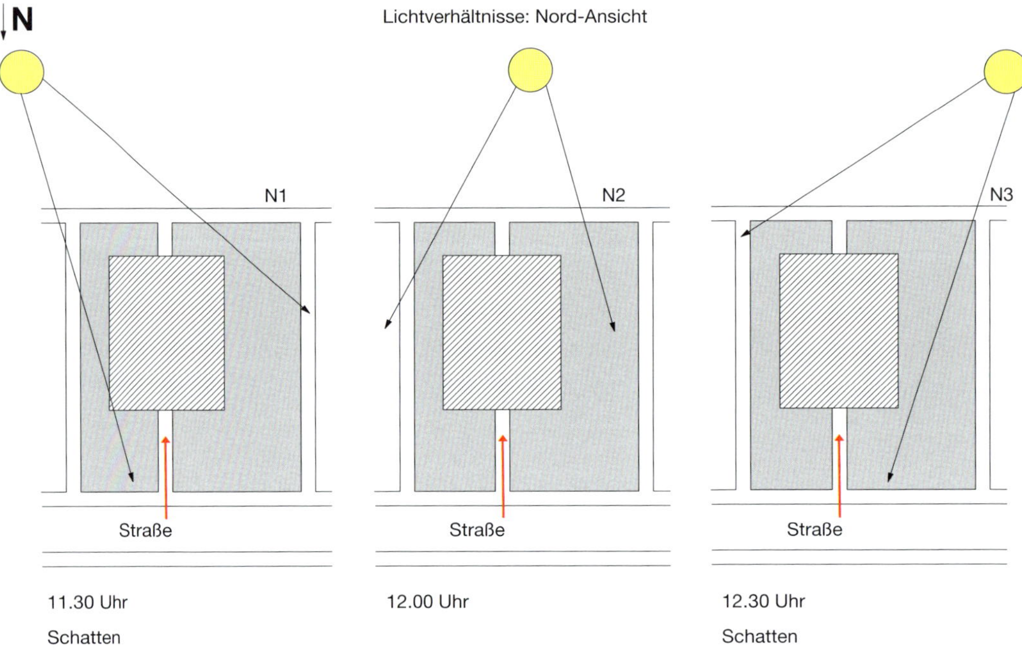

Bild 4.14: Sonnenstand Nordseite, dicker Pfeil zeigt Standpunkt des Betrachters

Die Bilder 4.11 bis 4.14 verdeutlichen, dass die Besichtigung einer Fassade zu unterschiedlichen Tageszeiten bei unterschiedlichen Lichtverhältnissen stattfindet. Daraus folgt, dass der Betrachter zu verschiedenen Tageszeiten zu unterschiedlichen Ergebnissen kommen kann.

Für jede Fassadenansicht ist eine eigene Bewertung aufzustellen. Die Bilder verdeutlichen, dass die Nord-Ansicht, die ständig im Schatten liegt, eine geringere Minderung erhält, als die Süd-Seite, welche ständig von der Sonne angestrahlt wird. Alle vier Ansichten ergeben in der Addition ihrer Minderungswerte die Gesamtminderung.

Empfehlung:
Um unterschiedliche Grundlagen zur Sichtbeton-Bewertung zu vermeiden, ist ein Protokoll (siehe Muster im Bild 4.16) über den Ortstermin anzufertigen.

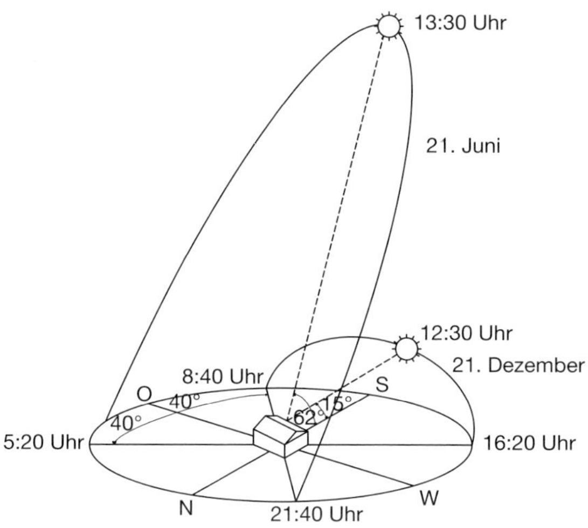

Bild 4.15: Sonnenstand – tageszeitabhängig

Tel. 030/300 98 30 Fax 030/300 98 311		IGS	**SCHULZ Architekten** Unternehmensbereich der IGS
Begehungsprotokoll / Datum vom: __________ Erfassung von (Name) ________________ Eingetragen auf Skizze, siehe nächste Seite			
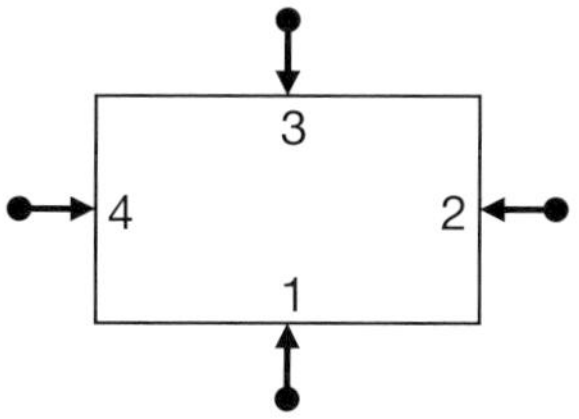 3 4 2 1		Fassaden-Ansicht: 1 = Süd, West, Nord, Ost 2 = Süd, West, Nord, Ost 3 = Süd, West, Nord, Ost 4 = Süd, West, Nord, Ost	Skizze:
1.)	Betrachtungsabstand:	m_1 = __________ m m_2 = __________ m	Skizze:
2.)	Lichtquelle:	○ Fassade im Gegenlicht ○ Fassade im Schatten ○ Sonne von „oben“ ○ Sonne im „Rücken“ ○ Sonne von „links/ rechts“	Skizze:
3.)	Bemerkungen:		

Bild 4.16: Anforderungsprofil für die Dokumentation (Muster)

4.3 SOLL-IST-Vergleich

Die Oberfläche übt eine Funktion aus, die mit „Geltungsfunktion“ (optische Funktion) bezeichnet wird.

Die Funktion ist erfüllt, wenn der visuell wahrnehmbare Gesamteindruck, z.B. der Fassade bzw. der Fläche, der Gestaltungsabsicht entspricht, die im Gebäudeentwurf festgelegt und durch Werkplanung und Leistungsbeschreibung präzisiert ist. Dies kann als erreicht gelten, wenn die einzelnen Teilflächen frei sind von unbeabsichtigten Unregelmäßigkeiten hinsichtlich ihrer Farbe, ihrer Struktur und ihrer Form.

Die Forderung nach ungestörtem Aussehen aller Flächen gilt für alle, unabhängig vom Baustoff. Bei Sichtbeton ist mit gewissen Einschränkungen zu rechnen. Da der Grad der Helligkeit (Farbnuancen) bzw. die Intensität der Farbdifferenzen des Betons nicht immer genau planbar sind, muss der Planer die in der Praxis vorkommenden Einschränkungen kennen und sie in der Leistungsbeschreibung berücksichtigen. Zu empfehlen ist eine genaue Festlegung der Bandbreite anhand einer vor Ort zu erstellenden Musterfläche.

Der Hinweis auf ein bestehendes Objekt als „Muster“ bzw. Referenzobjekt ist hilfreich, jedoch nicht ausreichend.

Bild 4.17: Sichtbeton während der Bauzeit

Bild 4.18: Sichtbeton-Fertigstellung (einschließlich Betonkosmetik)

4.3.1 Sichtbeton-Vergleich

Häufig besteht ein Widerspruch mit dem Leistungsverzeichnis (Leistungsbeschreibung), der vereinbarten Sichtbetonklasse und den Mängelrügen. Aufgabe einer Sichtbetonbewertung ist u.a. zu klären, welche Beanstandungen technisch berechtigt sind.

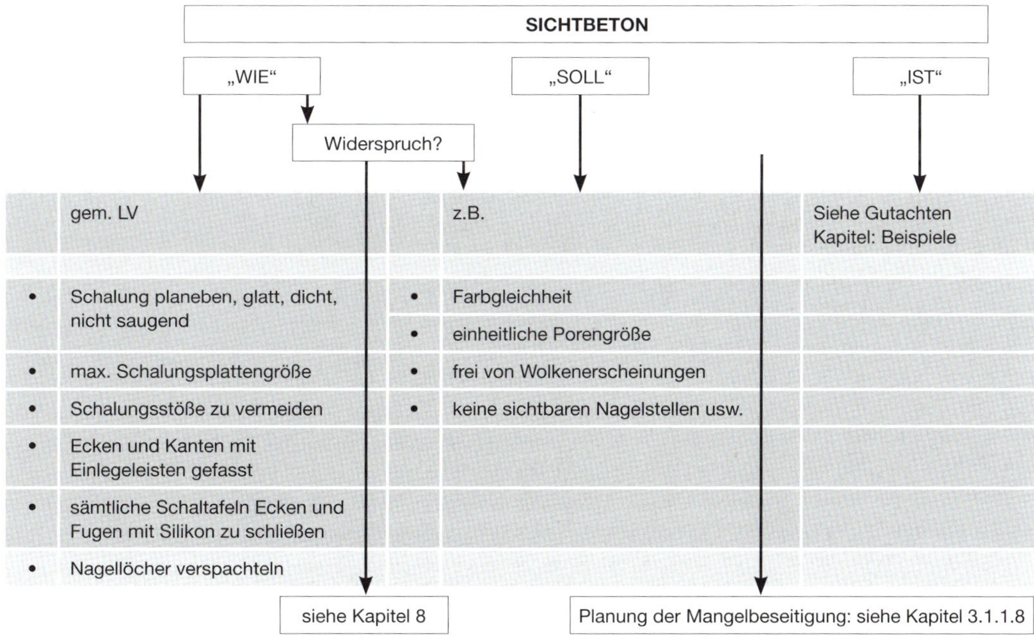

Bild 4.19: Sichtbeton-Vergleich

4.3.2 Mängelbewertung

Das Vorgehen bei der Bewertung von Mängeln ist dem Flussdiagramm im Bild 4.20 zu entnehmen.

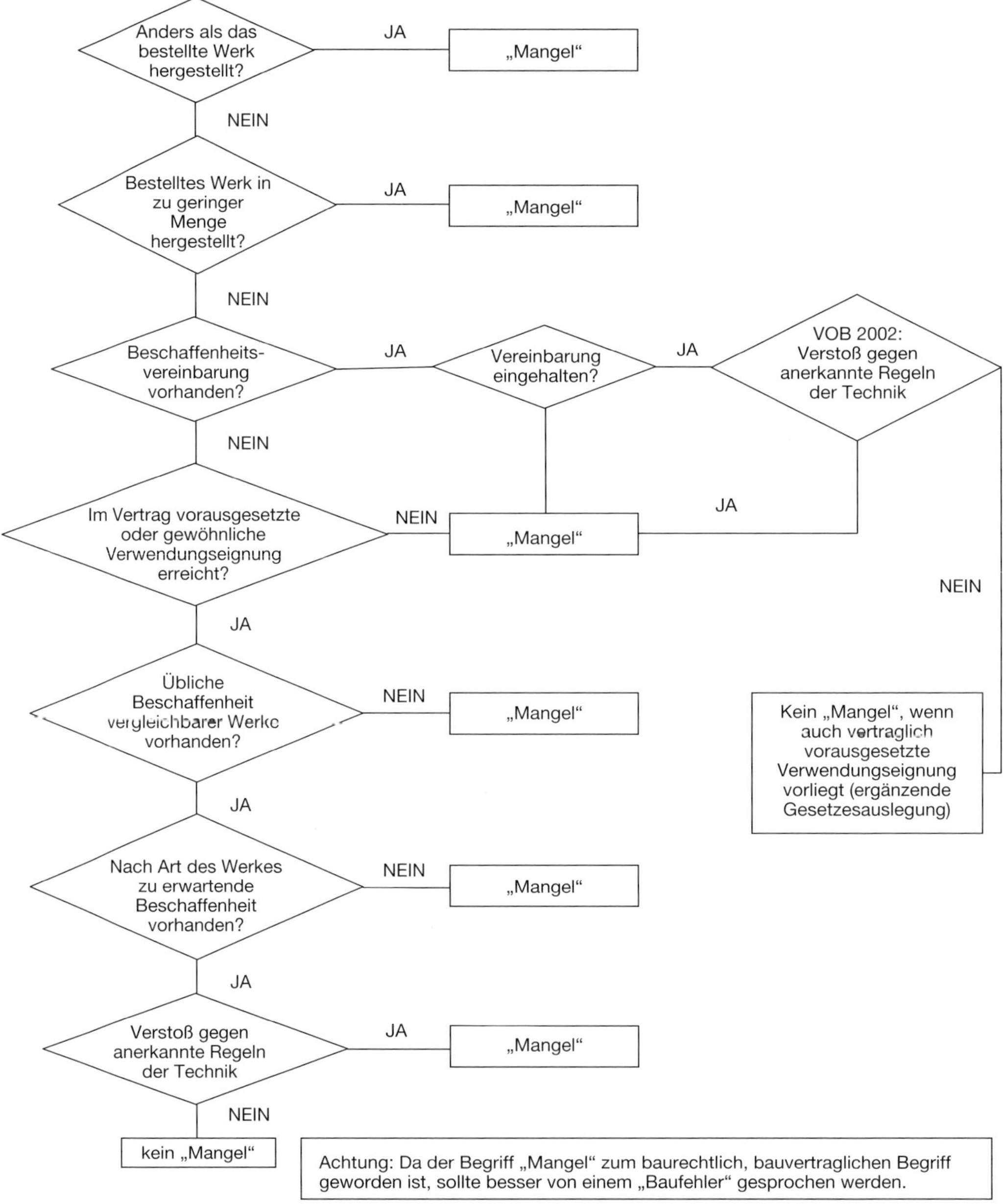

Bild 4.20: Flussdiagramm zum Vorgehen bei der Mängelbeurteilung

Bild 4.21: Geplante Wasserableitung

Bild 4.22: Geplante Wasserableitung?

Bild 4.23: Geplante Wasserableitung?

4.3.3 Optische Beanstandungen

Optische Fehler können in vielfältigen Erscheinungsformen auftreten, z.B. in Form von:

- Farb- und Strukturabweichungen,
- Verschmutzungen,
- Maß- und Passungenauigkeiten,
- Unebenheiten,
- Fehlstellen, wie z.B. Abplatzungen und Ausbrüche, bis hin zu
- Rissbildungen, Kratzern, Schrammen usw.

Aurnhammer [4.1] entwarf auf Grundlage der Nutzwertanalyse die *„Zielbaummethode“*, die von *Kamphausen* weiterentwickelt wurde. Die Grundlage der Zielbaummethode bildet ein subjektiver Wertbegriff. Unter „Wert“ oder „Nutzwert“ ist dabei eine Beziehung zwischen einem zu wertenden Subjekt und einem zu bewertenden Objekt unter Einsatz eines bestimmten (definierten) Bewertungsmaßstabs zu verstehen. Nutzwerte lassen sich in aller Regel untergliedern in „Gebrauchs-/Funktionswerte und Geltungswerte“.

Oswald + Abel [3.9] weisen darauf hin, dass die Zielbaummethode *„gute Ansätze bietet, Minderwerte nachvollziehbar festzulegen“*. Sie entwickelten eine sogenannte Matrix zur Bewertung optischer Fehler.

Die Zielbaummethode ist gut geeignet bei z.B. optischer Beeinträchtigung, hat jedoch Grenzen, wenn sowohl die Gestaltungsfunktion und die Gebrauchsfunktion eingeschränkt sind. Hinzu kommt, dass es bei allzu schematischer Anwendung verschiedener Personen durchaus zu unterschiedlichen Ergebnissen kommen könnte.

Die Matrix wurde in Tabelle 4.3 auf der Grundlage der vorhandenen Literatur [3.9] erstellt:

Tabelle 4.3: Matrix zur groben Einschätzung von Sichtbeton-Mängel (H: hinnehmbar; NH: nicht hinnehmbar)

Sichtbetonklasse	optische Beanstandungen			
	auffällig	gut sichtbar	sichtbar	kaum sichtbar
SB 1	H	H	H	Bagatelle
SB 2	NH	NH	H	H
SB 3	NH	NH	NH	H
SB 4	NH	NH	NH	H

Hinweis:
Grundsätzlich sind alle Leistungen zwingend zu erbringen, welche die „vereinbarte Beschaffenheit“ (sog. Beschaffenheitsvereinbarung) gewährleisten, z.B. wenn sie in „Zusätzlichen Technischen Vertragsbedingungen“ zum Sichtbeton vereinbart wurden.

Werden unerfüllbare Forderungen gestellt oder solche, die nur mit unverhältnismäßig hohem Aufwand zu erfüllen sind, bleibt nur der Weg, rechtzeitig Bedenken anzumelden. Erst danach ist es sinnvoll, eine Matrix (Tabelle 4.3) zur Orientierung zu nutzen.

Im DBV/VDZ-Merkblatt „Sichtbeton“ [2.1.1] wird unter Pkt. 7.4.3 darauf hingewiesen:

„Zur Beurteilung und zur Bewertung von Sichtbetonflächen, die dem Soll nicht entsprechen, haben sich in der Praxis z.B. bewährt: Zielbaummethode nach Aurnhammer.“

Das „Wie“ wird offen gelassen. Im nachfolgenden Kapitel wird ein Bewertungsschema für Sichtbeton-„Mängel“ im Hinblick auf die Geltungsfunktion dargestellt.

Bild 4.24: Sichtbeton? Hochwertige Ausstellungsräume!

4.3.4 Gewichtung der Sichtbeton-Beanstandungen

Die hier dargestellte Gewichtung der Sichtbeton-Klassen entspricht der vom Autor in [3.1] entwickelten Methode. Die Gewichtung erfolgt je nach Art des Bauteils gesondert (siehe z.B. Fassadenfunktion, Kapitel 5.1) und je nach Wertigkeit des Objekts.

Tabelle 4.4: Gewichtung der Gebrauchs- und Geltungsfunktion

Sichtbetonklasse	Gebrauchsfunktion [%]	Gebrauchsfunktion [%]	Minderungsfaktor	Erhöhungsfaktor
SB 1	60	40	0,57	1,00
SB 2	50	50	0,71	1,25
SB 3	40	60	0,86	1,50
SB 4	30	70	≅ 1,00	1,75

Tabelle 4.5: Sichtbetonklassen-Gewichtung (für Ortbeton)

Zeile	Sichtbeton-Fassade	Gewichtung Sichtbetonklassen			
		SB 1	SB 2	SB 3	SB 4
	Gebrauchsfunktion [%]	60	50	40	30
1	Standsicherheit				
2	Wetterschutz				
3	Wärmedämmung				
4	Schallschutz				
	Geltungsfunktion [%]	40	50	60	70
5	Textur/ Schalelementstoß	T1	T2	T2	T3
		6	8	10	12
6	Porigkeit	P1	P2	P3	P4
		3	4	5	6
7	Farbtongleichmäßigkeit	FT1	FT2	FT2	FT3
		22	26	30	34
8	Ebenheit	E1	E1	E2	E3
		3	4	5	6
9	Arbeits- und Schalhautfugen	AF1	AF2	AF3	AF4
		6	8	10	12
	Summe [%]	100	100	100	100

(Muster-Berechnung, d.h. nicht für jedes Bauteil übertragbar)

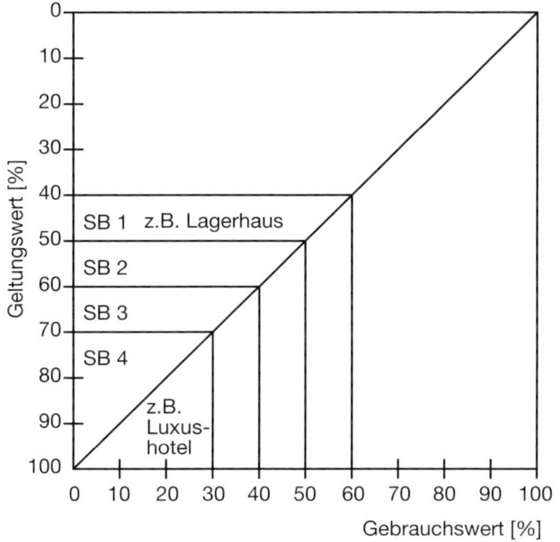

Bild 4.25: Gewichtung Sichtbeton

Ein Beispiel ist dem nachfolgenden Kapitel 4.3.6 zu entnehmen.

Wenn ein Mangel (Minderung) ermittelt wurde, bedeutet dies noch lange nicht, dass die ausführende Baufirma für den Mangel allein verantwortlich dafür ist. D.h., eventuell liegen noch Planungs-, Bauleitungs- und/oder Ausführungsfehler vor. D.h., eine zusätzliche Gewichtung muss erfolgen, in dem der Anteil des Verschuldens auf die Verantwortlichen ermittelt wird.

Besondere Aufmerksamkeit gilt bei der Bewertung der Sichtfläche der Gewichtung von:

- Textur/Schalenstoß
- Porigkeit
- Farbtongleichmäßigkeit
- Ebenheit
- Arbeits- und Schalhautfugen

Eine Möglichkeit der Gewichtung ist der Tabelle 4.5 zu entnehmen, die jedoch nicht für jedes Objekt anwendbar ist.

Wie „hoch“ die einzelnen Anforderungen zu wichten sind, ist u.a. abhängig von:

- Betrachtungsabstand
- Lichtverhältnissen
- Bauteilen, z.B. Fertigteilen, Ortbeton usw.
- Nutzung

Beispiele

Die „Porigkeit“ kann bei einem entsprechend großen Abstand zur Fassade, z.B. vorgegeben durch einen Vorgarten bzw. eine Rasenfläche, eine geringere Rolle (Gewichtung) spielen als bei einer Hotel-Eingangshalle, in der der Betrachter direkt vor der Fläche steht.

Die Beurteilung der Porigkeit ist u.a. durch die Aufnahme von digitalen Bildern und deren anschließende Verarbeitung mit speziellen Bildbearbeitungsprogrammen möglich. Hinweise zur Porigkeit sind auch im Kapitel 3.1.1.3 zu finden.

Die „Ebenheit“ der Sichtbetonfläche bei Betonfertigteilen kann aufgrund der Fugeneinteilung eine geringere Rolle (Gewichtung) spielen als bei einer Ortbetonfläche, da große Flächen immer wieder durch kleine Flächen (Fertigteile) unterteilt werden. Eventuelle Unebenheiten werden dadurch kaschiert.

Hinweis zur Ebenheit sind im Kapitel 3.1.1.4 zu finden.

Bild 4.26: Sichtbetonklasse SB 4

Bild 4.27: Sichtbetonklasse SB 4 erfüllt?

4.3.5 Minderung

Im Jahr 2002 wurde erstmalig eine Sichtbeton-Bewertung auf Grundlage der „Gewichtung“ vorgestellt und im Buch „Sichtbeton-Planung“ [3.1] veröffentlicht.

Unter Geltungswert (Geltungsfunktion) versteht man die rein optische Bedeutung (ästhetischer Wert) der erbrachten Leistung (z.B. Farbton).

Unter Gebrauchswert (Gebrauchsfunktion) versteht man die rein technische Funktion (technischer Nutzwert) der erbrachten Leistung, z.B. Wetterschutz, Korrosionsschutz, Dichtigkeit usw.

Beide Werte zusammen, also Geltungswert und Gebrauchswert, ergeben den Gesamtwert einer fehlerfreien Leistung = 100 %.

Je nach Ausgangsvoraussetzung kann die Minderung nach verschiedenen Verfahren ermittelt werden:

- ohne Vereinbarung einer Sichtbetonklasse: Minderung auf Grundlage der Gewichtung
- bei Vereinbarung einer Sichtbetonklasse: Minderung auf Grundlage der Sichtbetonklassen

Minderung auf Grundlage der Gewichtung
Liegt eine Vereinbarung über eine Sichtbeton-Klasse nicht vor, ist die Fassade im Sinne der Zielbaummethode (nach Geltungs- bzw. Gebrauchswert) zu wichten.

Beispiel
Geltungswert und Gebrauchswert werden nach Gebäudetypen (siehe Kapitel 4.3.4, z.B. Luxushotel/Lagerhaus) eingestuft.

Für die Ermittlung eines Minderwerts, z.B. nach der „Zielbaummethode", sind folgende Festlegungen wichtig:

- Absolute Gewichtung; Wert und Beurteilungskriterien einzelner Funktionen, Bauteile und Räume zueinander, z.B. bei der Außenwand nach Standsicherheit, Feuchte-, Wärme- und Schallschutz sowie dem optischen Eindruck, mit einer Gewichtungszahl.
- Der Bezug auf einen Größenmaßstab, z.B. nach Stück, m^2, m^3, Prozent.
- Die Bestimmung eines Minderungsfaktors anhand der Minderungsskala.

Hier tauchen die Begriffe Gewichtungszahl und Minderungsfaktor auf, die nachfolgend erläutert werden.

Mit der Gewichtungszahl „G" erfolgt eine Gewichtung der Teilwerte des Gesamt-Bewertungsobjekts in Bezug auf die Funktion, Gestaltung, Optik und Wirtschaftlichkeit sowie dem Verkaufswert nach deren Bedeutung im Einzelfall.

Summe der Gewichtungszahlen: $G_1 + G_2 + G_3 = 100\ \%$

Mit dem Minderungsfaktor (Mi Fa) kann aufgrund einer skalierten, abgestuften Beurteilung des „IST"-Zustands im Vergleich zum „SOLL"-Zustand die Minderung des optischen Werts der Fassade vorgenommen werden.

Aus der Multiplikation der Gewichtungszahl „G" mit dem Minderungsfaktor „Mi Fa" wird die Minderung „M" in % nach folgender Formel ermittelt:

$$M = G \cdot \text{Mi Fa}$$

Tabelle 4.6: Skalierung der Minderungsfaktoren für die Zielbaummethode

0	Soll-Zustand = „mangelfrei“	0,00	keine Mängel
1	fast nicht, beeinträchtigt	0,10	fast keine Mängel
2	etwas, beeinträchtigt	0,20	nur leichte Mängel
3	noch befriedigend	0,30	mäßige Mängel
4	nicht ganz, befriedigend	0,40	deutliche Mängel
5	unbefriedigend	0,50	starke Mängel
6	mangelhaft	0,60	sehr starke Mängel
7	sehr mangelhaft	0,70	schwere Mängel
8	unzulänglich	0,80	sehr schwere Mängel
9	ungenügend	0,90	massive Mängel
10	unverwertbar	1,00	

Minderung auf Grundlage der Sichtbetonklassen

Wurden die Sichtbeton-Leistungen mit Sichtbetonklassen definiert und vertraglich vereinbart, kann eine Bewertung aussehen wie im Kapitel 4.3.6. dargestellt. Die eventuellen Abweichungen erfolgen auf Grundlage einer Skalierung.

Skala (lat.) = Treppe, Leiter

Eine Skala ist eine Reihe zusammengehöriger, sich abstufender Werte (Merkmale oder Erscheinungen), sozusagen eine „Stufenleiter“, auf der man Unterschiede veranschaulichen kann.

4.3.6 Berechnung der Minderung

Beispiel: Technische Funktion

Zeile	Sichtbeton-Fassade	Gewichtung Sichtbetonklassen			
		SB 1	SB 2	SB 3	SB 4
	Gebrauchsfunktion [%]	60	50	40	30
1	Standsicherheit				
2	Wetterschutz				
3	Wärmedämmung				
4	Schallschutz				
	Geltungsfunktion [%]	40	50	60	70
5	Textur/ Schalelementstoß	T1	T2	T2	T3
		6	8	10	12
6	Porigkeit	P1	P2	P3	P4
		3	4	5	6
7	Farbtongleichmäßigkeit	FT1	FT2	FT2	FT3
		22	26	30	34
8	Ebenheit	E1	E1	E2	E3
		3	4	5	6
9	Arbeits- und Schalhautfugen	AF1	AF2	AF3	AF4
		6	8	10	12
	Summe [%]	100	100	100	100

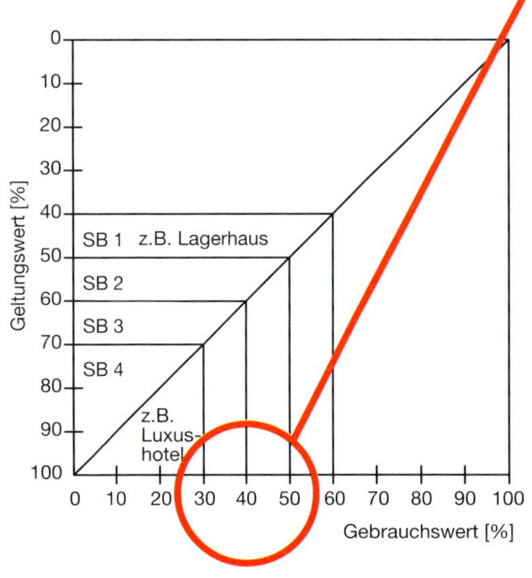

Beispiel: Optische Funktion

Zeile	Sichtbeton-Fassade	Gewichtung Sichtbetonklassen			
		SB 1	SB 2	SB 3	SB 4
	Gebrauchsfunktion [%]	60	50	40	30
1	Standsicherheit				
2	Wetterschutz				
3	Wärmedämmung				
4	Schallschutz				
	Geltungsfunktion [%]	40	50	60	70
5	Textur/ Schalelementstoß	T1	T2	T2	T3
		6	8	10	12
6	Porigkeit	P1	P2	P3	P4
		3	4	5	6
7	Farbtongleichmäßigkeit	FT1	FT2	FT2	FT3
		22	26	30	34
8	Ebenheit	E1	E1	E2	E3
		3	4	5	6
9	Arbeits- und Schalhautfugen	AF1	AF2	AF3	AF4
		6	8	10	12
	Summe [%]	100	100	100	100

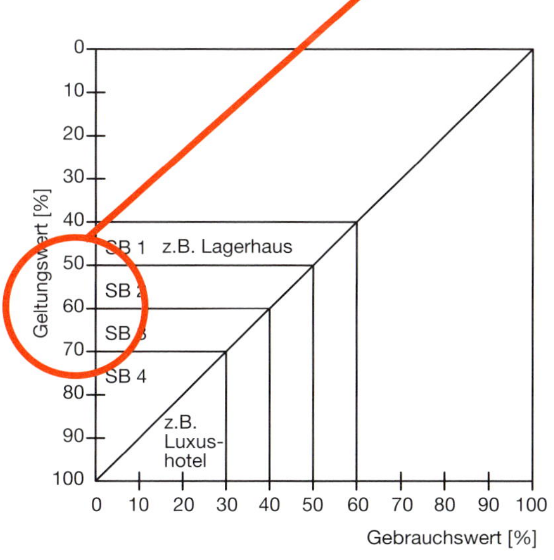

Beispiel: Minderung

Zeile	Sichtbeton-Fassade	Gewichtung Sichtbetonklassen				
		SB 1	SB 2	SB 3	Abweichung	Minderung
	Gebrauchsfunktion [%]	60	50	40		
1	Standsicherheit					
2	Wetterschutz					
3	Wärmedämmung					
4	Schallschutz					
	Geltungsfunktion [%]	40	50	60		
5	Textur/ Schalelementstoß	T1	T2	T2		
		6	8	10	0,10	1,0
6	Porigkeit	P1	P2	P3		
		3	4	5	0,10	0,5
7	Farbtongleichmäßigkeit	FT1	FT2	FT2		
		22	26	30	0,60	18,0
8	Ebenheit	E1	E1	E2		
		3	4	5	0,20	1,00
9	Arbeits- und Schalhautfugen	AF1	AF2	AF3		
		6	8	10	0,40	4,0
	Summe [%]	100	100	100		24,5

Tabelle 4.7: Skalierung der Minderungsfaktoren für die Zielbaummethode

0	Soll-Zustand = „mangelfrei“	0,00	
1	fast nicht, beeinträchtigt	0,10	fast keine Mängel
2	etwas, beeinträchtigt	0,20	nur leichte Mängel
3	noch befriedigend	0,30	mäßige Mängel
4	nicht ganz, befriedigend	0,40	deutliche Mängel
5	unbefriedigend	0,50	starke Mängel
6	mangelhaft	0,60	sehr starke Mängel
7	sehr mangelhaft	0,70	schwere Mängel
8	unzulänglich	0,80	sehr schwere Mängel
9	ungenügend	0,90	massive Mängel
10	unverwertbar	1,00	

Aus o.g. Beispiel ergibt sich eine Minderung in Höhe von 24,5 %

4.3.6.1 Verantwortlichkeit: Planung und Bauleitung

In einem Rechtsstreit kommt häufig folgende Beweisfrage vor (zur Verantwortung für Mängel):

„Liegen Planungs-, Bauleitungs- und/oder Ausführungsfehler vor?“

JA, es liegen Planungs- und Bauleitungsfehler vor.

Begründung:
„Der die Bauaufsicht (Objektüberwachung) führende Architekt hat dafür zu sorgen, dass der Bau plangerecht und frei von Mängeln errichtet wird.

Der Architekt ist dabei nicht verpflichtet, sich ständig auf der Baustelle aufzuhalten. Er muss allerdings die Sichtbeton-Arbeiten in angemessener und zumutbarer Weise überwachen und sich durch häufige Kontrollen vergewissern, dass seine Anweisungen sachgerecht erledigt werden.

Bei wichtigen oder bei kritischen Baumaßnahmen (hier: Sichtbetonarbeiten), die erfahrungsgemäß ein höheres Mängelrisiko aufweisen, ist der Architekt zu erhöhter Aufmerksamkeit und zu einer intensiveren Wahrnehmung der Bauaufsicht verpflichtet.“

Dies trifft insbesondere für Sichtbeton zu!

„Besondere Aufmerksamkeit hat der Architekt auch solchen Baumaßnahmen zu widmen, bei denen sich im Verlauf der Bauausführung Anhaltspunkte für Mängel ergeben.”

Beispiel
Für die Ausführung von 40 Betonstützen bedurfte es mehrerer Wochen.
Hätte es Anhaltspunkte für evtl. Sichtbeton-Mängel gegeben, hätte der verantwortliche Architekten-Bauleiter sofort einschreiten müssen – in Form von Mängelrügen bis hin zum Baustopp.
Es zeugt von Unkenntnis des Sichtbeton-Planers bzw. der Erwartungshaltung „Sichtbeton“, evtl. Beanstandungen nicht sofort, sondern erst bei der Bauabnahme zu rügen.

Planer beim Sichtbeton sind in der Regel der Architekt und der Tragwerksplaner im Hinblick auf die Schalpläne. Es muss leider immer wieder festgestellt werden, dass eine Koordinierung vom planenden Architekten unzureichend ausgeführt wird.

HOAI § 34 Objektplanung enthält:
„Erarbeiten der Ausführungsplanung mit allen für die Ausführung notwendigen Einzelangaben (zeichnerisch und textlich) auf der Grundlage der Entwurfs- und Genehmi-

gungsplanung bis zur ausführungsreifen Lösung, als Grundlage für die weiteren Leistungsphasen, Ausführungs-, Detail- und Konstruktionszeichnungen nach Art und Größe des Objektes ....
Bereitstellen der Arbeitsergebnisse als Grundlage für die anderen an der Planung fachlich Beteiligten sowie Koordination und Integration von deren Leistungen."

HOAI § 51 Tragwerksplanung enthält:
„Anfertigen der Schalpläne in Ergänzung der <u>fertiggestellten</u> Ausführungspläne des Objektplaners. Zeichnerische Darstellung der Konstruktionen mit Einbau- und Verlegeanweisungen, z.B. Bewehrungspläne, mit Leitdetails".
Die Praxis zeigt immer wieder, dass eine unzureichende Sichtbetonplanung vorliegt und der planende Architekt sich auf die Werkplanung der ausführenden Firma verlassen hat.

Hinweis:
Ausführungsplanung siehe Kapitel 2.6

Bild 4.28: Sichtbeton einer Industriehalle

Bild 4.29: Sichtbeton einer Industriehalle

Bild 4.30: Sichtbeton einer Industriehalle

4.3.6.2 Verantwortlichkeit: Checkliste „Weiße Wanne"

Für eine Planung, z.B. einer „Weißen Wanne", reicht es nicht aus, nur im Leistungsverzeichnis bzw. Baubeschreibung anzugeben:

„Weiße Wanne aus WU-Beton zzgl. Rissbreitenbegrenzungsnachweis"

Dies sind nur zwei von einer Vielzahl erforderlicher Angaben. Eine „Weiße Wanne" besteht eben nicht nur aus „WU-Beton". Probleme sind so vorprogrammiert.

Ebenso verhält es sich mit der Sichtbeton-Planung. Nachfolgend ist eine Checkliste aufgeführt, die eine Hilfestellung geben soll. Checklisten haben allerdings den Nachteil, dass sie nicht vollständig sein müssen und eigenes Denken vernachlässigt wird. Erst wenn Fehler auftreten, wird dann „nachgedacht": im Zuge der teuren Mängelbeseitigung.

Empfehlung:
Nicht NACHdenken, sondern VORdenken!

Tabelle 4.7: „Muster“-Checkliste zur Beantwortung der Frage nach Planungs-, Bauleitungs- und/oder Ausführungsfehlern

Pos.	Sichtbeton und/oder „Weiße Wanne“	nicht vorliegend	vorh./ geplant	fehlt/ falsch
	Planung: Architekt/Planer			
	Anforderungsprofil gemeinsam mit Bauherren	☐	☐	☐
	Ausführungsplanung gem. DIN 1356-1, u.a. Sichtbeton Planung? „Weiße Wanne“ Planung?	☐	☐	☐
	Schalungs-Musterplan, Flächengliederung: Plattenstöße Schalung	☐	☐	☐
	Betonoberfläche: glatt, rau, bearbeitet usw. nicht geschalte „Einfüllseite”, d.h.	☐	☐	☐
	Schalungspläne (Statiker) geprüft?	☐	☐	☐
	Referenzobjekt („Unikate“), Protokolle	☐	☐	☐
	Referenz der Ausführung (Firmennachweis)	☐	☐	☐
	DBV-Merkblatt „Sichtbeton“ im Ganzen vereinbart: ohne zusätzliche Anforderungen, z.B. Sichtbetonklasse SB 3	☐	☐	☐
	Hinweis zum DBV-Merkblatt „Sichtbeton“ nicht vorhanden, dann eigene „Sichtbetonklassen“-Definitionen („Beschaffenheitsvereinbarung“) erforderlich!	☐	☐	☐
	Ebenheit: gem. DBV-Merkblatt „Sichtbeton“ oder erhöhte Toleranzen DIN 18202 (empfehlenswert) Achtung: Anpassung Fertigteil ./. Ortbeton	☐	☐	☐
	Abnahmekriterien vereinbaren, z.B. Betrachtungsabstand, Leuchtkörper, Gesamteindruck, Einzeleindruck, Porigkeit: Prüffläche, Anzahl, Lage usw.	☐	☐	☐
	Betonkosmetik bereits im LV, d.h. evtl. Ausbesserungen, Mängelbeseitigung planen. Erprobungsfläche erforderlich	☐	☐	☐
	Schiedsgutachter (ö.b.u.v. SV für Sichtbeton + WU-Beton) – Vereinbarung bereits im LV	☐	☐	☐
	Details gem. HOAI / DIN 1356-1, u.a.			
	Fugen: Schalelementfugen, Arbeitsfugen, Dehnungsfugen usw.: Lage, Breite, Ausbildung, Schließung, Abdichtung	☐	☐	☐
	Ankerlöcher: Lage, Ausbildung, Verschluss, z.B. Konen	☐	☐	☐
	Kantenausbildung: scharf/gebrochen (Dreikantleiste) Schutz (während der Baumaßnahme)	☐	☐	☐
	Abstandhalter: Form, Abstände Keine Abstandhalter: „Abhängung“ der Bewehrung (Decken, Fertigteile)	☐	☐	☐

Tabelle 4.7: „Muster"-Checkliste zur Beantwortung der Frage nach Planungs-, Bauleitungs- und/oder Ausführungsfehlern *Fortsetzung*

Pos.	Sichtbeton und/oder „Weiße Wanne"	nicht vorliegend	vorh./ geplant	fehlt/ falsch
	„Weiße Wanne" aus WU-Beton: Anforderungsprofil gemeinsam mit Bauherren, „Nutzungsklasse", z.B. Raumnutzung für feuchteempfindliche Materialien (Papier, Computer usw.)	☐	☐	☐
	Wärmeschutznachweis Tauwasserberechnung, Heizung, Lüftungskonzept DIN 1946-6	☐	☐	☐
	Untergeschoss: Wartezeit für Folgegewerke > 3 bis 12 Mo.	☐	☐	☐
	Beton-Rezeptur	☐	☐	☐
	Kellerlichtschächte: Entwässerungsanschluss	☐	☐	☐
	Bodengutachten: HGW, GW	☐	☐	☐
	Vorgabe der „zulässigen" Rissbreite	☐	☐	☐
	Details gemäß DIN 1356-1, wie o.g. Punkt, u.a.			
	Arbeitsfugen, Kranaufstellung	☐	☐	☐
	Tiefgarage: Gefälle, Verdunstungsrinne, Entwässerung, Schutz vor Chloride	☐	☐	☐
	Fachberater			
	Betonrezeptur, Schalung, Bauphysik, Betonfertigteilwerk, SB-Sachverständiger	☐	☐	☐
	Tragwerksplanung / Statik			
	Rissbreitenbegrenzung gemäß DIN 1045	☐	☐	☐
	Betondeckung: Bauteildicke, Expositionsklassen	☐	☐	☐
	Abstandhalter: Form, Abstände Keine Abstandhalter: „Abhängung" der Bewehrung (Decken, Fertigteile)	☐	☐	☐
	DAfStb: WU-Richtlinie „Weiße Wanne"	☐	☐	☐
	DBV-Merkblätter, u.a. Hochwertige Nutzung von Untergeschossen, Parkhäuser und Tiefgaragen	☐	☐	☐
	Bauleitung (unabhängig von Planung)	☐	☐	☐
	Ausführungsplanung prüfen	☐	☐	☐
	kein Baubeginn ohne vollständige, fehlerfreie, d.h. geprüfte Unterlagen	☐	☐	☐
	Qualitätsanweisungen zur Ausführung und während der Bauzeit, Hinweise u.a. „Keine Notizen (Meterrisse) auf Sichtbeton" usw.	☐	☐	☐

Tabelle 4.7: „Muster"-Checkliste zur Beantwortung der Frage nach Planungs-, Bauleitungs- und/oder Ausführungsfehlern *Fortsetzung*

Pos.	Sichtbeton und/oder „Weiße Wanne"	nicht vorliegend	vorh./ geplant	fehlt/ falsch
	Facharbeiter-Nachweis, d.h. verantwortlich (AN namentlich für Fugenabdichtung, Ankerlöcher, Trennmittel usw.	□	□	□
	<u>Organisation vor dem Arbeitsbeginn:</u> reibungslose Betonlieferfahrzeuge, (keine „Fehlzeiten"), Reserve-Rüttler, Begehbarkeit (Laufbohlen) usw.	□	□	□
	Jahreszeit, Witterungsberücksichtigung, z.B. Winter: Frost (Schutzmaßnahmen) Sommer: Hitze (Schwindverhalten) Regen: Rostrückstände/Schalung	□	□	□
	<u>Kontrolle vor dem Betonieren, u.a.</u> Bewehrung: Abstandhalter Lieferscheine, Betonkonsistenz, Trennmittelauftrag, Schalung: „Reinigungsöffnung" für Blätter, Drähte, usw. Schalungsstöße: Fugendichtheit, Dichtbänder Einfüllöffnungen: Rüttelgassen Fugenbleche: Verbindung, Lagesicherung Injektionsschläuche: Lagesicherung usw.	□	□	□
	Erprobungsfläche „Training": Lage z.B. bereits im KG, damit ab EG „fehlerfrei" Musterfläche, Musterbauteil: Protokoll (aller Beteiligten)	□	□	□
	<u>Kontrolle beim Betonieren, u.a.</u> Anschlussmischung , Fallhöhe (Fallrohre) Verdichtung: Rüttelvorgang (Eintauchtiefe), kein Kontakt zur Bewehrung	□	□	□
	Ausschalung: Zeitpunkt	□	□	□
	Nachbehandlung, z.B. Folienabhängung, „Schutzfilm"	□	□	□
	Oberflächenbehandlung: Lasur, Hydrophobierung	□	□	□
	Bau-Abnahme: siehe IGS-Merkblatt Nr. 1 „Sichtflächen Betrachtung + Bewertung"	□	□	□
	Mängelbeseitigung: Betonkosmetik: Erprobungsfläche	□	□	□

4.3.6.3 Verantwortlichkeit: Quotelung

Häufig liegt die Verantwortung von evtl. Schäden nicht bei einer „Person", sondern bei mehreren Beteiligten. Durch eine Quotelung kann der Sachverständige eine prozentuale Kostenbeteiligung errechnen. Eine Checkliste ist dabei hilfreich.

Tabelle 4.8: Einstufung von Verstößen gegen Anforderungen an die im Einzelfall erforderliche Sorgfalt

1	2	3
Baufachliche Bewertung (Sachverständiger) Sorgfaltspflichtverstoß ist: ...	Bewertungsfaktor S	Mögliche rechtliche Beurteilung (Jurist)
nicht feststellbar	1	schuldlos
„geringfügig"	2	ganz leichte/ leichteste Fahrlässigkeit
„normal"/„gewöhnlich"	3	einfache (normale, gewöhnliche) Fahrlässigkeit
„außergewöhnlich groß"	4	grobe Fahrlässigkeit

Tabelle 4.9: Einstufung (Skalierung) von Ursachengewichten

1	2	3	4
Einstufung/Bereich	Gewichtungszahlen G	Einstufung G	Beschreibung Ursachengewichtung
„primärer, entscheidender Ursachen" (Hauptursachen)	0,6–1,0	0,9–1,0	sehr hoch
		0,7–0,8	hoch
		0,6	wesentlich
„sekundärer" Ursachen (Nebenursachen)	0,0–0,5	0,5	(schon) bedeutsam
		0,3–0,4	geringer
		0,0–0,2	sehr gering bis vernachlässigbar

Die erwähnte Quotelung der Mangelursachen kann gemäß Tabelle 4.10 erfolgen. Hier sind einzusetzen:

In Spalte 2:	G	= Gewichtung der Ursachen [0,0 – 1,0] aus Tabelle 4.09
In Spalte 3, 6, 9 + 12:	U	= Ursachenanteil [%]
In Spalte 4, 7, 10 + 13:	S	= Technische Beurteilung von Verstößen [1-4] gegen die Sorgfaltspflicht gemäß Tabelle 4.8
In Spalte 5, 8, 11 + 14:	V	= Einzel-Verantwortungsbeitrag = G · U · S
In Spalte 15:	Su V	= Gesamtheit des technischen Verantwortungsbeitrages

$$V = G \cdot U \cdot S$$

Das Ergebnis der Berechnung in Tabelle 4.10 ist der Grad der Mitverantwortlichkeit der Beteiligten, ausgedrückt in Prozent:

AG/techn. Berater = 46 %
Architekt/Planer = 15 %
Architekt-Bauleiter = 21 %
AN/Handwerker = 18 %
= 100 %

Tabelle 4.10: Quotelung der Mangelursachen

	Einzelverstöße/ einzelne Mängelursachen	Gewichtung der Ursachen/ Verstöße	Mangelverursacher (Baubeteiligte)												
			techn. Berater AG			Planer AN			Bauleitung AN			Handwerker AN			
Spalte	1	2	3	4	5	6	7	8	9	10	11	12	13	14	15
Zeile		G	U	S	V	U	S	V	U	S	V	U	S	V	SuU
1	unterlassener Ausführungshinweis vom AG	0,5	100	3	150										100
2	unzureichende Festlegung	0,4	40	3	48	60	3	72							100
3	fehlendes Anmelden v. techn. Bedenken	0,8	35	4	112	–	–	–	35	4	112	30	4	96	100
4	nicht veranlasste Beseitigung eines erkennbaren Mangels	0,6	25	3	45	25	3	45	25	3	45	25	3	45	100
		Su V			355			117			157			141	770
		%		46,1			15,1			20,3			18,3		
		% gerundet		46			15			21			18		100

Bild 4.31: Sichtbeton in einer Sporthalle

Bild 4.32: Sichtbeton-Stützen

Bild 4.33: Sichtbeton-Fehlstellen

4.4 Bauabnahme

Erscheinungsbild

Der Autor erlebt es immer wieder, dass Bauherren/Erwerber einer Immobilie (Eigentumswohnung oder Haus „vom Prospekt") einen Kaufvertrag auf der Grundlage einer Baubeschreibung unterschreiben, die i.d.R. drei bis sechs Seiten umfasst. Diese Seiten sind oft mit vielen „Leerzeilen" oder Fotos „aufgebauscht".

In den meisten Fällen ist die Baubeschreibung sehr oberflächlich, d.h., sie weist keine „eindeutige und erschöpfende" Leistungsbeschreibung auf. Dafür zahlt der Bauherr (je nach Größe) für z.B. ein Einfamilienhaus oder eine größere Eigentumswohnung mitunter ca. 500.000 €.

Zum Vergleich:

Ein Auto kostet z.B. 1/16, d.h. „nur" 30.000 €, wird aber durch eine Broschüre von ca. 60 Seiten mit Darstellung aller Extras etc. „angeboten/verkauft".

Im Zuge der Ausführung oder kurz vor der Bauabnahme kommen dem Bauherren/Erwerber dann (evtl.) doch „Bedenken" und er sucht sich einen Sachverständigen (z.B. über die Baukammer Berlin). Wie soll der Sachverständige aufgrund der „dünnen" Baubeschreibung (= „Beschaffenheitsvereinbarung" = SOLL-Beschreibung) vor Ort einen SOLL-IST-(Ausführung)-Vergleich durchführen? Oft endet eine Bauabnahme dann nach dem Motto: *„Enttäuschung ist das Ergebnis falscher Erwartungen."*

Der Bauherr ist enttäuscht, für sein vieles Geld keine hochwertige Qualität zu erhalten.

Bei der Bauabnahme werden vom Sachverständigen mehr oder weniger Mängel festgestellt (der Sachverständige *„sucht nicht – er findet"*). Es kommt leider nicht selten vor, dass die Mängelbeseitigungskosten (vom Sachverständigen ermittelt) größer sind, als die letzte „offene" Zahlungsrate, d.h. der Verkäufer ist bereits „überzahlt"! Laut notariellem Kaufvertrag wurde vereinbart, dass die *„Haus- bzw. Wohnungsübergabe erst erfolgt, wenn die letzte Zahlungsrate vollständig überwiesen wird."*

Ab hier beginnt das „Problem" für den Erwerber: Trotz mangelhafter Bauleistungen, trotz Überzahlung erfolgt keine Schlüsselübergabe, bis die letzte Rate bezahlt ist. Einige Erwerber reden von „Erpressermethoden der Bauträger".

Was ist zu tun, wenn die alte Wohnung gekündigt und die neue Wohnungsübergabe nicht erfolgt? Die Argumentation des Verkäufers ist immer die gleiche: *Vertrag ist Vertrag*, d.h. erst vollständige Zahlung (trotz Mängel), dann Schlüsselübergabe. Viele Notare übernehmen die o.g. Formulierung nicht, da sie einseitig im Interesse des Verkäufers ist. *Bei MABV-Verträgen ist eine solche Klausel unzulässig.*

Es wird dem Bauherrn/Erwerber dringend empfohlen, sich mit folgenden Begriffen auseinanderzusetzen:

- Technische Vorbegehung
- Bauabnahme
- Bezugsfertig
- Übergabe, z.B. der Wohnung

Bauabnahme heißt noch lange nicht, dass der Erwerber die Wohnung übernehmen kann!

Gutachterliche Stellungnahme
Der Bauherr kann nicht mehr erwarten, als vertraglich vereinbart wurde.

Oft kennen die Bauherren nicht die „hinzunehmenden Unregelmäßigkeiten", verursacht u.a. durch:

- zulässige Maßtoleranzen
- unterschiedliche Qualitäten, z.B. Spachtelarbeiten Q1 bis Q4

Die Bauabnahme ist eine der wichtigsten Instrumente eines Bauherrn, um seine Interessen einer „mangelfrei" vereinbarten Beschaffenheit zu dokumentieren, d.h. bezüglich:

- Mängeln, die bei der Abnahme trotz positiver Kenntnis des Bauherrn nicht vorbehalten wurden, verliert der Bauherr seinen Anspruch auf Nachbesserung oder Minderung der Vergütung (§ 640 Abs. 2 BGB),
- Haftung („Gefahr") geht auf den Bauherrn über (z.B. Schäden durch höhere Gewalt),
- Frist der Gewährleistung beginnt zu laufen,
- Umkehr der Beweislast, d.h. nach der Bauabnahme muss der Bauherr beweisen, dass die Bauleistungen mangelhaft und zu beseitigen sind.

Hinweis:
Der Architekt hat normalerweise nur die sogenannte „originäre" Vollmacht, d.h. er darf nur Rechte wahrnehmen, aber keine Verpflichtungen für den Auftraggeber eingehen (z.B. kostenpflichtige Leistungen).
Dies bedeutet für die Abnahme, dass der Architekt grundsätzlich nur eine „technische „Vorabnahme" oder technische Vorbegehung durchführen darf. Etwas anderes gilt nur dann, wenn der Architekt vom Bauherrn zur Abnahme bevollmächtigt wurde. Die Rechtsprechung geht darüber hinaus vom Vorliegen einer solchen Vollmacht aus, wenn der Bauherr den Architekten zur Abnahme auf die Baustelle schickt, um die Abnahme durchzuführen. Beim praktisch häufigsten Fall, bei dem Bauherr und Architekt gleichzeitig bei der Abnahme anwesend sind, erfolgt die rechtliche Abnahme durch den Bauherrn, der Architekt begleitet lediglich die Abnahme in technischer Hinsicht. Dies führt jedoch dazu, dass der Architekt für Mängel, die er bei ordnungsgemäßer Prüfung hätte erkennen können, gegenüber dem Bauherrn haftet (sogenannte gesamtschuldnerische Haftung).

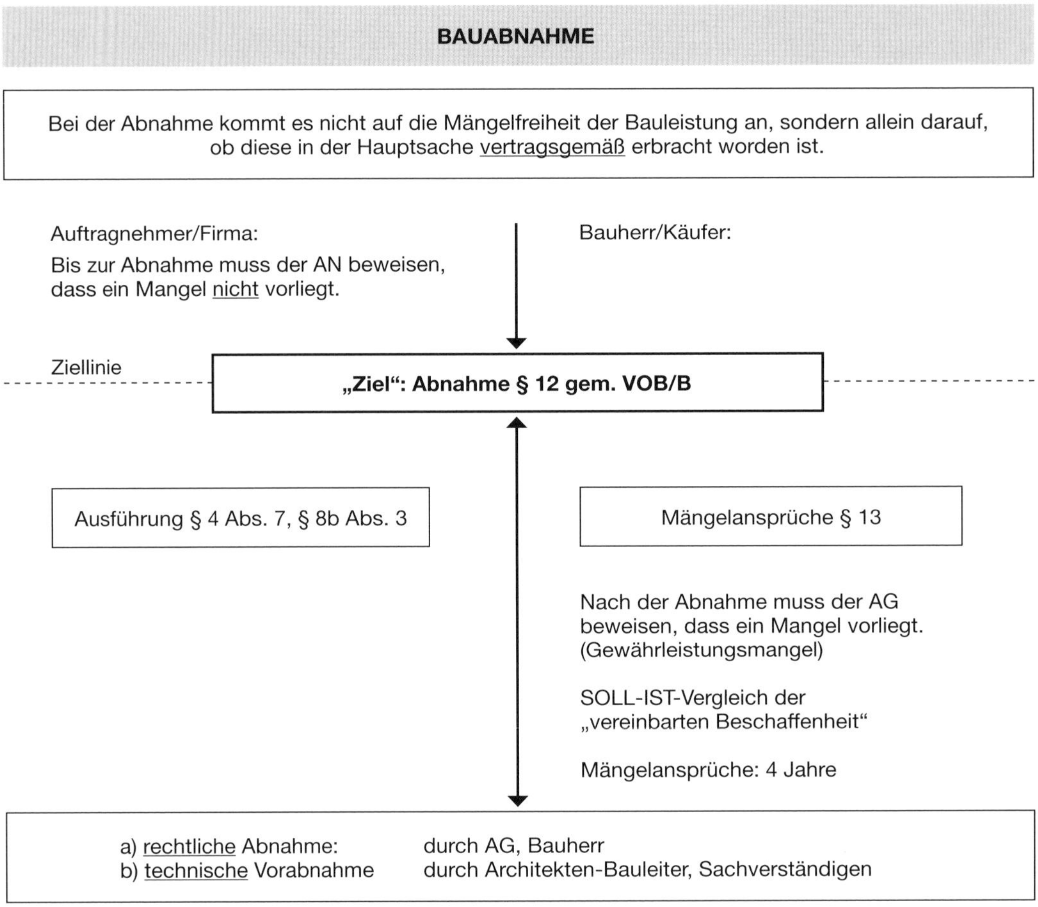

BAUABNAHME

Bei der Abnahme kommt es nicht auf die Mängelfreiheit der Bauleistung an, sondern allein darauf, ob diese in der Hauptsache vertragsgemäß erbracht worden ist.

Auftragnehmer/Firma:

Bis zur Abnahme muss der AN beweisen, dass ein Mangel nicht vorliegt.

Bauherr/Käufer:

Ziellinie

„Ziel“: Abnahme § 12 gem. VOB/B

Ausführung § 4 Abs. 7, § 8b Abs. 3

Mängelansprüche § 13

Nach der Abnahme muss der AG beweisen, dass ein Mangel vorliegt. (Gewährleistungsmangel)

SOLL-IST-Vergleich der „vereinbarten Beschaffenheit“

Mängelansprüche: 4 Jahre

a) rechtliche Abnahme:	durch AG, Bauherr
b) technische Vorabnahme	durch Architekten-Bauleiter, Sachverständigen

Bild 4.34: Bauabnahme

Die vorigen Zeilen sollen keine Rechtsberatung darstellen. Die aus dem Ablauf resultierenden Hypothesen sollen eine Veranschaulichung der Problematik „Abnahme“ darstellen.

Eine Abnahme-„Verweigerung“ seitens des Bauherren/Erwerbers kann nur erfolgen, wenn „wesentliche Mängel“ vorliegen, z.B.:

- Funktionsfähigkeitseinschränkung
- Umfang der Mängelbeseitigungsmaßnahmen/Kosten
- Zumutbarkeit (Maß der Beeinträchtigung)

Zur Durchsetzung seiner Mängelbeseitigungsansprüche werden oft „Privatgutachten“ eingeholt.

Achtung:
Nicht jedes Privatgutachten ist im Gerichtsverfahren auch erstattungsfähig. Die Kosten für ein solches Privatgutachten werden nur erstattet, wenn es in direktem Bezug auf einen bevorstehenden Prozess steht. Dies ist bei einer Beauftragung des Gutachters zur Begleitung bei der Abnahme regelmäßig nicht der Fall.

Häufig verweigert der Unternehmer auch die Unterschrift unter das Abnahmeprotokoll mit der Begründung, dass er die vom Sachverständigen/Bauherrn gerügten Mängel nicht anerkenne. Viele Bauherren verzichten dann auf die Aufnahme der streitigen Mängel in das Protokoll, nur um die Unterschrift zu erhalten. Diesen Fehler sollten Bauherren nicht machen, da die Abnahme auch ohne Unterschrift wirksam ist (BGH-Urteil vom 16.12.2015-VIIZR 184/13).

Vorbeugung
Wenn der Bauherr (i.d.R.) ein „Laie“ ist, wird dringend empfohlen, einen Sachverständigen zu Hilfe zu nehmen und dies, bevor (!) der Kaufvertrag unterzeichnet ist.

Die Aufgaben des Sachverständigen könnten z.B. wie folgt aussehen:

- Prüfung der Baubeschreibung mit ggf. entsprechenden Ergänzungen
- Anforderung von Ausführungsplänen/Details (im Notarvertrag berücksichtigen)
- „baubegleitende Qualitätskontrolle“ (stichprobenartig, keine Bauleitung)
- Erstellen eines Bau-Abnahmeprotokolls

Eine Sachverständigenliste führt u.a. die Baukammer Berlin.

Die o.g. Hinweise sind theoretisch richtig, doch die Praxis sieht anders aus. Viele Bauträger verkaufen dann ihr Objekt an den Erwerber erst gar nicht, wenn im Vorfeld zu viele „Wünsche“ des Erwerbers im Kaufvertrag mit aufgenommen werden sollen. In der Praxis behelfen sich zunehmend Bauherren damit, dass sie zunächst den vollen Kaufpreis an den Notar zahlen, um eine Übergabe des Objekts zu erreichen. Unmittelbar nach Zahlung wird dann der Notar angewiesen, eine Auszahlung an den Verkäufer zu unterlassen, da das Objekt Mängel aufweist.

5 Fassaden

Die Fassade (*franz. Face = Angesicht*) ist das „Gesicht des Gebäudes".

5.1 Fassadenfunktion

Die Fassade hat mehrere Funktionen zu erfüllen, die in zwei Hauptgruppen unterteilt werden können:

- Technische Funktion (Bauphysik, Statik usw.)
- Optische Funktion

Bei der Sichtbeton-Bewertung ist vorrangig der Gesamteindruck der Fassade maßgebend (siehe Kapitel 4.2.2).

Die Einzelkriterien und deren Einstufung werden ausführlich im Buch „Sichtbeton Mängel" [3.2] behandelt.

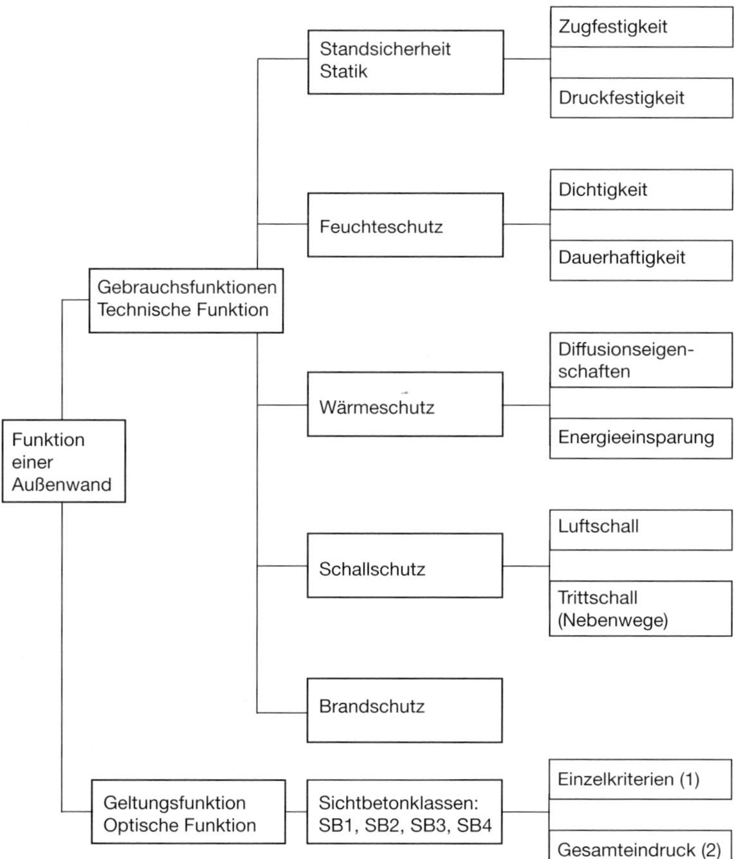

Bild 5.1: Funktion der Fassade

Bild 5.2: Sichtbetonfassade

Bild 5.3: offenes Treppenhaus

Bild 5.4: Wasserablaufspuren

Bild 5.5: offenes Treppenhaus

⇨ Beispiele siehe Kapitel 8

5.2 Fassaden-Verschmutzung

Häufig wird die Frage gestellt, wann ungleichmäßige Schmutzablagerungen an einer Fassade einen Mangel darstellen.

Die Beantwortung ist unmittelbar mit der Frage verbunden, wo der Unterschied zwischen der akzeptierten „Patina" und der negativen Fassaden-Verschmutzung liegt. Im Folgenden soll dargelegt werden, ob der Architekt verpflichtet ist, den Bauherrn auf zu erwartende Verschmutzungen der Fassade in der Nutzungsphase hinzuweisen und ob die Abweichung einer makellosen Fassade im Entwurf zu späterer Verschmutzung einen Planungsfehler darstellt.

All diese oder ähnliche Fragen treten immer wieder bei Sichtbeton-Bewertungen auf.

Wenn man weiß, dass fehlende konstruktive Maßnahmen (z.B. Gefälle) zu Abweichungen und Mängel führen, dann muss man als Planer entsprechend reagieren.

Verschmutzungen dürfen nicht gleichgesetzt werden mit einer „Patina". „Strukturierungen" in der Fassadenfläche sollen Verschmutzungen nicht kaschieren, sondern sollen diese durch konstruktive Ausbildungen, z.B. durch Gefälle, vermeiden.

Bild 5.6: Trichterförmige Schmutzansammlung

Bei der Planung von An- und Abschlüssen haben bautechnische Anforderungen Vorrang vor gestalterischen Aspekten. Dies gibt einen ständigen Streit zwischen dem Entwurfs- und dem konstruktiven Planer.

Die Natur lehrt uns allein durch das Hinsehen, was falsch oder was richtig ist! Deshalb stand im alten (2004) DBV/VDZ-Merkblatt „Sichtbeton“ [2.1.1] u.a.:

„Bei bewitterten Ansichtsflächen muss eine kontrollierte Ableitung des Regenwassers geplant werden, um Schmutzfahnen auf der Betonfläche zu verhindern.“

In die neue Ausgabe wurde dieser erforderliche Hinweis leider nicht übernommen.

Eine unkontrollierte Verschmutzung der Fassade kann auf Dauer durch richtige Ausbildung der baulichen Details verhindert werden.

Bild 5.7: Wasserableitung?

5.3 Fensterbänke und andere Abdeckungen – die Notwendigkeit von „Tropfkanten“

Ob mit oder ohne Überstand von Blechabdeckungen, mit sog. „Tropfkanten“ an äußeren Fensterbänken usw. kommt es mehr oder weniger immer zur Feuchtebelastung bzw. zu ungleichmäßigen Verschmutzungen von Sichtbeton-Fassadenflächen. Ein Überstand als Tropfkante verhindert nicht, dass das Wasser an der Fassade herabläuft (siehe Bild 5.8 aus [4.12]).

Bild 5.8: Blechabdeckungen

Bild 5.9: Tropfkanten – bessere Anhaftkanten!

Der Überstand der „Tropfkante“ wird in unterschiedlichsten DIN-Normen bzw. Fachregeln beschrieben, u.a.

- DIN 18339:2010-04 „Klempnerarbeiten“, Abs. 3.4.3: „mindestens 20 mm“ (siehe Tabelle 1, Zeile 1)
- DIN EN 13914-1:2005-06 „Planung, Zubereitung und Ausführung von Innen- und Außenputzen“, Abs. 6.16.5: „mindestens 40 mm“ (siehe Tabelle 1, Zeile 4)
- Fachregel für Metallarbeiten, 2006-03 „mindestens 20, 30 bzw. 40 mm“ (siehe Tabelle 1, Zeile 3)

Bei allen oben genannten Richtlinien und Empfehlungen ist die Windstärke zu berücksichtigen.

Nahezu jeder Regentropfen erfährt eine Ablenkung durch den Wind und prallt so zwangsläufig, unabhängig von 20 mm oder 40 mm (DIN 18339/DIN EN 13914-1) Überdeckung, gegen die Fassadenfläche. Eine Abdeckung mit Tropfkante verringert nur die Aufpralltiefe des abtropfenden Regenwassers bzw. des Schlagregens (vgl. Skizze 01/Bild 5.10).

In Skizze 02 (Bild 5.11) wird ein sehr überschlägiges Berechnungsverfahren zur Aufpralltiefe von abtropfendem Wasser an einer Blechabdeckung aufgezeigt. Luftverwirbelungen, Tropfengröße, Beschleunigung, Strömungswiderstand usw. werden hierbei nicht berücksichtigt. Als einzige Kenngrößen wird sich hier die Windgeschwindigkeit (horizontale Bewegung) und die Fallgeschwindigkeit (vertikale Bewegung) einbezogen. Hieraus errechnet sich ein geschätzter Einfallwinkel (α) des fallenden Wassertropfens. Dieser Winkel entspricht annähernd dem Einfallwinkel des Schlagregens in Abhängigkeit zur vorhandenen Windgeschwindigkeit.

Das aus den Berechnungen resultierende Diagramm zeigt die Aufpralltiefe in Abhängigkeit von Windgeschwindigkeit und Tropfkantenüberstand. Es bestätigt die These, dass abtropfendes Wasser die Fassadenfläche schon bei leichtem Wind erreicht. Eine Veränderung des Abdeckungsüberstands verändert hierbei nur die Aufpralltiefe um wenige Zentimeter.

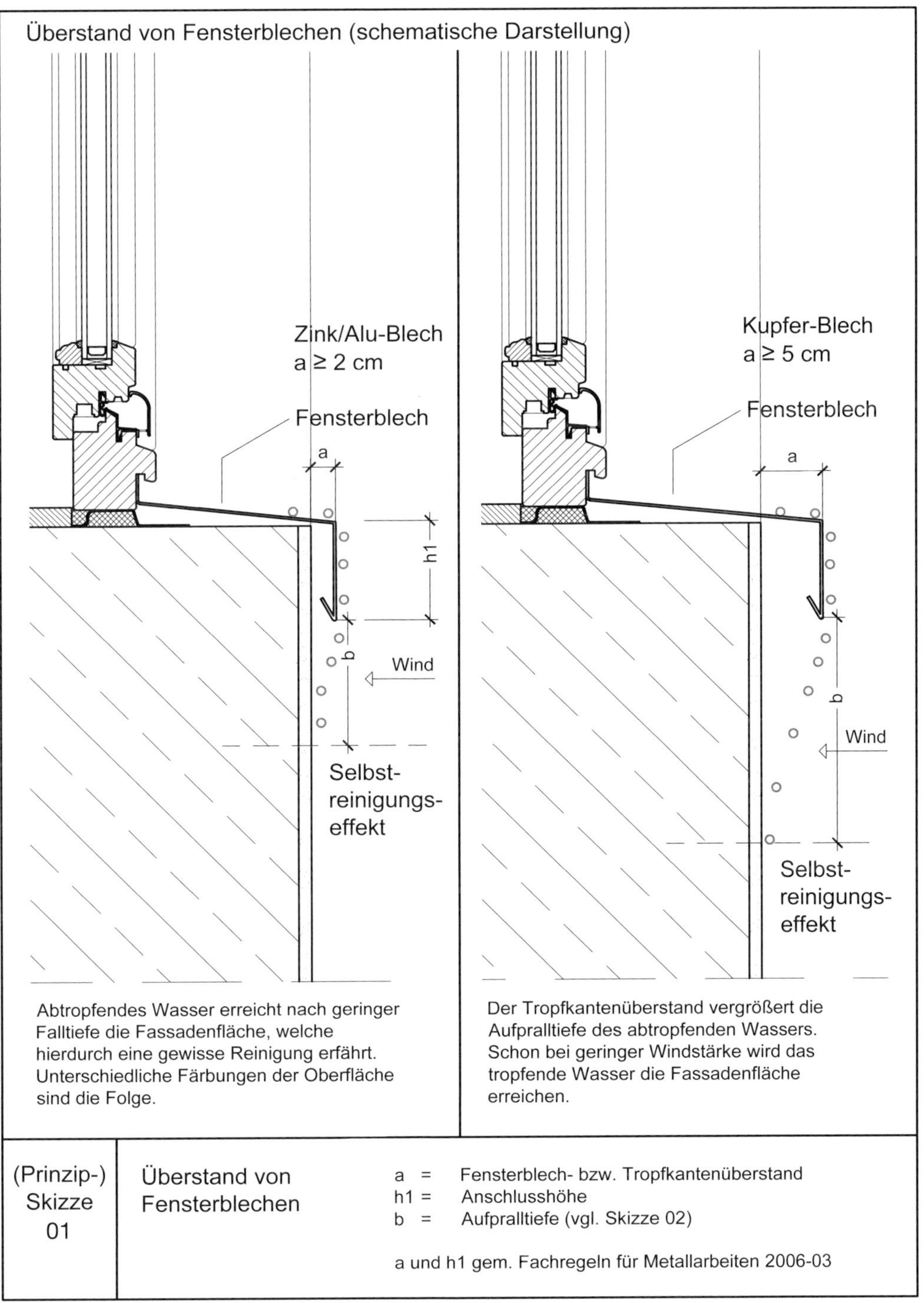

Bild 5.10: Auszug aus [4.12]

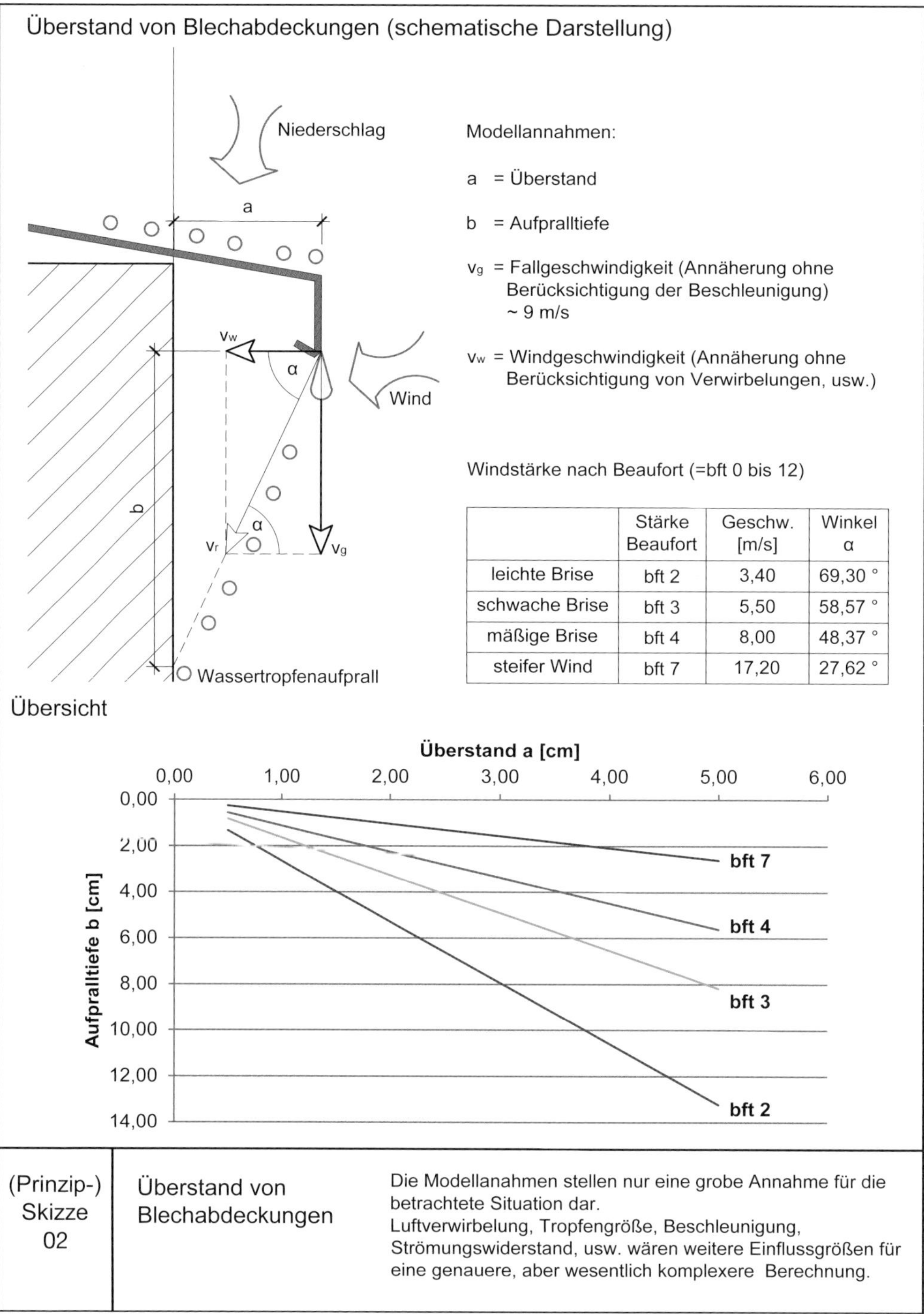

	Stärke Beaufort	Geschw. [m/s]	Winkel α
leichte Brise	bft 2	3,40	69,30 °
schwache Brise	bft 3	5,50	58,57 °
mäßige Brise	bft 4	8,00	48,37 °
steifer Wind	bft 7	17,20	27,62 °

(Prinzip-) Skizze 02	Überstand von Blechabdeckungen	Die Modellanahmen stellen nur eine grobe Annahme für die betrachtete Situation dar. Luftverwirbelung, Tropfengröße, Beschleunigung, Strömungswiderstand, usw. wären weitere Einflussgrößen für eine genauere, aber wesentlich komplexere Berechnung.

Bild 5.11: Auszug aus [4.12]

Überstände mit Tropfkanten bewirken einen ungleichmäßigen Selbstreinigungseffekt der Fassade durch abfließendes Regenwasser. So entstehen Farbungleichmäßigkeiten im Bereich unter dem „Tropfkanten-Überstand" (Fensterblech), da sich hier durch die fehlende Selbstreinigung bei Regenschauern besser Schmutz auf anderen Bereichen der Sichtbeton-Fassade ansammeln kann.

Als bessere Alternative bietet sich ein steiles Gefälle der Fensterbank von ca. 40 bis 60 Grad an, sodass das Wasser nicht ruhen, sondern abfließen kann.

Hinweis:
Wasser darf nicht ruhen, Wasser muss fließen.
Daher ist immer ein Gefälle erforderlich.

Im „Sichtbeton-Atlas" [3.3] werden diverse Detail-Vorschläge dargestellt.

Patina oder Verschmutzung?
Gleichmäßig geplante Verwitterungen werden oft als Patina (ital.: *„dünne Schicht"*) bezeichnet. Kommt es jedoch zu einem sehr unregelmäßigen Fassadenbild aufgrund andersfarbiger Bereiche, speziell unter den Fensterblechen, können optische Mängel festgestellt werden, welche in ihrer Ungleichmäßigkeit nicht geplant waren. Verdunkelt bzw. verfärbt sich die Fassade jedoch gleichmäßig im Ganzen, so ist dies ein geplanter Prozess, welcher durch die zu erwartenden altersbedingten Verwitterungen bedingt ist.

Scheinbar perfekte Gebäudeansichten oder Computeranimationen der Entwurfsplanung eines entwurfsverliebten Architekten münden oft nach kurzer Zeit in Enttäuschung des Bauherrn, da eine ausreichend konstruktive Planung fehlt und sich die Sichtbeton-Fassadenflächen schnell ungleichmäßig und unkontrolliert verfärben.

Unkontrollierte Fassadenverschmutzungen sind bereits in der Entwurfsphase durch baukonstruktive Mittel zu verhindern. Beispielsweise bietet sich eine Planung mit steilem Gefälle an. Jedoch birgt die Verwendung von Abdeckungen mit Topfkantenüberständen immer ein Restrisiko. So heißt es in den Fachregeln für Metallarbeiten im Dachdeckerhandwerk (vgl. Tabelle 1, Zeile 3):

„Verunreinigungen durch abtropfendes Wasser sind nicht gänzlich zu vermeiden."

Wird auf „Tropfkanten" verzichtet, ist dies mit dem Bauherrn in einem Beratungsgespräch zu klären und schriftlich zu vereinbaren.

Architekten müssen daher ein Bewusstsein dafür entwickeln, dass fehlende konstruktive Maßnahmen zu Abweichungen und Schäden führen. Eine adäquate Detailplanung ist die einzige Lösung dieses Problems. Mit strukturierten Fassadenflächen sollen so

Verschmutzungen nicht kaschiert, sondern durch konstruktive Ausformungen (z.B. Gefälle) grundsätzlich vermieden werden.

Richtige Baukonstruktion (vom lat. construere: zusammenschichten) muss vom Planer wieder erlernt werden und höhere Priorität haben als der perfekte Entwurf. Dabei soll darüber hinaus der Leitsatz gelten: „Denken geht vor Rechnen“. Das heißt auch, dass es viel wichtiger ist zu wissen, „warum“ etwas passiert und nicht unbedingt „wie viel“ etwas passiert.

Bei der Planung von An- und Abschlüssen haben bautechnische Anforderungen Vorrang vor gestalterischen Aspekten.

Dies führt zu einem ständigen, aber lösbaren Konflikt zwischen dem rein entwerfenden und dem konstruktiven Planer.

Richtiges Konstruieren muss vom planenden Unternehmen wieder erlernt werden. Baukonstruktion muss „in Fleisch und Blut“ übergehen.

Inzwischen gibt es diverse Gerichtsurteile, die Fassaden-Verschmutzungen als Mangel beurteilen.

6 Risse im Sichtbeton

Ein Beispiel für Risse im Sichtbeton, das in der Presse ein großes Echo fand, ist das Berliner Holocaust-Mahnmal des New Yorker Architekten Peter Eisenman. In mehr als 2000 der insgesamt 2711 Betonstelen haben sich Risse gebildet.

In der Zeitschrift CICERO war u.a. zu lesen: *„Es ist offensichtlich ein Restrisiko in Kauf genommen worden."*

In einem anderen Zeitungsartikel zum Thema Betonstelen kam Architekt Eisenman mit einer sehr realistischen Einstellung zu Wort:

„Was ist so schlimm an den Rissen? Als wir mit den Planungen anfingen, wussten wir das. Die Stiftung wusste es, der Bundestag wusste es, die Experten, die den Beton entwickelt haben. ... Letztlich sind der Architekt und der Bauherr verantwortlich."

Bild 6.1: Risse in den Betonstelen des Holocaust-Mahnmals in Berlin

6.1 Rissbreitenbegrenzung

Die Stahlbetonbauweise gilt als „gerissene“ Bauweise, d.h. der Stahl im Beton wird erst zum Tragen herangezogen, wenn der Beton gewisse Dehnungen erfahren hat. Risse können trotz fachgerechter Planung und Ausführung nicht absolut verhindert werden, d.h. man kann nur die Rissbreite begrenzen.

Beim Sichtbeton können „Risse“ die Optik („Geltungsfunktion“), aber auch die Gebrauchstauglichkeit (u.a. Dauerhaftigkeit) beeinträchtigen.

„Risse“ sind von einem „sachkundigen Planer“ [2.3], z.B. einem ö.b.u.v. Sachverständigen für Beton, zu beschreiben und zu bewerten.

Die Anforderungen an die Dauerhaftigkeit des Sichtbetons sind u.a. erfüllt, wenn die Anforderungen nach DIN EN 1992-1-1 gemäß nachfolgenden Tabellen eingehalten sind.

In DIN EN 1992-1-1:2011-01, 7.3 ist zu lesen

7.3 Begrenzung der Rissbreiten – Allgemeines

(1) Die Rissbreite ist so zu begrenzen, dass die ordnungsgemäße Nutzung des Tragwerks, sein Erscheinungsbild und die Dauerhaftigkeit nicht beeinträchtigt werden.

Das heisst, nicht nur bei der „Weißen Wanne“ aus WU-Beton, sondern auch beim Sichtbeton ist der Nachweis zur Begrenzung der Rissbreite erforderlich.

DIN EN 1992-1-1/NA:2013-04

NDP zu 7.3.1 (5)

Es gilt Tabelle 7.1DE

Tabelle 6.1: Tabelle 7.1 DE – Rechenwerte für w_{max} (in mm)

<table>
<tr><th rowspan="3">Expositionsklasse</th><th>Stahlbeton und Vorspannung ohne Verbund</th><th>Vorspannung mit nachträglichem Verbund</th><th colspan="2">Vorspannung mit sofortigem Verbund</th></tr>
<tr><th colspan="4">mit Einwirkungskombination</th></tr>
<tr><th>quasi ständig</th><th>häufig</th><th>häufig</th><th>selten</th></tr>
<tr><td>X0, XC1</td><td>0,4 [a]</td><td>0,2</td><td>0,2</td><td rowspan="2">–</td></tr>
<tr><td>XC2 – XC4</td><td rowspan="2">0,3</td><td rowspan="2">0,2 [b, c]</td><td>0,2 [b]</td></tr>
<tr><td>XS1 – XS3,
XD1, XD2, XD3 [d]</td><td>Dekompression</td><td>0,2</td></tr>
</table>

a Bei den Expositionsklasen X0 und XC1 hat die Rissbreite keinen Einfluss auf die Dauerhaftigkeit und dieser Grenzwert wird i.Allg. zur Wahrung eines akzeptablen Erscheinungsbildes gesetzt. Fehlen entsprechende Anforderungen an das Erscheinungsbild, darf dieser Grenzwert erhöht werden.

b Zusätzlich ist der Nachweis der Dekompression unter der quasi ständigen Einwirkungskombination zu führen.

c Wenn der Korrosionsschutz anderweitig sichergestellt wird (Hinweis hierzu in den Zulassungen der Spannverfahren), darf der Dekompressionsnachweis entfallen.

d Beachte 7.3.1 (7).

NCI zu 7.3.1 (5)

Für die Einhaltung des Grenzzustands der Dekompression ist nachzuweisen, dass der Betonquerschnitt um das Spannglied im Bereich von 100 mm oder von 1/10 der Querschnittshöhe unter Druckspannung steht. Der größere Bereich ist maßgebend. Die Spannungen im Zustand II sind nachzuweisen.

Die ANMERKUNGEN zu Tabelle 7.1N entfallen.

NCI zu 7.3.1 (8)

Auch an Stellen, an denen nach dem verwendeten Stabwerkmodell rechnerisch keine Bewehrung erforderlich ist, können Zugkräfte entstehen, die durch eine geeignete konstruktive Bewehrung, z.B. für wandartige Träger nach 9.7, abgedeckt werden müssen.

NCI zu 7.3.1

(NA.10) Werden Betonstahlmatten mit einem Querschnitt $a_s \geq 6$ cm²/m nach 8.7.5.1 in zwei Ebenen gestoßen, ist im Stoßbereich der Nachweis der Rissbreitenbegrenzung mit einer um 25 % erhöhten Stahlspannung zu führen.

Die DIN weist jedoch auch darauf hin, dass „für Bauteile mit besonderen Anforderungen“ strengere Begrenzungen der Rissbreite erforderlich sein können. Dies trifft sinngemäß nicht nur für eine „Weiße Wanne“ aus WU-Beton, sondern auch insbesondere für Sichtbeton zu.

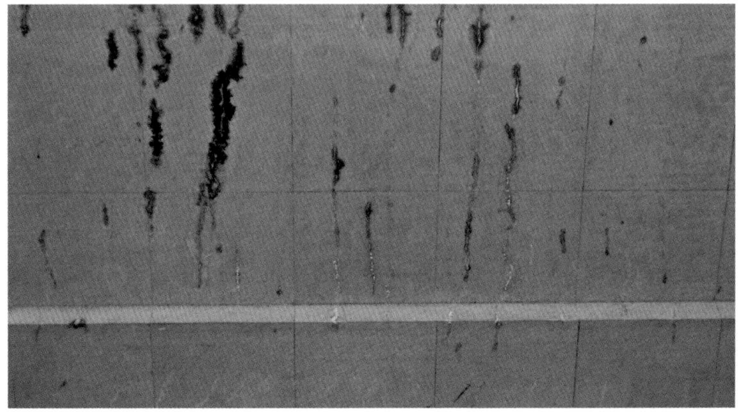

Bild 6.2: Wasserführende Risse an auskragender Sichtbeton-Decke

Empfehlung:
Strengere Begrenzungen der Rissbreite können sich z.B. aus besonderen Anforderungen an das Erscheinungsbild eines Sichtbeton-Bauteils ergeben. Dies muss jedoch gesondert vereinbart werden!

6.2 Rissbeschreibung

Es reicht nicht aus, eine pauschale Mängelbehauptung aufzustellen, z.B. *„Die Fassade weist Risse auf“.* Es müssen genau beschrieben werden:

- die Lage der Beanstandung (z.B. Risse)
- der eventuelle Rissverlauf (Skizze)
- Rissbreite, evtl. Risstiefe usw.

Tabelle 6.2: Rissdefinition

„feiner Haarriss“:	„gerade“ noch sichtbarer Riss
„Haarriss“:	haarfeiner Riss, der sich schon deutlich abzeichnet; 0,1 mm
„feiner Riss“:	zwischen „Haarriss“ und „mittlerem Riss“
„mittlerer Riss“:	deutlich sichtbar und Breite bis ca. 0,5 mm (normalerweise wird die Rissbreite noch nicht angegeben)
„großer Riss“:	Breite: von_____ bis _____ mm Tiefe: _____ mm

Bezüglich des Rissverlaufs müssen folgende Risstypen unterschieden werden:

- Haarrisse
- Netzrisse
- Trennrisse
- Kerbrisse
- „Abrisse“

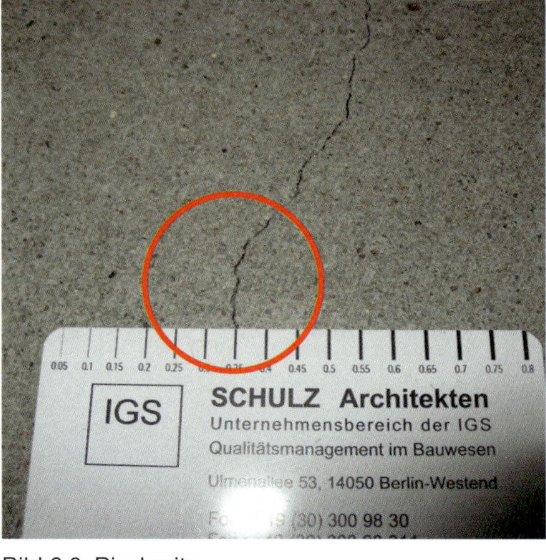

Bild 6.3: Rissbreite

Bild 6.4: Kerbriss

6.3 Rissverläufe

1 Schräg von rechts unten nach links oben öffnend.

2 Schräg von links unten nach rechts oben öffnend.

3
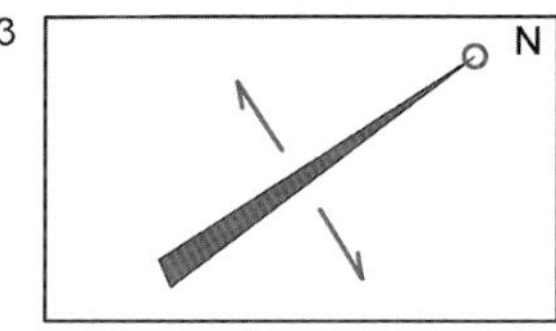

Schräg von rechts oben nach links unten öffnend.

4
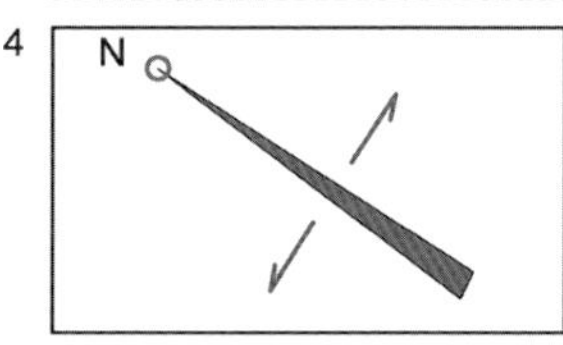

Schräg von links oben nach rechts unten öffnend.

5
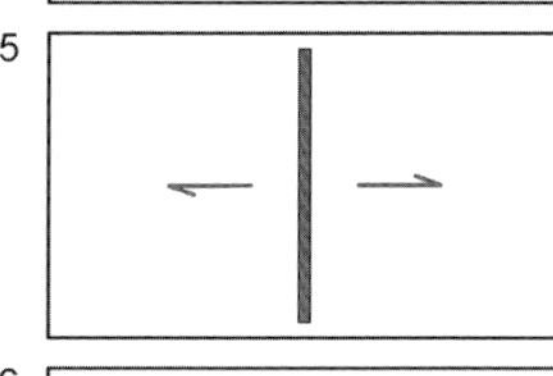
Senkrecht verlaufend.

6
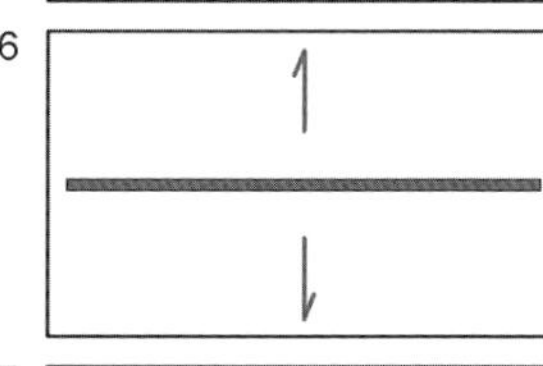
Waagerecht (parallel) verlaufend.

7
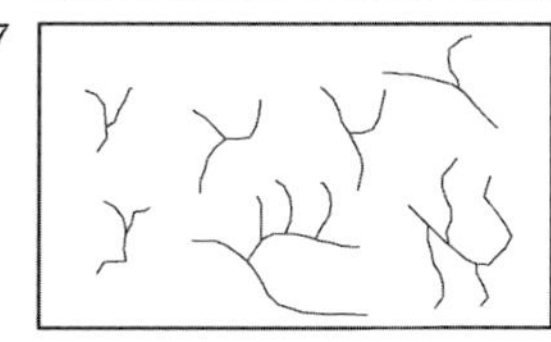
Y-förmig, netzförmig (üblicherweise: Schwindrisse)

Hinweis:
Die Zugkraftrichtung verläuft rechtwinklig zur Rissrichtung

N O = "Nullpunkt" / Drehpunkt
⇀ ↽ = Zugkraft

Bild 6.5: Rissverlauf

6.4 Rissursachen

Das Thema „Rissursachen" ist sehr umfangreich. Da eine ausführliche Behandlung des Themas den Rahmen dieses Buchs sprengen würde, wird es hier nur angerissen und auf die weiterführende Literatur verwiesen.

6.4.1 Kerbrisse

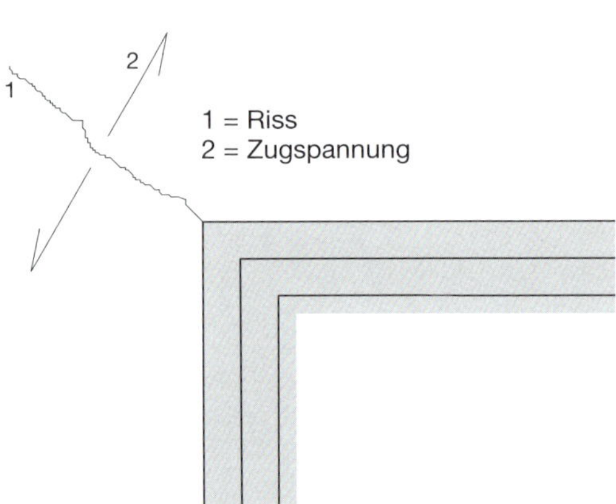

Bild 6.6: Kerbriss

Bild 6.7: Kerbriss an der Fassadenoberfläche

Die Ursache für Kerbrisse sind Lastumlenkungen an den Ecken der Öffnungen (Fenster, Türen usw.). In der Ecke entsteht aufgrund von Last-Umlenkungen eine „Kerbwirkung", d.h. senkrecht zur Richtung der Hautzugspannung entsteht eine Rissbildung.

Bild 6.8: Erforderliche Zug-Bewehrung zur Vermeidung von Kerbrissen

6.4.2 Biegerisse

Ursachen von Biegerissen sind Zugspannungen infolge der Durchbiegung eines Bauteils unter Last. Die Risse verlaufen senkrecht zum Zugrand, die Rissbreite nimmt vom Rand nach „oben“ ab.

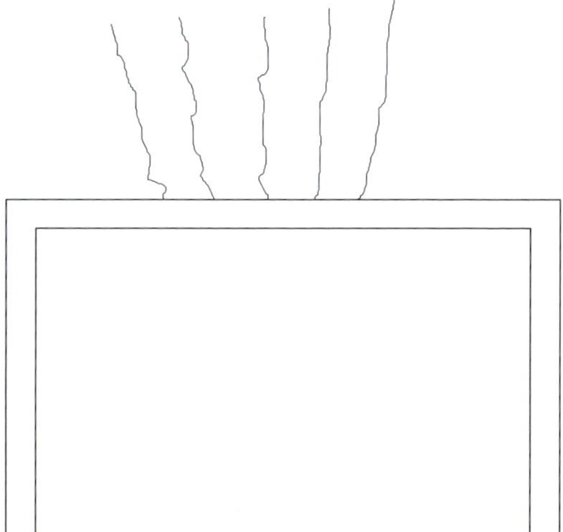

Bild 6.9: Biegeriss

Bild 6.10: Biegeriss

⇨ Beispiele siehe Kapitel 8

7 Betonkosmetik – „Betonretusche“

„Enttäuschung ist das Ergebnis falscher Erwartungen“.

In den ersten Vorlesungen des Autors im Jahre 2000, d.h. vor mehr als 16 Jahren, war „Betonkosmetik“ fast noch ein Fremdwort. In dieser Zeit versuchte der Betonbauer Ausführungsfehler von sichtbaren Betonflächen selbst auszubessern.

Bild 7.1: Betonkosmetik

Bild 7.2: .... früher durch Betonbauer

Inzwischen gibt es einen ganzen Berufszweig, der sich mit der Betonkosmetik beschäftigt. Dabei handelt es sich meist um Speziallisten wie Restauratoren und Maler. Firmen, wie beispielweise „Betonretusche“, treten als professionelles Spezialunternehmen mit dem Schwerpunkt der Betonkosmetik in der Öffentlichkeit auf.

Warum die große Nachfrage an Betonkosmetik?

Die Anforderungen an den Sichtbeton werden immer größer, jedoch die Kenntnis über Baukonstruktion und Baustoffkunde immer geringer. Somit können oft die Erwartungen des Bauherrn nicht erfüllt werden.

Einige Architekten-Kollegen malen anscheinend lieber bunte Bilder und diskutieren stundenlang über Farben und Formen, anstatt den ausführenden Firmen Details zur Verfügung zu stellen. Sie verwechseln Bauwerke mit Bühnenbildern. Es ist Aufgabe des Architekten, alle Erkenntnisse zu beschreiben, sei es mit Worten (im Leistungsverzeichnis) oder anhand von Zeichnungen.

Ausführungszeichnungen müssen alle für die Ausführung bestimmten Einzelangaben unter Berücksichtigung der Beiträge anderer an der Planung fachlich Beteiligter enthalten (d.h. auch Materialangaben, Sichtflächenanforderungen usw.). Diese dienen als Grundlage der Leistungsbeschreibung und Bauausführung des Sichtbetons.

Aufgrund relativ kurzer Planungszeit wird häufig auf Ausführungsdetails verzichtet oder diese werden nur sehr schemenhaft dargestellt ohne ausreichende qualitative Beschriftung der Bauelemente. Detaillösungen werden so dem örtlichen Bauleiter überlassen, der damit überfordert ist.

Der Architekt kann sich bei einem Baumangel nicht herausreden, *„Die Firma hätte ja Bedenken anmelden müssen...“.* Wogegen hätte die Firma Bedenken anmelden müssen, wenn keine Details bzw. keine Leistungsbeschreibung vorlagen?

Wenn im Rahmen der Planungspflichten entscheidend wichtige Detailpunkte gar nicht dargestellt werden – wie im Fall einer sogenannten „Nullplanung“ – ist bei Eintritt eines Schadens im direkten Zusammenhang mit dieser Detaillösung von einem Planungsfehler auszugehen.

Fehler sowie lückenhafte Planungsunterlagen und Leistungsbeschreibungen sind an der Tagesordnung. Die fehlerhafte Planung wird Vertragsbestandteil für den Auftragnehmer. Zur Verhinderung eines daraus resultierenden Ausführungsfehlers sind Bedenkenanmeldungen mit ausführlicher Begründung und Nachträge des Auftragnehmers erforderlich.

Architekten-Wettbewerbssieger – meistens sogenannte „Fassaden-Architekten“ – nehmen keine Rücksicht auf die Gebäude-Konstruktion. Sie ignorieren, dass bautechnische Anforderungen Vorrang vor gestalterischen und vegetationstechnischen Aspekten haben.

Jung-Projektsteuerer, die nur ihre Termine im Kopf haben, wissen oft wenig oder fast gar nichts über beispielsweise „Ausschalfristen“ beim Beton oder zulässige Bautoleranzen usw.

In den meisten Architekten-Zeitschriften wird i.d.R. Sichtbeton als gleichmäßige Fläche ohne Makel in Szene gesetzt und fotografiert oder gar mit einem Bildbearbeitungsprogramm nachträglich überarbeitet. Dabei wird nicht erwähnt, dass vorher in vielen Fällen eine umfangreiche Betonkosmetik stattgefunden hat.

Wie sieht die Praxis aus?

Bei der Bauabnahme sind der Bauherr und/oder sein Architekt oftmals entsetzt über das Sichtbetonergebnis. Es werden seitenlange Mängellisten erstellt über die Ausführungsfehler. Aber wo waren die Architekten-Details? Wo war der Bauleiter während der Ausführung?

Die ausführende Baufirma wird aufgefordert, die Sichtbeton-Beanstandungen nachzubessern. Dies trifft nur zu, wenn nicht vorher bereits rechtzeitig Bedenken (einschl. Begründung) schriftlich geäußert wurden (siehe Kapitel 9: *Sichtbeton: Mängel und Haftung aus rechtlicher Sicht)*. Die Baufirma versucht dann, die Beanstandungen, soweit diese berechtigt sind, mit ihren eigenen Handwerkern (aus Kostengründen) auszubessern.

Bild 7.3: Sichtbeton VOR der Betonkosmetik

Ausbesserungen können oft zu einer „Verschlimmbesserung“ führen. Es ist darauf zu achten, dass nicht der „erstbeste“ Reparaturmörtel zur Ausführung kommt. Die Industrie bietet heutzutage eine große Farbpalette von Spezialspachteln mit entsprechenden Verarbeitungstechniken an.

Bild 7.4: Sichtbeton NACH der Betonkosmetik

Es empfiehlt sich, vorab an einer „Erprobungsfläche“ den Farbton und die Technik zu üben und dem Auftraggeber zur Genehmigung vorzuzeigen.

Für die Mängelbeseitigung, z.B. in Form einer „Betonkosmetik“, sowie den Schutz und die Betoninstandsetzungsarbeiten ist „Know-how“ erforderlich. Nicht jedes Unternehmen verfügt über die erforderlichen Fachkenntnisse.

Da „Ausreißer“, also gewisse zu tolerierende Oberflächenabweichungen, auch bei höchster Verarbeitungssorgfalt praktisch nicht immer zu vermeiden sind, ist es empfehlenswert „Mängelbeseitigungen“ bereits im Vorfeld zu planen.

Tabelle 7.1: Spachtelarbeiten

	Kriterium	Bemerkungen
1	„ausgewaschene Schalungsfugen“	Ausgewaschene Schalungsfugen und dadurch bedingte Versandungen und Nesteransätze sind, sofern sie im Widerspruch zur Ausschreibung bzw. zur DIN 18202 und 18217 stehen, materialgerecht zu schließen.
2	Betongratbildungen	Betongratbildungen sind möglichst unmittelbar nach dem Ausschalen mechanisch zu beseitigen, d.h. abzuschlagen oder abzuschleifen. Achtung: Vereinbarung
3	„wellige“ Betonflächen (Ursache, z.B. Durchbiegung von Schalungsplatten)	Wellige Betonflächen können auf die „Solldimension“ nur mit Schleifen und/oder Spachteln egalisiert werden. Anfallende Spachtelarbeiten sind vom Verursacher (Planung oder Ausführung) kostenmäßig zu übernehmen.
4	Abweichung	Der Gesamteindruck ist maßgebend. Abweichungen sind materialgerecht „betonkosmetisch“ zu spachteln. Der Gebrauchs- bzw. der Geltungswert sind ggf. als „Minderung“ zu ermitteln. Achtung: Bei Spachtelarbeiten kompletter Flächen geht der Sichtbeton-Charakter verloren!

Werden Sichtbetonflächen komplett gespachtelt und ggf. mit einer Lasur versehen, kommen möglicherweise spätere Unterhaltungskosten hinzu, d.h. vom Sachverständigen ist eine Minderung (Wertminderung) zu berechnen.

Natürlich sollte es nicht das Ziel sein, dass die ausführende Baufirma „schlechten“ sichtbaren Beton ausführt, dabei eine umfangreiche Betonkosmetik einkalkuliert und als hochwertigen Sichtbeton präsentiert. Der Charakter einer materiell „echten“ Betonoberfläche geht durch die großflächige Retusche immer mehr verloren.

Durch die „Betoninstandsetzungsarbeiten“ an der Fassade (u.a. Reprofilierung mittels Reparaturmörtel) steht beim „normalen“ Beton die „Gebrauchsfunktion“ im Mittelpunkt. Im Gegensatz hierzu steht der Sichtbeton, dessen Zweck zum großen Teil in der „Geltungsfunktion“ (Optik) liegt (siehe Tabelle 7.2).

Durch die Anwendung von Ausbesserungen mit den gängigen Verfahren werden zwar zeitweise optisch gute Ergebnisse erzielt, welche bei einem üblichen Betrachtungsabstand nicht von einer „echten“ Betonoberfläche zu unterscheiden sind, jedoch kommt es an den ausgebesserten Stellen zu einer bauphysikalischen Änderung der Fassadenfläche. Dies lässt sich am nachfolgenden Beispiel leicht nachvollziehen.

Bei Niederschlägen wird der unbehandelte Sichtbeton an der Fassade mehr Wasser aufnehmen und sich dunkler abzeichnen als der neue Reparaturmörtel oder der Anstrich. Durch die unterschiedliche Wasserbelastung der Betonoberfläche kommt es längerfristig zu einer ungleichmäßigen Verfärbung durch Schmutzpartikel aus der Luft oder durch Mikroorganismen. Ein sich ungleichmäßig verfärbendes Fassadenbild ist die Folge.

Ähnlich wie bei einer im Sachverständigenwesen durchzuführenden Wasserprobe („Benetzungsprobe“) lässt sich das unterschiedliche Saugverhalten des Untergrunds

(Beton bzw. Reparaturmörtel) erkennen. An den Ausbesserungsstellen perlt das Wasser i.d.R. besser ab, während der unbehandelte Beton sich „dunkler“ abzeichnet, d.h. mehr Wasser in die Konstruktion eindringt. Bei einem anspruchsvollen Sichtbeton mit hoher Geltungswirkung ist dieser farbliche Unterschied innerhalb einer Sichtfläche unerwünscht. Zur Egalisierung des unterschiedlichen Saugverhaltens (d.h. unterschiedliche Farbgebung) ist eine Hydrophobierung mit einer leichten Farblasur erforderlich.

Diese zusätzlichen erforderlichen Leistungen haben nichts mit einem normalen Instandsetzungsaufwand zu tun. Darüber hinaus bieten solche Hydrophobierungen bzw. Farblasuren keinen dauerhaften Schutz im Vergleich zur Haltbarkeit einer unbehandelten Betonoberfläche. Eine Erneuerung innerhalb von ca. 10 bis 15 Jahren ist notwendig, um die Qualität der Sichtfläche weiter zu erhalten. Praktisch heißt dies, dass die Sichtbetonfläche ca. drei- bis viermal innerhalb von 50 Jahren erneuert werden muss. Bei einer unbehandelten Betonfläche würden solche Instandsetzungsmaßnahmen nicht anfallen.

War in der Planung/Ausschreibung ein Anstrich/Lasur vorgesehen, können die anfallenden „Sanierungskosten“ mit dem Nachgewerk (Maler) verrechnet werden.

Es stellt sich die Frage, ob es sich bei einer vollständig überarbeiteten Sichtbetonfläche überhaupt noch um Sichtbeton im eigentlichen Sinne mit den materialtypischen Eigenschaften eines Betons handeln kann.

Bild 7.5: Sichtbeton

Bild 7.6: Sichtbetonkosmetik

Wie lassen sich retuschierte Sichtbetonflächen bewerten?

Seitdem die Betonkosmetik zunimmt, häufen sich die Streitigkeiten um folgende Frage:

„Liegt nach der Betonkosmetik ein „Mehr- oder Minderwert“ der Sichtbetonflächen vor?“

Die Beantwortung dieser Frage führt immer wieder zu Streitigkeiten und erfolgt dabei nach Interessenlage. Für eine neutrale Bewertung bedarf es der Rücksichtnahme auf die technisch mögliche Sichtbetonherstellung.

Es ist wichtig zu beachten, dass sich die Qualitätsstufen SB 3 oder SB 4, auch bei sehr hoher Ausführungssorgfalt, praktisch nie ohne eine gewisse Nachbearbeitung erreichen lassen. Bewegen sich in diesem Falle die Nachbesserungen im Rahmen von bis zu 15 % der sichtbaren Betonfläche, so stellt dies eine bautypische und tolerierbare Nachbearbeitung dar. Sind die „kosmetischen Überarbeitungen“ fachgerecht und ohne optische Unregelmäßigkeiten ausgeführt worden, liegt weder ein Mehr- noch ein Minderwert vor.

Belaufen sich die Überarbeitungen auf eine sichtbare Gesamtfläche von über 15 %, so kann trotz optischer Mangelfreiheit ein Minderwert bezogen auf die Sichtbetonfläche angesetzt werden, da die Beschaffenheit eines Sichtbetons nicht vollständig erfüllt werden kann. Dies liegt darin begründet, dass nach DIN 18217 Betonflächen mit Anforderungen an das Aussehen, also Sichtbeton als *„sichtbar bleibende Betonflächen“*, beschrieben werden. Nach einer großflächigen „kosmetischen Überarbeitung“ wird der Beton überblendet und sowohl die bauphysikalischen Eigenschaften der Oberfläche als auch die tatsächliche Optik eines monolithischen Bauteils gehen verloren.

Grundsätzlich sind alle Leistungen gemäß der vertraglichen Vereinbarung zwingend zu erbringen, die die „vereinbarte Beschaffenheit“ (sog. „Beschaffenheitsvereinbarung“) gewährleisten. Im Falle eines vereinbarten Sichtbetons, beispielsweise der Klasse SB 3, ist eben eine „sichtbar bleibende Betonoberfläche“ (definiert nach DIN 18217) und keine überblendete Betonkonstruktion geschuldet.

Nach aktuell gültigem Recht stellt jede Abweichung von der vertraglich vereinbarten Beschaffenheit, unabhängig von der Auswirkung auf die Gebrauchstauglichkeit, einen Mangel dar (BGB § 633).

Werden also an den Sichtbetonflächen umfangreiche Schleif- bzw. Spachtelarbeiten ausgeführt (> 15 %), so ist die Beschaffenheitsvereinbarung eines Sichtbetons nicht vollständig erfüllt.

Die Herstellung eines Mehrwerts bei einer Sichtbetonfläche lässt sich durch eine Nachbearbeitung praktisch nicht herstellen. Nach Begriffsdefinition lässt sich ein Mehrwert als *„Zuwachs an Wert, der durch ein Unternehmen erarbeitet wird“* (aus:

Duden 1996, S. 1003) beschreiben. Dieser Zuwachs eines Sichtbetons kann aus den bereits genannten Gründen durch eine großflächige Überarbeitung nicht erreicht werden, da die materiellen Eigenschaften eines monolithischen Betonbauteils nur annähernd und nicht vollständig wiederhergestellt werden können.

Wie lässt sich ein Minderwert einer retuschierten Sichtbetonfläche schätzen?

Grundlegend für diese annähernde Berechnung eines Minderwerts sind folgende Einflussgrößen:

- Vereinbarte Sichtbetonqualität („Sichtbetonklassen“)
- Geltungswert der Sichtfläche
- Lage des Bauteils (außen/innen), Qualität der durchgeführten Betonkosmetik
- Anteil der kosmetisch bearbeiteten, sichtbaren Betonfläche

Die in der Tabelle 7.2 dargestellte Gewichtung der Sichtbeton-Klassen bzw. der Betonkosmetik entspricht der in [3.1] entwickelten Methode.

Die Gewichtung erfolgt je nach Art des Bauteils gesondert (siehe z.B. Fassadenfunktion) und je nach Wertigkeit des Objekts.

Tabelle 7.2: Gewichtung der Gebrauchs- und Geltungsfunktion

Sichtbetonklasse	Gebrauchsfunktion [%]	Geltungsfunktion [%]	Minderungsfaktor	Erhöhungsfaktor
SB 1	60	40	0,57	1,00
SB 2	50	50	0,71	1,25
SB 3	40	60	0,86	1,50
SB 4	30	70	≅ 1,00	1,75

Beispiel SB 3: 60 / 70 = 0,86 %

Die DIN 55945 „Beschichtungsstoffe und Beschichtungen“ definiert Ausbesserung als *„Wiederherstellen der Funktionen einer Beschichtung durch Aufbringen geeigneter Beschichtungsstoffe an kleinflächigen Fehlstellen“.*

Unter den Sachkundigen besteht Einigkeit, dass hochwertiger Sichtbeton (z.B. SB 4) nur mittels teilweiser Betonkosmetik zu erreichen ist. „Teilweise“ wird vom Autor mit 10 % berücksichtigt. Danach ergibt sich nachfolgende Tabelle 7.3.

Tabelle 7.3: Minderungsfaktor bei umfangreicher Betonkosmetik

Fläche [m^2]		Minderungsfaktor auf den Sichtbeton-„Zuschlag“ [%]
10 %	zulässig	0
20 %	unzulässig	9
30 %	unzulässig	27,2
40 %	unzulässig	36,4
50 %	unzulässig	45,5
60 %	unzulässig	54,5
70 %	unzulässig	63,6
80 %	unzulässig	73
90 %	unzulässig	82
100 %	unzulässig	100

Beispiel: 100 : 1,1 x 20 % = 9 %

Bild 7.7: Betonkosmetik farblich unzureichend abgestimmt

In der Schweiz gibt es fast keine „Streitigkeiten“ über Sichtbeton. Warum?

Der planende Architekt klärt den Bauherrn besser auf über das zu erwartende Ergebnis „Sichtbeton“, d.h. es gibt keine Enttäuschung, da vorher eine umfangreiche, auch für den Laien verständliche Beratung stattfand.

Auch die Schweizer Versicherungen „streiten“ sich weniger, da diese vorher nach einer einvernehmlichen Lösung suchen, anstatt jahrelange Prozesse zu führen.

Zusammenfassend bleibt zu sagen, Sichtbeton wird im Sinne der DIN 18217 als Betonflächen mit Anforderungen an das Aussehen definiert, d.h. „sichtbar bleibende Betonflächen“.

Bei hohen Sichtbetonanforderungen (wie z.B. Sichtbetonklasse SB 4 gem. DBZ/VDZ-Merkblatt „Sichtbeton“) ist fast immer eine Betonkosmetik erforderlich. Dies muss der Bauherr oder sein Architekt berücksichtigen.

Es muss jedoch der Grundgedanke (Beschaffenheitsvereinbarung) bestehen bleiben, dass Sichtbeton „sichtbarer Beton“ bleibt und keine gespachtelte Fläche.

Der Leistungsumfang einer Betonkosmetik darf jedoch nicht die gesamte Sichtbetonfläche betragen, andernfalls geht der Sichtbetoncharakter verloren mit der Folge einer nicht unerheblichen Preisminderung.

Die erforderliche Betonkosmetik sollte nur den Fachfirmen überlassen bleiben. Die anfangs höheren Betonkosmetikkosten sind besser, als mehrmals durch eigene Mitarbeiter Ausbesserungsarbeiten durchführen zu lassen, die zum Schluss teurer sind als die einer Fachfirma.

7.1 Beispiele

7.1.1 Sporthalle

Die oberen Wandflächen wurden als Sichtbeton geplant. Sie wurden komplett „bearbeitet“, sodass der Sichtbetoncharakter verloren ging.

Bild 7.8: Betonkosmetik komplett – Sichtbeton?

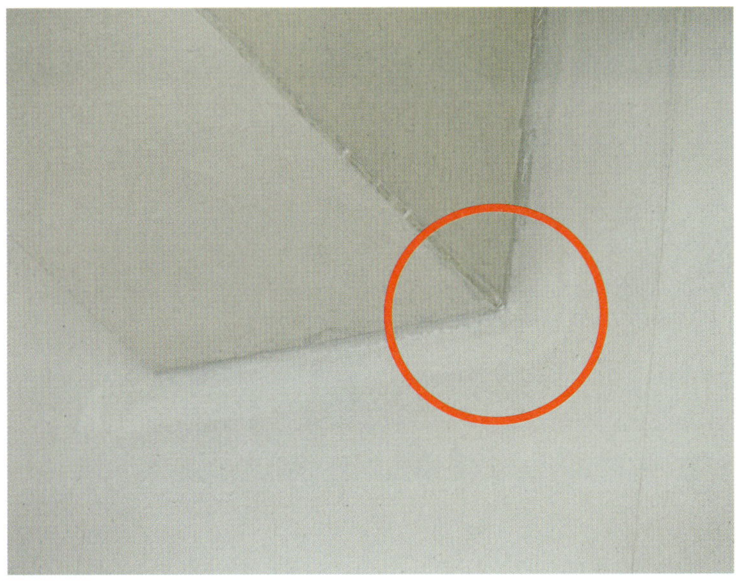

Bild 7.9: Betonkosmetik komplett – Sichtbeton?

7.1.2 Flächen komplett geschliffen und gespachtelt

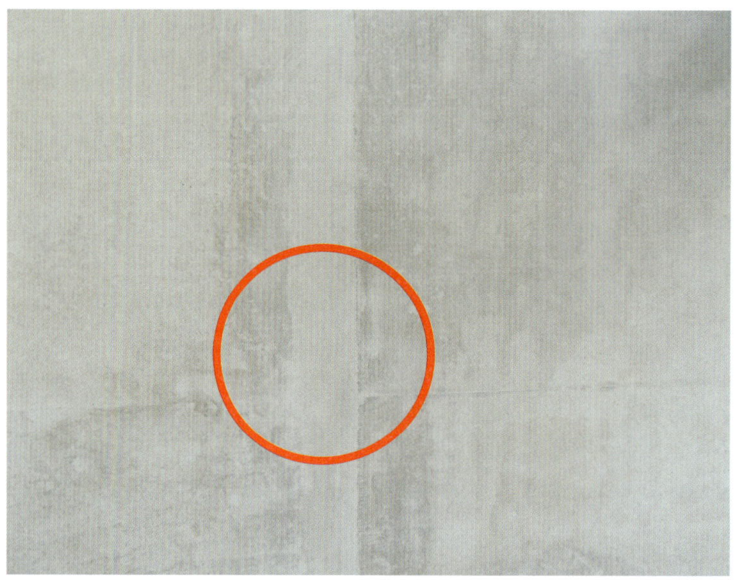

Bild 7.10: Betonkosmetik – Sichtbeton?

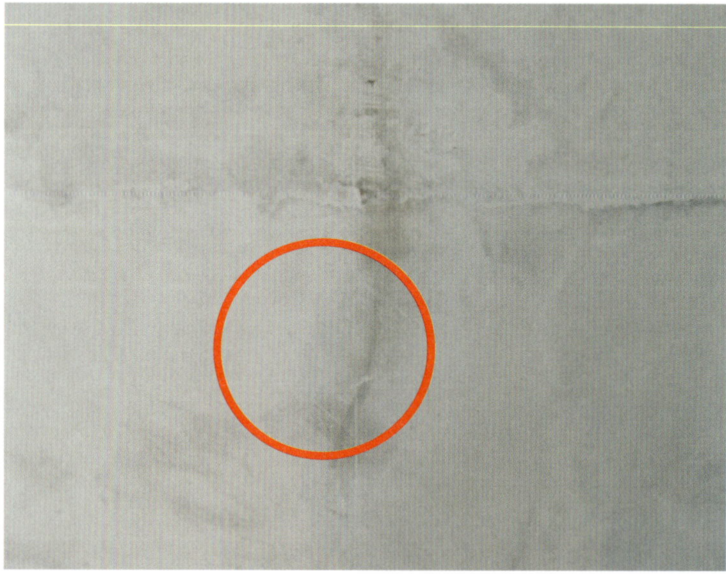

Bild 7.11: Betonkosmetik – Sichtbeton?

7.1.3 Treppen-Betonfertigteile

Sichtbetonflächen wurden komplett „bearbeitet“, sodass der Sichtbetoncharakter verloren ging.

Bild 7.12: Betonkosmetik – Sichtbeton?

Bild 7.13: Betonkosmetik – Sichtbeton?

7.1.4 Decken: sichtbare Abstandhalter

Bild 7.14: Betonkosmetik – sichtbare Abstandhalter

7.1.5 Wände: sichtbare Abzeichnung der Stahlbewehrung

Bild 7.15: Betonkosmetik – Farblasur-Probefläche

7.1.6 Wände mit einer Farblasur

Bei der in den folgenden Bildern dargestellten „Betonkosmetik“ mit Farb-Lasur ist zu hinterfragen, ob das Ergebnis der Leistung noch als „Sichtbeton“ zu betrachten ist.

Bild 7.16: Betonkosmetik – Farblasur

Bild 7.17: Betonkosmetik – Farblasur

Bild 7.18: Betonkosmetik – Farblasur

EKSKLUSIVE FERIEBOLIGER TIL SALG
SORT
SALG OG INFORMATION:
KUBEN BYG A/S • TLF. 98 77 88 99 • WWW.

8 Beispiele

In diesem Kapitel wird eine Auswahl von „typischen“ Streitfällen zum Thema „Sichtbeton“ beschrieben.

Sichtbeton ist ein sehr sensibles Thema, bei dem oft mit vielen Emotionen „gestritten“ wird – aufgrund unterschiedlicher Interpretation der Erwartung und des Ergebnisses. Vertrag (Auftrag) kommt von „vertragen“. Voraussetzung ist aber eine eindeutige Sichtbeton-Planung vor Auftragserteilung (siehe Kapitel 2.6 und 3.1.1.1.5).

Aus langjährigen Erfahrung des Autors als ö.b.u.v. Sachverständiger entstehen die Sichtbeton-Fehler nicht erst am Bau, sondern bereits in den Köpfen der:

- Bauherren/Auftraggeber
- Projektsteuerer
- Planer
- Bauleiter
- Hochschullehrer [3.4]

Bild 8.1: Falsche Lagerung der Sichtbeton-Fertigteile

8.1 Ortbeton

8.1.1 Sichtbetonklasse SB 2 erfüllt?

Erscheinungsbild

Bei einem Doppelhaus hatte die Bauherrin Decken und Stützen in Sichtbeton gewünscht. Der Architekt hatte dafür Sichtbetonklasse SB 2 ausgeschrieben. Diese Leistung wurde beauftragt.

Nach Baufertigstellung beanstandete die Bauherrin u.a.:

- nicht fachgerechte Ausbesserungsstellen
- Holzreste
- Rostflecken
- ausgemagerte Schalungsfugen
- Schalungsversätze
- Wolkenbildungen
- Abplatzungen an der Oberfläche
- Abdrücke der Abstandhalter

Ein Gutachter bestätigte der Bauherrin, dass die Sichtbetonklasse SB 2 nicht erreicht wurde und empfahl eine komplette Spachtelung einschließlich farbtechnischer Überarbeitung der Sichtbetonflächen. Die Bauherrin zahlte daraufhin nur einen Teil der Rechnung, woraufhin das Bauunternehmen auf Zahlung des Werklohns klagte.

Bild 8.2: Holzreste

Bild 8.3: Schalungsfuge

Bild 8.4: Gesamteindruck

Bild 8.5: „Wolkenbildung“

Gutachterliche Einstufung

Sichtbetonklasse SB 2: siehe Kapitel 3.1.1.1.2
Herstellungstechnische Grenzen: siehe Kapitel 3.1.1.2
Matrix zu Mängeln: siehe Kapitel 4.3.3
Sichtbeton Gewichtung: siehe Kapitel 4.3.4

Zusätzliche technische Vertragsbedingungen zum Thema Sichtbeton waren nicht vereinbart, eine Sichtbetonplanung lag nicht vor. Da ausschließlich das DBV/VDZ-Merkblatt „Sichtbeton" vereinbart worden war, wies der hinzugezogene ö.b.u.v. Sachverständige auf die „herstellungstechnischen Sichtbeton-Grenzen" hin.

Ein SOLL-IST-Vergleich (Vereinbarung ./. Ausführung) ist in Tabelle 8.1 zu finden.

Zusammenfassung

Die Anforderungen aus der Sichtbetonklasse SB 2 waren erfüllt. Es liegen keine wesentlichen Mängel vor. Die Bauherrin wusste (nach ihrer Aussage) nicht, dass es auch höhere Sichtbetonklassen gibt, die auch entsprechend vergütet werden müssen (ca. 25 % teurer)!

Vorbeugung

Der Architekt, als Berater der Bauherren, muss den Bauherren über die Möglichkeiten und Grenzen beim Einsatz bestimmter Baustoffe aufklären. So ist bei hohen optischen Anforderungen die Wahl einer höheren Sichtbetonklasse erforderlich. Der Hinweis auf das DBV/VDZ-Merkblatt „Sichtbeton" allein reicht nicht aus.

Werden hohe Anforderungen, z.B. an Farbtongleichheit gestellt, so sind diese zu vereinbaren. Zudem ist immer eine ausführliche Ausführungsplanung gem. DIN 1356 [1.7] (siehe auch „Schalungsmusterplan") erforderlich.

Die hohen Anforderungen an Sichtbeton erfordern eine erhöhte Betreuung vor Ort durch die Bauleitung, die auch als „besondere Leistung" vergütet werden muss.

Tabelle 8.1: SOLL-IST-Vergleich „Sichtbeton"-Ausführung

	Beanstandungen	DBV-Merkblatt „Sichtbeton" (2004)	Bemerkungen
1	nicht fachgerechte Ausbesserungsstellen	Abs. 7.4.2.: „Mängelbeseitigungen erfordern große Sorgfalt und bleiben in der Regel auch bei Ausführungen mit größtem handwerklichen Geschick als solche erkennbar. Aus diesem Grund ist im Einzelfall zu prüfen, ob der Aufwand gerechtfertigt ist."	JA, die vorhandenen Ausbesserungen sind nicht im gleichen Farbton ausgeführt wie die vorhandenen Sichtbetonflächen.
2	Holzreste		Vorhanden sind zwei „Holzreste", ca. 10 x 10 mm, kaum sichtbar.
3	„Rostflecken"	Abs. 5.2.2: *„Sollen Rostflecken an der Untersicht von horizontalen Flächen vermieden werden, so ist dies unter Berücksichtigung des Baustellenablaufs, u.a. nur durch den Einsatz von verzinkter Bewehrung, zu erreichen. Eine entsprechende Position ist in das Leistungsverzeichnis aufzunehmen."* Abs. 6.2.4: *„Bei längeren Standzeiten besteht die Gefahr, dass Rostpartikel vom Bewehrungsstahl auf die Schalung fallen und nicht entfernt werden können."* Abs. 5.1.2.: *„Vermeidung von Rostspuren an Untersichten von horizontalen Bauteilen nur eingeschränkt möglich".*	Die vorhandenen ca. zwei „Rostflecken" sind stecknadelgroß und kaum wahrnehmbar.
4	„Ausblutungen an den Schalungsfugen" hier: Schalhautstoß	Je nach Sichtbetonklasse sind Abweichungen zulässig. Texturen, Schalhautstoß Abs. 5.1.2: „Eine Texturgleichheit im Bereich der Schalungsstöße technisch nicht zielsicher herstellbar".	
5	„Schalungsversätze" hier: Versatz der Schalhautstöße	Je nach Sichtbetonklasse sind Versätze zulässig. Schalenstöße	Vorhandene Schalungsversätze $\leq$ 3 mm
6	Kalkausblühungen, Wolkenbildung	Je nach Sichtbetonklasse sind Farbabweichungen zulässig. Farbtongleichmäßigkeit Abs. 5.1.2: – „Gleichmäßiger Farbton nicht zielsicher herstellbar" – „Wolkenbildungen und Marmorierungen nur eingeschränkt vermeidbar"	
7	Abplatzungen an der Oberfläche		Die vorhandenen ca. zwei Abplatzungen sind ca. 30 x 30 mm groß und auszubessern.
8	Abdrücke an der Oberfläche – Abstandhalter	Abs. 6.2.: „Die Auflagerungspunkte und -flächen der Abstandshalter sind im Allgemeinen an der Betonfläche erkennbar."	
9	„Risse"		„Risse" können nicht verhindert werden, sie gehören zum Bemessungsprinzip der Stahlbetonbauweise gemäß DIN 1045.
10	„Schuhabdrücke"		Die Schuhabdrücke ergeben sich beim Begehen der mit „Trennmittel" versehenen Deckenschalung. Erforderlich: „Betonkosmetik"

8.1.2 Sichtbetonklasse SB 4 erfüllt?

Erscheinungsbild

Für den Neubau einer Botschaft wurde Sichtbeton für die Wände des EG-Empfangsbereichs sowie sämtliche Flurdecken entsprechend Sichtbetonklasse SB 4 gemäß DBV/VDZ-Merkblatt „Sichtbeton“ vereinbart. Ende September waren die EG-Wände in der Atrium-Halle fertiggestellt. Schüttlagen sowie unterschiedliche Farbnuancen als „Wolkenbildung“ waren deutlich erkennbar.

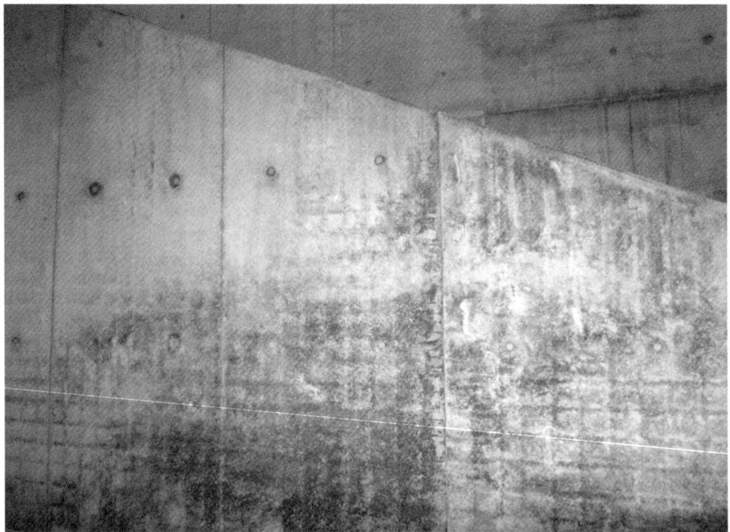

Bild 8.6: Abzeichnende Bewehrung: SB 4

Bild 8.7: Schüttlagen: SB 4

An den Decken über dem Erdgeschoss zeichneten sich deutlich die s-förmigen Abstandhalter ab. Außerdem waren stark unterschiedliche Farbtöne erkennbar. Unter der Annahme, dass sich der Farbton im „Trocknungsprozess" aufhellt, wurde auf einen Abbruch verzichtet.

Die Decke im Eingangsbereich, strukturiert durch Sichtbetonunterzüge entsprechend Sichtbetonklasse SB 4, wies ebenfalls Abdrücke der Abstandhalter und zusätzlich Rostflecken auf.

Im Mai des nächsten Jahres erfolgte eine erneute Sichtbeton-Bewertung. Inzwischen waren drei weitere Geschosse und das Dach betoniert. Die Trockenbauer und Estrichleger hatten ihre Arbeiten bereits abgeschlossen. Die beanstandete Wand wurde inzwischen zwar „betonkosmetisch" behandelt, trotzdem entsprachen die Flächen nicht der Sichtbetonklasse SB 4.

Gutachterliche Einstufung

Sichtbetonklasse SB4:	siehe Kapitel 3.1.1.1.4
Herstellungstechnische Grenzen:	siehe Kapitel 3.1.1.2
Matrix zu den Mängeln:	siehe Kapitel 4.3.3
Sichtbeton Gewichtung:	siehe Kapitel 4.3.4

Zusätzliche technische Vertragsbedingungen zum Thema Sichtbeton waren nicht vereinbart, eine Sichtbetonplanung lag nicht vor. Da ausschließlich das DBV/VDZ-Merkblatt „Sichtbeton" vereinbart worden war, wies die ausführende Baufirma auf die „herstellungstechnischen Sichtbeton-Grenzen" (siehe Kapitel 3.1.1.2) hin.

Die zu betrachtenden Flächen sind in einem „gebrauchsüblichen Abstand" zu bewerten. Wenn der Gesamteindruck mit dem üblichen Abstand „stimmt", brauchen die Einzelkriterien (i.d.R.) nicht überprüft werden. Wenn ein Arbeitsgerüst die Sicht versperrt, muss die Fassade ggf. auch vom Gerüst aus besichtigt werden, d.h. aus „nächster Nähe" (kein üblicher Betrachtungsabstand). Wird darauf verzichtet und eine Besichtigung der Fassade findet erst nach dem Abrüsten statt, ist „Streit" vorprogrammiert, da erst dann „verdeckte" Mängel sichtbar werden.

Ergebnis

Die Anforderungen der Sichtbetonklasse SB 4 wurden hier nicht erfüllt.

Bild 8.8: Farbtonabweichung Sichtbetonklasse SB 4?

Beseitigung

Mit allen Verantwortlichen wurde vereinbart, sämtliche Sichtbetonflächen, die den Anforderungen der Sichtbetonklasse SB 4 entsprechen sollten, „betonkosmetisch" zu behandeln und anschließend mit einer Lasur zu versehen, damit der Farbton weitestgehend gleichmäßig aussieht.

Vorbeugung

Der Architekt, als Berater der Bauherren, muss den Bauherren über die Möglichkeiten und Grenzen beim Einsatz bestimmter Baustoffe aufklären. Bei deutlichen Abweichungen muss er sofort einschreiten und ggf. das Bauteil abbrechen lassen. Dies setzt jedoch Durchsetzungsvermögen voraus, da ggf. mit einem Bauverzug und einem Rechtsstreit zu rechnen ist.

Hinweis:
Der Mangel ist nicht nur vom ausführenden Unternehmen zu verantworten, es liegen auch Planungs- und Bauleitungsfehler vor!

8.1.3 Minderung aufgrund Gewichtung

Erscheinungsbild

Die Ausschreibung bei einem repräsentativen Gebäude enthielt keine Beschreibung der erwarteten Sichtbeton-Qualität (Planung, Ausführung). Im Leistungsverzeichnis befand sich nur der Hinweis: „Sichtbeton nach Merkblatt Sichtbeton: Sichtbetonklasse SB 3“

Beanstandet wurden vom Auftraggeber u.a.:

- starke Marmorierungen/Farbunterschiede
- großflächig „andersfarbige“ Spachtelungen
- Ausführung der Arbeitsfugen

Gutachterliche Einstufung

Die Anforderungen der Sichtbetonklasse SB 3 wurden nicht erfüllt. Nach dieser Feststellung wollten beide Parteien (Auftraggeber und Auftragnehmer) einen möglichen Minderungsbetrag wissen. Der beauftragte ö.b.u.v. Sachverständige ermittelte eine technische Minderung, da eine Aussage zu einer Wertminderung Juristen überlassen bleiben muss.

Wenn keine Sichtbetonklassen gemäß DBV/VDZ-Merkblatt „Sichtbeton“ [2.1.1] vereinbart wurden, kann ein Bauteil im Nachhinein wie folgt einer Sichtbetonklasse zugeordnet werden:

- Spalte 4: SB 4 – Vorzeigebereich, höchste Ansprüche
- Spalte 3: SB 3 – Vorzeigebereich
- Spalte 2: SB 2 – Normalbereich
- Spalte 1: SB 1 – Nebenbereich

Die Berechnung einer technischen Minderung wird in Tabelle 8.2 unter Zugrundelegung der Sichtbetonklasse SB 3 dargestellt. Die Werte der Spalte 6 ergeben sich als Produkt der Spalten 3 und 5.

Die Sichtbetonklassen (SB 1 bis SB 4) sind dem DBV/VDZ-Merkblatt „Sichtbeton“ [2.1.1] entnommen. Die Skalierung (Spalte 5) erfolgt gemäß Kapitel 4.3.5. Die Gewichtung (Zeile A/B) erfolgt gemäß Kapitel 4.3.4. Die Berechnung ergibt, dass eine technische Minderung in Höhe von 24,5 % vorliegt.

Es sei noch einmal darauf hingewiesen, dass das Verfahren der langjährigen Erfahrung eines ö.b.u.v. Sichtbeton-Sachverständigen bedarf. Einfacher ist es, bei einer evtl. Sichtbetonminderung auf den sogenannten Sichtbetonzuschlag zu verzichten.

Tabelle 8.2: Sichtbeton-Beurteilung unter Zugrundelegung der Sichtbetonklasse SB 3 (Muster, d.h. nicht auf jedes Bauteil übertragbar)

Spalte/ Zeile	Sichtbeton-Fassade	Gewichtung Sichtbetonklassen				Abweichung siehe Skalierung	Berechnung der Minderung
		SB 1	SB 2	SB 3	SB 4	[%]	[%]
		1	2	3	4	5	6 = Spalte 3 · Spalte 5
A	Gebrauchsfunktion [%]	60	50	40	30		
1	Standsicherheit						
2	Wetterschutz						
3	Wärmedämmung						
4	Schallschutz						
B	Geltungsfunktion [%]	40	50	60	70		
5	Textur/ Schalelementstoß	T1	T2	T2	T3		
		6	8	10	12	0,10	1,0
6	Porigkeit	P1	P2	P3	P4		
		3	4	5	6	0,10	0,5
7	Farbton-gleichmäßigkeit	FT1	FT2	FT2	FT3		
		22	26	30	34	0,60	18,0
8	Ebenheit	E1	E1	E2	E3		
		3	4	5	6	0,20	1,0
9	Arbeits- und Schalhautfugen	AF1	AF2	AF3	AF4		
		6	8	10	12	0,40	4,0
	Summe [%]	100	100	100	100		
	Summe technische Minderung						24,5

Wer den in diesem Fall vorliegenden Mangel zu verantworten hat (Planungs-, Bauleitungs- und/oder Ausführungsfehler), ist gesondert zu ermitteln (siehe Kapitel 4.3.6). Weitere Beispiele enthält das Buch „Sichtbeton-Mängel“ [3.2].

Vorbeugung:
Anspruchsvolle Sichtbetonobjekte bedürfen nicht nur einer sehr aufwendigen Sichtbeton-Planung, sondern fortgeschrittener Kenntnisse in der Baustoffkunde und Baukonstruktion. Bei repräsentativen Bauvorhaben ist es empfehlenswert, einen zusätzlichen Sichtbeton-Sachverständigen (ö.b.u.v.) als Berater oder Schiedsgutachter hinzuzuziehen!

8.1.4 Ripplings

8.1.4.1 Ripplings: Schulneubau

Ein Schulneubau wurde komplett in Sichtbeton SB 3 innen und außen (Fassade) geplant. In allen Klassenzimmern traten an den Decken und Wänden „Ripplings“ auf, die sowohl der Bauherr als auch der Architekt beanstandeten.

Gutachterliche Einstufung

Ripplings sind wellenförmige Vertiefungen an der Betonoberfläche, i.d.R. verursacht durch Quellerscheinungen aufgrund erhöhter Feuchtigkeit an den Schalhautstößen. Leider kommt es auch vor, dass „minderwertige“, d.h. ungeeignete Schalplatten verwendet werden, die Risse an der Oberfläche aufweisen und ebenfalls Ripplings verursachen, wie die nachfolgenden Bilder zeigen.

Gemäß DBV/VDZ-Merkblatt „Sichtbeton“ sind Ripplings nicht zulässig für:

- SB 3 – siehe Kapitel 3.1.1.1.3
- SB 4 – siehe Kapitel 3.1.1.1.4

Ein sachkundiger Bauleiter hätte die Arbeiten spätestens nach dem ersten Raum stoppen müssen und nicht das gesamte Gebäude in der Art ausführen lassen dürfen. Da nützt auch der umfangreiche Schriftverkehr mit Mängelrügen wenig.

Bild 8.9: Rippling am Schalhautstoß

Bild 8.10: Ripplings: Vertiefungen auf der Betonoberfläche

Bild 8.11: Ripplings...

Bild 8.12: ...auf der gesamten Wandfläche

Bild 8.13: Ripplings...

Bild 8.14: ...auf der gesamten Deckenfläche

8.1.4.2 Ripplings: Einfamilienhaus

Die Innenwände eines Einfamilienhauses wurden in Sichtbeton SB 2 geplant und ausgeführt. Der Bauherr beanstandete die vorhandenen „Ripplings“. Die Schalung bestand aus original-indonesischen Vorsatzschalen „FEPCO“ d = 4 mm mit den Abmessungen 125 cm x 250 cm.

Betoniertage der Sichtbetonwände waren der 25.09.2015 sowie der 05.10.2015:

- Wetter 25.09.2015: 18°C, trocken, sonnig
- Wetter 05.10.2015: 20°C, trocken, sonnig

Gutachterliche Einstufung

Gemäß DBV/BDZ-Merkblatt „Sichtbeton" sind Ripplings zulässig für SB 2 (siehe Kapitel 3.1.1.1.2):

„Aufquellen der Schalungshaut in Schraub- bzw. Nagelbereichen oder Welligkeiten an Kantenflächen („Ripplings")"

Streitfrage war, ob diese Vertiefungen auch über die gesamte Fläche zulässig sind.

Vertiefungen „Ripplings" entstehen nicht nur an Verbindungsbereichen oder Kanten, sondern auch auf der gesamten Sichtbetonoberfläche, wenn die Schalung kleine, feine kaum sichtbare Risse aufweisen. Beim Betonieren dringt Feuchtigkeit in die Schalhautoberfläche ein und bewirkt ein feines Aufquellen, das zum o.g. Erscheinungsbild führt. Aus einem Abstand von ca. 1,50 m und der Betrachtung im „rechten Winkel" sind diese Vertiefungen kaum wahrnehmbar, d.h. erst beim Nähertreten und mit seitlichem Tageslicht (Streiflicht) sind sie deutlich wahrnehmbar.

Bild 8.15: Innenwände

Bild 8.16: Ripplings: Vertiefungen

8.1.4.3 Ripplings: Ursache

Bild 8.17: Aufgequollene Schalung

Bild 8.18: Risse auf Oberfläche Schalplatten

8.1.5 Schalung

8.1.5.1 Schalungsmatrizen

Erscheinungsbild

Die Wände eines Neubaus erhielten eine profilierte Sichtbeton-Oberfläche. Diese Sichtbetonflächen waren außerordentlich gut gelungen (siehe Bild 8.19) im Gegensatz zu den glatt geschalten Sichtbetonflächen. Nur bei genauem Hinsehen sind vereinzelt „Fehlstellen“ im Stoßbereich der Schalungsmatrizen sichtbar (siehe Bild 8.20).

Gutachterliche Einstufung

Die Betonoberfläche ist das Spiegelbild der Schalung (hier Schalungsmatrizen)! Die Hersteller der Matrizen weisen u.a. auf Folgendes hin:

„Trotz sorgfältigster Verarbeitung sind durch material- und fertigungstechnische Eigenheiten Toleranzen in den Rückenstärken der Matrizen von einigen Millimetern nicht auszuschließen und dies sowohl innerhalb einer Matrize als auch von Matrize zu Matrize.

Lose ausgelegte Matrizen unterliegen wie alle elastischen Materialien bei Temperaturschwankungen natürlichen Dehnungen und Verkürzungen. Durch Stauchen oder Recken aber auch durch Erwärmung oder Abkühlung sind diese geringfügigen Maßänderungen im Regelfall leicht wieder auszugleichen.“

Ein Sachkundiger stellte – bei Unterschreitung des üblichen Betrachtungsabstands – „Fehlstellen“ im Stoßbereich der Schalungsmatrizen fest, die den Gesamteindruck der Sichtbetonfläche nicht negativ beeinflussen.

Bild 8.19: Gelungene Sichtbetonoberfläche

Bild 8.20: „Fehlstellen“ im Stoßbereich

8.1.5.2 Holz-Schalung

Bild 8.21: Schüttlagen

Bild 8.22: Sichtbare Schalungsbefestigung

8.1.6 Dichtigkeit der Schalhautstöße

8.1.6.1 Betonkanten-Ausbildung

Erscheinungsbild

Ecken und Kanten von Sichtbetonwänden,Sichtbetonstützen usw. sollten den gleichen Farbton aufweisen wie die Fläche selbst. Dies ist bei diesem Projekt – wie leider häufig – nicht der Fall.

Gutachterliche Einstufung

Dreikantleisten aus Kunststoff werden bei glatter Schalung gern zur „Brechung“ von scharfkantigen Kanten verwendet.

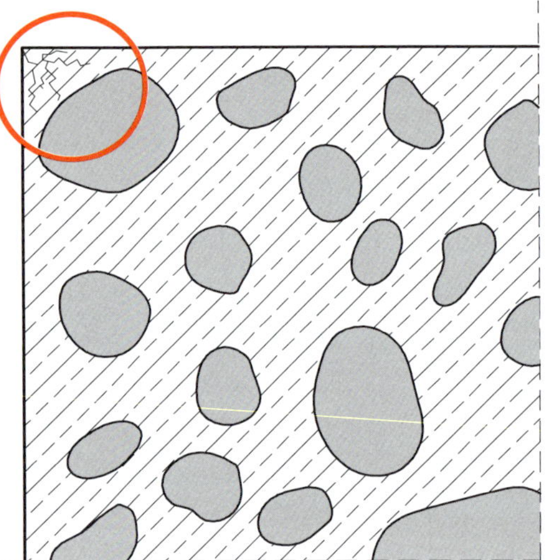

Bild 8.23: Betonkante „instabil“ (Gesteinskörnung mit Bindemittel)

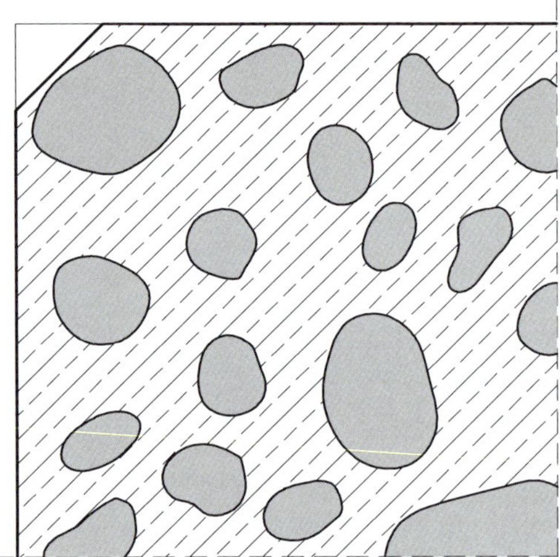

Bild 8.24: Betonkante mit Dreikantleiste

Bild 8.25: Innenstützen

Bild 8.26: ...mit Kiesnester

Dabei wird oft der Fehler begangen, die Dreikantleisten zu nageln statt zu verschrauben. Der Nagelabstand von der Kante ist zu groß, sodass bei Druck (Betoniervorgang) aufgrund des „Kragarms“ die Stosskante der Dreikantleiste auseinander geht und Zementschlämme entweicht. Als Folge treten Kiesnester auf. Ähnlich verhält es sich bei der Ankerdehnung, wenn sich die Schalhautfuge geringfügig öffnet.

Die Betonkante ist nur mit Feinteilen gefüllt. Sie ist das Teil mit der geringsten Festigkeit. Während der Nutzung ist sie am stärksten anfällig für Beschädigungen. Beim Ausschalen lässt sich auch bei größter Sorgfalt ein bereichsweises Abbrechen der Kante nicht verhindern.

Bild 8.27: scharfkantige Ecken

Bild 8.28: undichte Schalungsfuge

Bild 8.29: scharfkantige Ecken

Bild 8.30: undichte Schalungsfuge

8.1.7 Schuhabdrücke

Schuhabdrücke entstehen beim Begehen der mit Trennmittel versehenen Deckenschalung. Als Folge zeigen sich an der Deckenuntersicht nach dem Ausschalen die spiegelbildlichen Schuhabdrücke. Schuhabdrücke sind handwerkliche Fehler und vermeidbar. Es gibt sogenannte „Schuhüberzieher“, mit denen die Schmutzabdrücke beim Betreten der Deckenschalung vermieden werden können.

Die Stahlbewehrung wird heutzutage i.d.R. von „billigen“ Nachunternehmern verlegt, die ihre Leistungen im Akkord erbringen. Daher nehmen sich diese Unternehmen oft nicht die Zeit, erhöhten Aufwand wie das Anlegen von Schuhüberziehern zu treiben. Auch eine Sichtbeton-Bauleitung stellt einen erhöhten Aufwand („Besondere Leistung“) dar, zu deren Aufgabe u.a. die Kontrolle solcher Maßnahmen zählt.

Treten solche Schuhabdrücke auf, wird aber eine aufwendige „Betonkosmetik“ (siehe Kapitel 7) erforderlich, die auch wieder einen besonderen Aufwand darstellt.

Bild 8.31: Begehung der Schalung/Trennmittel

Bild 8.32: Schuhabdrücke auf Schalung

Bild 8.33: Schuhabdrücke an Decke

8.1.8 Treppen aus Ortbeton

8.1.8.1 Innentreppen

Treppen aus Sichtbeton liegen „voll im Trend“. In Ortbetonbauweise erstellt ist die Deckenunterseite die „eingeschalte“ Seite (im Gegensatz zur Einfüllseite, siehe Kapitel 8.2.6) und somit hochwertiger. Auf den Schallschutz (Trittschall-Entkoppelung) ist besonders zu achten. Die Oberseite, d.h. Tritt- und Setzstufe, werden i.d.R. mit einem Treppenbelag versehen.

Bild 8.34: Treppen-Unterseite

8.2 Fertigteile

8.2.1 Sichtbeton – Beschaffenheitsvereinbarung

Erscheinungsbild

Bei einem Flughafenneubau erhielt der Generalauftragnehmer den Auftrag, die Betonfertigteile in Sichtbetonqualität herzustellen und einzubauen. Aufgrund unterschiedlicher Auffassung zur Ausführbarkeit von Sichtbeton meldete der Auftragnehmer „Bedenken“ an. Zwischenzeitlich wurden aufgrund diverser Mängelanzeigen einige Sichtbeton-Fertigteile auf Anweisung des Auftraggebers wieder entfernt.

Gutachterliche Einstufung

In erster Linie stellt sich die Frage: „Welche Forderungen des Bauherrn sind zwingend zu erbringen?"

Grundsätzlich sind alle Leistungen zwingend zu erbringen, die die „vereinbarte Beschaffenheit" gewährleisten (sogenannte „Beschaffenheitsvereinbarung"). Nach „neuem Recht" stellt jede Abweichung von der vertraglich vereinbarten Beschaffenheit, unabhängig von der Auswirkung auf die Gebrauchstauglichkeit, einen Mangel dar (BGB § 633). Der Hinweis auf das DBV/VDZ-Merkblatt „Sichtbeton" [2.1.1] reicht allein nicht aus, da es keine vertraglichen Vorgaben regelt, sondern lediglich eine Hilfe für den ausführenden Unternehmer, den ausschreibenden Architekten und den beurteilenden Sachverständigen darstellt.

Das Leistungsverzeichnis bestimmt das Bau-„SOLL" (d.h. das „WIE" der Maßnahmen). Gleichzeitig wird im Leistungsverzeichnis in den „Zusätzlichen Technische Vertragsbedingungen" (ZTV) in Verbindung mit den DIN-Vorschriften, Merkblättern usw. das zu erreichende „ZIEL" der Maßnahmen („optische Anforderungen") geregelt.

Hier wurden in den ZTV Anforderungen an die Sichtbeton-Oberflächen gestellt, die technisch und optisch nicht erfüllbar sind.

Beispielsweise wurde im Leistungsverzeichnis die völlige Farbgleichheit aller Flächen gefordert. Die Herstellung einer völligen Farbgleichheit ist objektiv unmöglich. Dies wird u.a. im DBV/VDZ Merkblatt „Sichtbeton" [2.1.1] ausdrücklich bestätigt. Im DBV/VDZ-Merkblatt „Sichtbeton" wird auf folgendes hingewiesen:

„Farbtonunterschiede und Verfärbungen sind auch bei größter handwerklicher Sorgfalt und bei Einhaltung der Vorgaben nicht gänzlich auszuschließen."

Dies hat jedoch lediglich technische, nicht jedoch rechtliche Bedeutung. Rechtlich bleibt der Auftragnehmer zur Leistungserbringung gemäß §§ 275, 311a BGB verpflichtet. Das heißt, rechtlich hat der Auftragnehmer auch „Unmögliches" zu leisten. Soweit der Auftragnehmer diese vertragliche Leistung nicht erbringen kann, ist er zum Schadensersatz („Mängelbeseitigung") verpflichtet. Nach neuer Rechtsprechung nach der Schuldrechtsreform stellt jede Abweichung vom Leistungsverzeichnis und von der Leistungsbeschreibung einen Mangel dar (§ 633 BGB). In diesem Fall hat der Auftragnehmer deshalb grundsätzlich die im Leistungsverzeichnis und den ZTV genannten Vorgaben zu erfüllen. Nach Ansicht des Sachverständigen ist diese Problematik nur durch rechtzeitige Bedenkenanmeldung gemäß VOB/B [1.8] § 4.3 abzuwenden.

Dies stellt jedoch eine Rechtsfrage dar und kann deshalb von einem Sachverständigen nicht abschließend beantwortet werden. Zur abschließenden Klärung empfiehlt der Sachverständige die Hinzuziehung eines mit dem Thema Sichtbeton fachspezifisch erfahrenen Rechtsanwalts. Dabei stellen sich die Fragen: „Welche Forderungen des Bauherrn stehen im Widerspruch zueinander?" und daraus folgend „Welche Forderungen des Bauherrn sind nicht vertraglich geschuldet, da nicht zielsicher herstellbar?" Nach geltendem Recht führt allein die Beschreibung von Qualitätsmerkmalen dazu, dass eine Beschaffenheitsvereinbarung vorliegt. Gelingt es dem Auftragnehmer nicht, die versprochenen Merkmale zu liefern, liegt ein Mangel vor.

Im vorliegenden Fall wurden in den ZTV für Sichtbeton-Fertigteile unter Pkt. 9.4.3 die Sichtbetonklasse SB 3 gem. DBV/VDZ-Merkblatt „Sichtbeton" und in den Absätzen 9.4.5 sowie 9.4.6 die zusammengefassten Anforderungen vereinbart.

Hinweis:
Gemäß Generalunternehmer-Vertrag bestimmen die ZTV „Sichtbeton-Fertigteile" die Anforderungen an die am Bauvorhaben auszuführenden Sichtbeton-Fertigteile.

In Ziff. 9.4.3 wird für geschalte Oberflächen die Sichtbetonklasse SB 3 vorgegeben. Das DBV/VDZ-Merkblatt „Sichtbeton" [2.1.1] findet nur für Beton- und Stahlbetonarbeiten (Ortbeton) Anwendung, nicht jedoch für Betonteile in Fertigteilwerken. Hintergrund hierfür ist, dass bei Betonbauteilen aus Fertigteilen regelmäßig keine Einteilung in Sichtbetonklassen erfolgt. Darauf wird ausdrücklich im FDB-Merkblatt „Sichtbetonoberflächen von Fertigteilen aus Beton und Stahlbeton" [2.2.1] in Ziff. 3.2-4 hingewiesen. Auch hier steht deshalb der Generalunternehmer-Vertrag im Widerspruch zu den Anerkannten Regeln der Technik.

Damit kommt man zu der Frage, welche der Forderungen Vorrang bei einem Widerspruch haben. Im Generalunternehmer-Vertrag steht:

„Im Falle von Unvollständigkeiten und Widersprüchen findet die Regelung des § 1 Nr. 2 VOB/B Anwendung. Sofern Leistungen in der Anlage beschrieben sind und diese Leistungen in anderen Anlagen nicht beschrieben sind, stellt dies keinen Widerspruch im Sinne der vorbenannten Rangfolgeregelung dar."

Gemäß VOB/B [1.8] § 1 Nr. 2 wird das Auftreten von Widersprüchen wie folgt geregelt:

„Bei Widersprüchen im Vertrag gelten nacheinander:

a) die Leistungsbeschreibung
b) die Besonderen Vertragsbedingungen
c) etwaige Zusätzliche Vertragsbedingungen
d) etwaige Zusätzliche Technische Vertragsbedingungen
e) die Allgemeinen Technischen Vertragsbedingungen für Bauleistungen
f) die Allgemeinen Vertragsbedingungen für die Ausführung von Bauleistungen"

Im Generalunternehmer-Vertrag befindet sich keine ausdrücklich vereinbarte Rangfolge. Deshalb kommt die VOB/B zur Anwendung. Dies bedeutet, dass Leistungsverzeichnis

Tabelle 8.3: Anforderungen an die Betonfertigteile gemäß den ZTV

ZTV-Absatz	„SOLL“ gemäß ZTV	Bemerkungen / Widerspruch
9.4.5	„Füllseiten – geglättet, sodass die Sichtbetonqualität, -klasse derjenigen der geschalten Oberflächen entspricht.“	Diese Forderung ist nicht realisierbar, da die Füllseite (entgegen der ausgeschalten Seite) mit der Hand bearbeitet, z.B. geglättet, wird.
9.4.6-1	„Farbgleichheit an allen sichtbaren unbehandelten Betonflächen“	Widerspricht dem DBV/VDZ-Merkblatt „Sichtbeton“ [2.1.1], Tab. 2, Zeile 3. Danach ist selbst bei „FT2“ „eine gleichmäßige, großflächige Hell-/Dunkelverfärbung“ zulässig. Gemäß DBV/VDZ-Merkblatt-Nr. 1 [2.1], Pkt. 5.3–10 ist ein „gleichmäßiger Farbton aller Ansichtsflächen am Bauwerk“ nicht zielsicher herstellbar.
9.4.6-2	„Einheitliche Porenerscheinung“ (Porengröße und Porenverteilung)	DBV/VDZ-Merkblatt „Sichtbeton“ [2.1.1], Tab. 1, unterscheidet zwischen s = saugende und n_s = nicht saugende Schalhaut. Widerspricht Tab. 4 „P3“: danach ist „ein gleichmäßiger Porenanteil von ca. 1.500 mm^2“ zulässig. Gemäß DBV/VDZ-Merkblatt Nr. 1 [2.1], Pkt. 5.3-3 ist: „eine Porenanhäufung zu tolerieren“ und gem. Pkt. 5.3-11 „eine porenfreie Ansichtsfläche nicht zielsicher herstellbar.“
9.4.6-3	„frei von Wolkenerscheinungen sowie mittelfristig auftretender Ausblühungen“	Widerspricht DBV/VDZ-Merkblatt „Sichtbeton“ [2.1.1], Tab. 2, Zeile 3: „FT2“ (< „FT3“) danach ist eine „leichte Wolkenbildung, geringe Farbtonabweichungen“ zulässig. Gemäß DBV/VDZ-Merkblatt Nr. 1 [2.1], Pkt. 5.3-7 sind: „vereinzelte Kalkfahnen und Ausblühungen“ zu tolerieren.
9.4.6-4	„keine sichtbaren Arbeitsfugen“	Widerspricht DBV/VDZ-Merkblatt „Sichtbeton“ [2.1.1], Tab. 2, Zeile 5. Nach „AF3“ ist ein „Versatz der Flächen zwischen zwei Betonierabschnitten bis ca. 5 mm“ zulässig.
9.4.6-5	„keine sichtbaren Nagelstellen, Grate oder Betonwarzen“	Widerspricht DBV/VDZ-Merkblatt „Sichtbeton“ [2.1.1], Tab. 3, Zeile 1. Nach „T2“: „Höhe verbleibender Grate bis ca. 5 mm“ zulässig. Nagelstellen (Betonwarzen) sind nicht vermeidbar, wenn sie nicht vorher „versenkt“ ausgeführt und „gespachtelt“ wurden. Die Leistungen „versenken“ und „spachteln“ sind gem. § 9 VOB/A [1.9] auszuschreiben. Vorliegend sind diese Leistungen im LV nicht ausgeschrieben.
9.4.6-6	„Betonabstandhalter dürfen sich auch nach abschließender Oberflächenbehandlung nicht abzeichnen.“	Sichtbetonflächen erhalten in der Regel keine „abschließende Oberflächenbehandlung“. Es sei denn, dass dies zusätzlich vereinbart wurde. Gemäß DBV/VDZ-Merkblatt Nr. 1 [2.1], Pkt. 5.3-4 sind sich abzeichnende Abstandhalter zu tolerieren. Es ist nicht auszuschließen, dass sich Betonabstandhalter vereinzelt an der Betonoberfläche abzeichnen, da sie einen direkten Kontakt zur Oberfläche haben. Es sei denn, dass zusätzlich vereinbart wurde, dass die Stahlbewehrung „abgehangen“ wird, sodass keine Abstandhalter erforderlich werden.

Tabelle 8.3: Anforderungen an die Betonfertigteile gemäß den ZTV *Fortsetzung*

ZTV-Absatz	„SOLL" gemäß ZTV	Bemerkungen / Widerspruch
9.4.6-7	„Freiheit von Haarrissen in Form von Oberflächennetzrissen (unbedenklich sind bei Außenbauteilen Risse mit einer Rissbreite bis zu 0,3 mm)."	„Risse" im Beton können grundsätzlich nicht vermieden werden. Sie gehören zum Bemessungsprinzip der Stahlbetonbauweise (DIN 1045 [1.4.1]). Auch Risse mit einer Breite von 0,3 mm können sich bei Außenbauteilen (in Verbindung mit Feuchtigkeit) deutlich abzeichnen.
9.4.6-8	„Betonschwindungen sind auf ein Minimum zu reduzieren."	Gemäß DBV/VDZ-Merkblatt-Nr. 1 [2.1], Pkt. 5.3-13 sind Oberflächen ohne Haarrisse nicht zielsicher herstellbar. Betonschwindungen können grundsätzlich nicht völlig vermieden werden. Gemäß Statik muss die sog. „Rissbreitenbegrenzung" berücksichtigt werden. Daher ist die „zulässige" Rissbreite vor Ausführung mit dem AG (und dem Planer) abzustimmen.
9.4.6-9	„Verwölbungen und Schalungsabsätze sind auszuschließen."	Gemäß DBV/VDZ-Merkblatt „Sichtbeton" [2.1.1], Tab. 2, Zeile 1: „T2" ist ein Schalungsversatz der Elementstöße bis ca. 5 mm zulässig.
9.4.6-10	„Mit Betonkosmetik ausgebesserte Fertigteile dürfen nicht eingebaut werden."	Gemäß DBV/VDZ-Merkblatt Nr. 1 [2.1], Pkt. 4-2, kann es „trotz größter Sorgfalt bei der Ausführung von Sichtbeton zu Fehlstellen kommen. Nach DIN 18217 ist deshalb eine material- und fachgerechte Ausführung zulässig". Wie eine fachgerechte Betonkosmetik erfolgt, ist ausführlich im Kommentar zur DIN 18217 [3.1] beschrieben.
9.4.6-11	„Sämtliche Sichtbetonflächen sind bis zur Gebrauchsabnahme wirksam zu schützen."	Der Schutz von Sichtbetonflächen ist sehr zeit- und kostenunterschiedlich auszuführen, z.B. mittels Folien (mit und ohne Abstand), Hartfaserplatten oder insbesondere der Kantenschutz von scharfkantigen Ecken. Daher ist eine eindeutige und erschöpfende Beschreibung erforderlich.
9.4.6-12	„Transportanker sind ohne vorherige Absprache mit dem AG nur an nicht sichtbaren Flächen sämtlich nachfolgend beschriebener Bauteile anzubringen."	Wenn Transportanker trotz vorheriger Absprache mit dem AG unvermeidbar sind, ist das Schließen der Anker (Material, Form usw.) vor Ausführung genau zu beschreiben!

und ZTV gleichberechtigt nebeneinander stehen (Zitat: *„Leistungsverzeichnis inkl. ZTV"*). Diese „Problematik" kann der Auftragnehmer nur bewältigen, indem er durch rechtzeitige Bedenkenanmeldung gemäß VOB/B [1.8] § 4.3 die vom Auftraggeber im Leistungsverzeichnis und ZTV vorhandenen Widersprüche und Unmöglichkeiten aufzeigt.

Vorbeugung

Da der Auftraggeber zur vollständigen und richtigen Ausschreibung verpflichtet ist (VOB/A § 9 [1.9]), hat er die Entscheidung darüber zu treffen, ob die Leistung durch veränderte Ausführung (ggf. Nachträge) oder eine Verringerung an die Anforderungen der Beschaffenheit des Sichtbetons (z.B. P1 anstatt P2) auszuführen ist.

8.2.2 Sichtbeton-Fertigteile

8.2.2.1 Balkondecken

Erscheinungsbild

Die Balkone einer großen Wohnanlage wurden unter Verwendung von Betonfertigteilen hergestellt. Es wurden folgende Punkte beanstandet:

1. Balkondecken

„Die Untersichten der Balkone (Balkondecken) erfüllen nicht die Anforderungen an eine Sichtbetonqualität, die mit „Sichtbeton in glattem Sichtbeton“ bezeichnet ist. Die Untersichten sind uneben, farblich uneinheitlich und fleckig.“

Bild 8.35: Balkondecken

Bild 8.36: Sog. „Einfüllseite“

2. Balkonfußboden

„Die Draufsichten der Balkone (Balkonfußboden) enthalten Transportankerlöcher, die unzureichend und nicht mit einer Sichtbetonqualität, die mit „glattem Sichtbeton" bezeichnet ist, geschlossen wurden."

Bild 8.37: Balkonfußboden, geschalt

Bild 8.38: gespachtelte Transportanker

Gutachterliche Einstufung

Die Aussagen sind nicht zutreffend. Begründung:

Die Untersichten sind – im technischen Sinn – nicht uneben, farblich uneinheitlich und fleckig. Die Draufsichten (Oberflächen) entsprechen – im technischen Sinn – einer glatten Sichtbetonqualität.

Im Hinblick auf die Farbgleichheit der nachträglich geschlossenen Transportankerlöcher weichen diese jedoch von der übrigen Betonfläche ab. Der Planer muss wissen, dass Farbnuancen bei Ausführungen auftreten können! Darauf wird u.a. im DBV/ VDZ-Merkblatt „Sichtbeton“ [2.1.1] wie folgt hingewiesen:

„Flächenbündiges Abspachteln oder Vermörteln führen in der Regel zu unbefriedigenden Ergebnissen (Farbunterschiede, unsaubere Ränder der Spachtelflächen).“

Diverse Hersteller von Betonersatzsystemen geben u.a. ein Verarbeitungshandbuch über „Betonkosmetik“ heraus (z.B. MC-Bauchemie).

Das heißt, die Balkondecke entspricht einer zu erwartenden Sichtbetonqualität, wenn der Planer die Deckenuntersicht als „Füllseite“ wählt.

Vorbeugung

In der Planung und Ausschreibung berücksichtigen die wenigsten Planer den Kommentar zur DIN 18217 „Betonflächen und Schalungshaut“ [1.2] und deren praxisnahe Hinweise.

Versierte „Betonkosmetiker“ bevorzugen mit Sicherheit eine Methode der Betonspachtelung, die materialbezogen anpassungsfähig ist. Der Farbton ergibt sich aus dem am Objekt angewandten Zement und ggf. Farbpigmenten. Hier hilft u.a. der Reagenzglastest. Hersteller von Fertigprodukten haben eine sogenannte Farbpalette, die erst an einer Musterfläche ausprobiert und vom Auftraggeber genehmigt werden muss.

Hinweise bzw. „Bedenkenanmeldungen“ seitens der ausführenden Firma können hilfreich sein, z.B.

„Zum Ausheben aus der Schalung benötigen wir Transportanker, die nachträglich zugespachtelt werden. Daraus können sich Farb- und Strukturunterschiede ergeben.“

„Aufgrund der Mischung von Farben (für die Spachtelung/Schließung der Transportanker) kann es zu Farbabweichungen von Balkon zu Balkon kommen.“

8.2.2.2 Hauseingangsüberdachung

Bild 8.39: Sichtbetonfassade

Bild 8.40: Hauseingangsüberdachung

8.2.3 Sichtbeton-Fertigteile: Farbabweichungen

8.2.3.1 Fassade – Schulneubau

Erscheinungsbild

Die Fassade war aus Sichtbeton-Fertigteilen geplant. Der Entwurf sah u.a. sechs verschiedene Farbnuancen der Betonbauteile vor, von hellen bis dunklen Farbtönen. Die Oberflächen waren „gesäuert".

Beanstandet wurde u.a.:

„Die vorhandenen Farbtöne entsprachen nicht dem Architektenentwurf, z.B. Betonplatten (geplant im „dunklen" Farbton) waren teilweise heller als die geplanten „hellen" Farbtöne."

Fast alle Fassadenplatten wiesen deutlich erkennbare „Ablaufspuren", d.h. Schlieren, auf. Fast alle Fassadenplatten wiesen Kantenabplatzungen auf, verursacht während der Montage.

Die Bauabnahme für die Fassade erfolgte nicht, da sie nicht der Beschaffenheitsvereinbarung entsprach, u.a.:

- Fassadenfarbtöne entsprachen nicht den Musterplatten
- Fassadenfarbtöne entsprachen nicht dem Architektenentwurf (Bilder 8.41 und 8.43)
- Kantenabplatzungen an fast jeder Platte (Montagefehler, siehe Bild 8.46)
- deutliche „Ablaufspuren"/Schlieren auf der Oberfläche (Bild 8.45)

Der Firmenbauleiter, angesprochen auf die Fehler, antwortete:

- bezüglich Kantenabplatzungen: *„Das waren schon die besten Monteure."*
- bezüglich Schlieren: *„...das passiert beim Absäuern"*

Gutachterliche Einstufung

<u>Kantenabplatzung</u>

Die Kantenabplatzungen sind im Rahmen der erforderlichen Betonkosmetik (Kapitel 7) zu reprofilieren. Die Farbabweichungen wurden versucht, mittels einer Farblasur (KEIM), anzugleichen.

Bild 8.41: Fassade

Bild 8.42: Sichtbetonfertigteile

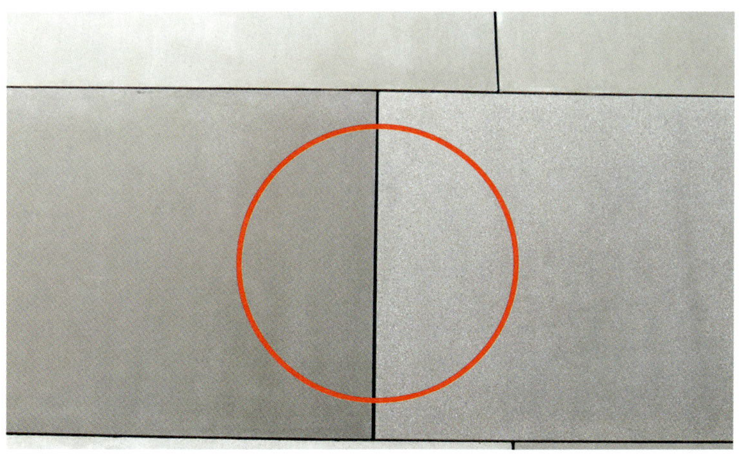

Bild 8.43: gleicher Farbton?

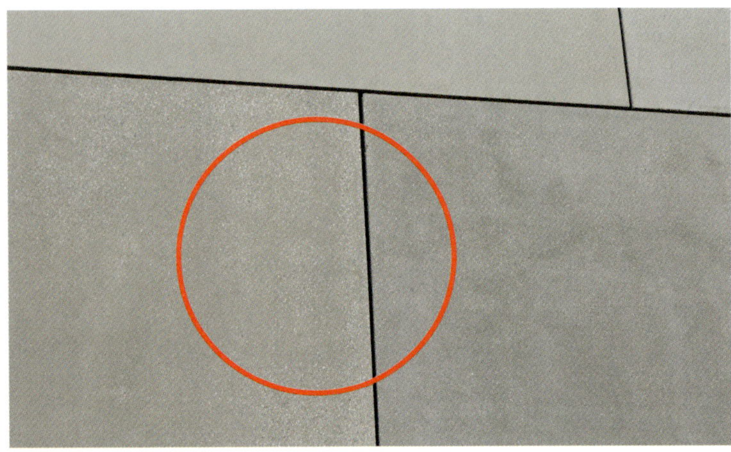

Bild 8.44: zu viel „gesäuert““

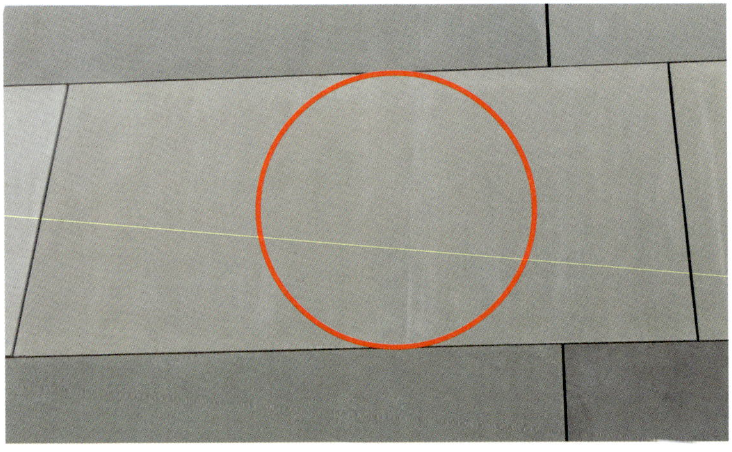

Bild 8.45: Schlieren

Bild 8.46: Kantenabplatzungen

Absäuern

Durch das Absäuern (mittels einer Säure) wird die obere Zementhautschicht abgetragen, sodass das oberflächennahe Gesteinskorn freiliegt. Es ergibt eine leicht raue Oberfläche. Auf die Probleme mit der Schlierenbildung an abgesäuerten Sichtbetonteilen wurde schon ausführlich im Buch „Sichtbeton Mängel" [3.2] eingegangen. Die Ursache hier war, dass zu viel Säure aufgetragen wurde, die unkontrolliert (am stehenden Betonteil) herablief.

Eine partielle Ausbesserung führt zwangsläufig zu einer „Verschlimmbesserung". Im Rahmen einer Betonkosmetik empfiehlt es sich, eine Farblasur anzuwenden. Siehe hierzu das Thema „Betonkosmetik" im Kapitel 7.

Bild 8.47: Absäuern im Werk

Bild 8.48: Absäuern

Vorbeugung

Eine abgesäuerte feinkörnige Sichtbetonfläche schlierenfrei zu erstellen, ist ein anwendungstechnisches Kunststück, erst recht, wenn es sich um einen farbigen Sichtbeton (wie hier) handelt. Bei starken Abweichungen zur Beschaffenheitsvereinbarung müssen Konsequenzen bereits im Werk getroffen werden und nicht erst vor Ort oder gar bei der Bauabnahme. Ein Kompromiss kann dahingehend beschlossen werden (im Zusammenhang mit einer Wertminderung), die Zeit und die Offenporigkeit der Betonoberfläche zu nutzen, bis sich eine natürliche „Patina" gebildet hat.

8.2.3.2 Fassade – Wohngebäude

Erscheinungsbild

Einzelne Betonfertigteilplatten weisen einen rosa Farbstich auf.

Bild 8.49: Sichtbeton-Fassade

Bild 8.50: rötliche Farbabweichung

Bild 8.51: rötliche Farbabweichung

Bild 8.52: unsaubere Kantenausbildung

8.2.4 Absätze und Höhensprünge

Erscheinungsbild

Filigrane Betonbauteile werden gern als Fertigteile hergestellt. Dabei kommt es leider häufig vor, dass es zwischen diesen beiden Bauteilen zu Vorsprüngen/Versätzen kommt.

Gutachterliche Einstufung

Bei flächenfertigen Wänden und Decken sollen Sprünge und Absätze vermieden werden. Hierunter sind aber nicht Vorsprünge zu verstehen, welche als Gestaltungsmittel von Fassadenflächen dienen. Die Bewertung hinsichtlich einer Mangelhaftigkeit von bestimmten Versätzen (siehe Kapitel 2.5) lässt sich anhand bestehender Normen oder Richtlinien nicht so einfach vornehmen. Insbesondere die in vielen Fällen anwendbare DIN 18202 weist direkt im Anwendungsbereich (Pkt. 1) darauf hin, dass *„Höhenversätze zwischen benachbarten Bauteilen"* nicht Teil dieser Norm sind. Hieraus entsteht zwangsläufig die Notwendigkeit, gesonderte Vereinbarungen bezüglich der maximal zusätzlichen Versätze zwischen Bauteilen zu definieren.

Speziell bei Konstruktionen in Mischbauweise (z.B. Ortbeton zu Betonfertigteil) lässt sich ein Auftreten von „Absätzen" nur bei besonderer Sorgfalt in der Planung und der Bauausführung vermeiden. Diese hohen Qualitätsansprüche bedürfen einer gesonderten Planung.

Bild 8.53: Fassade Ortbeton und Sichtbeton-Fertigteile

Bild 8.54: Abweichung Ortbeton ./. Fertigteil ≥ 25 mm

Bild 8.55: Abweichung ≥ 25 mm

8.2.5 Fugenbreite bei Betonfertigteilen, Toleranzen

8.2.5.1 Balkon-Fertigteile

Zwei Betonfertigteile stoßen aneinander. Die Achsmaße betragen 0,3 m (Balken B) und 1,7 m (Balken L). Daraus folgt eine Gesamtlänge von A = 2,0 m. In dieser Betrachtung soll die maximal zulässige Fugenbreite zwischen beiden Bauteilen festgestellt werden (vgl. Bild 8.57, Prinzip-Skizze 01).

Bild 8.56: Balkone

Randbedingungen

Nachfolgende Einflussgrößen bleiben aufgrund ihrer geringen Auswirkungen in der inhärenten Maßveränderlichkeit der Stahlbetonbauteile unberücksichtigt. Die folgenden zwei Beispiele sollen die Vernachlässigbarkeit verdeutlichen:

Wärmeausdehnung:

Wärmeausdehnungskoeffizient von Stahlbeton: $\alpha = 0{,}012$ mm/m K

Gesamtlänge beider Bauteile: $A = 2{,}0$ m

Temperaturdifferenz: $\Delta T = 30$ K

Längenänderung infolge von Temperaturausdehnung:

$$\Delta A_T = \alpha \cdot \Delta T \cdot A = 0{,}012\ \frac{\text{mm}}{\text{mm} \cdot \text{K}} \cdot 30\ \text{K} \cdot 2\ \text{m} = 0{,}72\ \text{mm}$$

Endschwindmaß:

Schwindmaß: $S = 0{,}12$ mm/m

Gesamtlänge beider Bauteile: $A = 2{,}0$ m

Längenänderung infolge von Schwinden:

$$\Delta A_S = S \cdot A = 0{,}12\ \frac{\text{mm}}{\text{m}} \cdot 2\ \text{m} = 24\ \text{mm}$$

Gesamte inhärente Maßveränderung im ungünstigsten Fall:

$$\Delta A_{Ges} = \Delta A_T \cdot \Delta A_S = 0{,}96\ \text{mm} \approx 1\ \text{mm}$$

Aufgrund einer maximalen Längenänderung von $\Delta A_{Ges} = 1$ mm bezogen auf 2 m Bauteillänge bleiben das Endschwindmaß und die Temperaturausdehnung unberücksichtigt.

Die Haupt-Einflussgröße der maximalen Breite der Fuge zwischen den Bauteilen stellt die zulässige Maßtoleranz dar. Hierbei wird davon ausgegangen, dass die beiden Balken bündig an den angenommenen, unverschieblichen Grenzen (vgl. Bild 8.57, Skizze 01, Schnitt A-A) anliegen.

Bestimmung der maximalen Fugenbreite:
(Alle Verweise beziehen sich auf Bild 8.57,Prinzip-Skizze 01)

Die Bestimmung der maximalen Fugenbreite (F_{Max}) erfolgt ausgehend von der minimalen Fugenbreite (F_{Min}) zuzüglich der zulässigen Maßtoleranzen der Stahlbeton-Fertigbauteile. Die baukonstruktiven Anforderungen an die Fugenabdichtung entsprechen

DIN 18540:2006-12 „Abdichten von Außenwandfugen um Hochbau mit Fugendichtstoffen".

Das Mindestmaß der Fugenbreite von F_{Min} =10 mm (DIN 18540:2006-12 Tab. 1 Z. 1 Sp. 3) ist im Falle der maximal zulässigen Bauteiltoleranz der beiden Stahlbetonbalken einzuhalten (Fall: Max). Im ungünstigsten Fall haben die Balken eine zulässige Länge von B_{Min} bzw. L_{Min} (Fall: Min). Daraus folgt die größte Fugenbreite im Rahmen der zulässigen Maßtoleranzen nach DIN 1045-3:2012-03.

Die Maßtoleranzen nach DIN 1045-3:2012-03 Bild 4.NA („zulässige Qualitätsabweichungen") betragen für den Bauteilquerschnitt:

Balken B (Breite B_N = 150 mm)

$$\frac{B_{Max}}{B_{Min}} = \frac{1}{50} \cdot B_N + 7\ \text{mm} = \pm 13\ \text{mm}$$

Diese Berechnung erfolgt auf Basis einer Interpolation der zulässigen Toleranzwerte.

Die Maßtoleranzen der Balkenlänge von Betonfertigteilen ergeben sich aus der DIN EN 13369:2004-09 Abs. 4.3.1.1 „Herstellungstoleranzen":

Balken L (Länge L_N = x = 1.700 mm)

$$\frac{L_{Max}}{L_{Min}} = 10 + \frac{L_N}{1.000} = \pm 12\ \text{mm}$$

Es ergibt sich rechnerisch folgende maximale Fugenbreite:

$$F_{Max} = F_{Min} + 2 \cdot 13\ \text{mm} + 2 \cdot 12\ \text{mm} = 60\ \text{mm}$$

Erläuterung:

Die Toleranzen sind mit dem Faktor 2 zu multiplizieren, da die Auslegung der Fugenbreite im Nennmaß (F_N) sowohl die positive (B_{Max}; L_{Max}) als auch negative (B_{Min}; L_{Min}) Abweichung vom Nennmaß (B_N; L_N) der Stahlbetonbauteile berücksichtigen muss.

Aus dieser Betrachtung ergibt sich ebenso das notwendige Nennmaß der Fugenbreite und somit die Gesamtlänge der additiv zusammengefügten Stahlbetonbauteile.

$$F_N = F_{Min} + 13\ \text{mm} + 12\ \text{mm} = 35\ \text{mm}$$

Hieraus ergibt sich eine Gesamtlänge von:

$$G_N = F_N + 30\ \text{m} + 1{,}70\ \text{m} = 2{,}035\ \text{m}$$

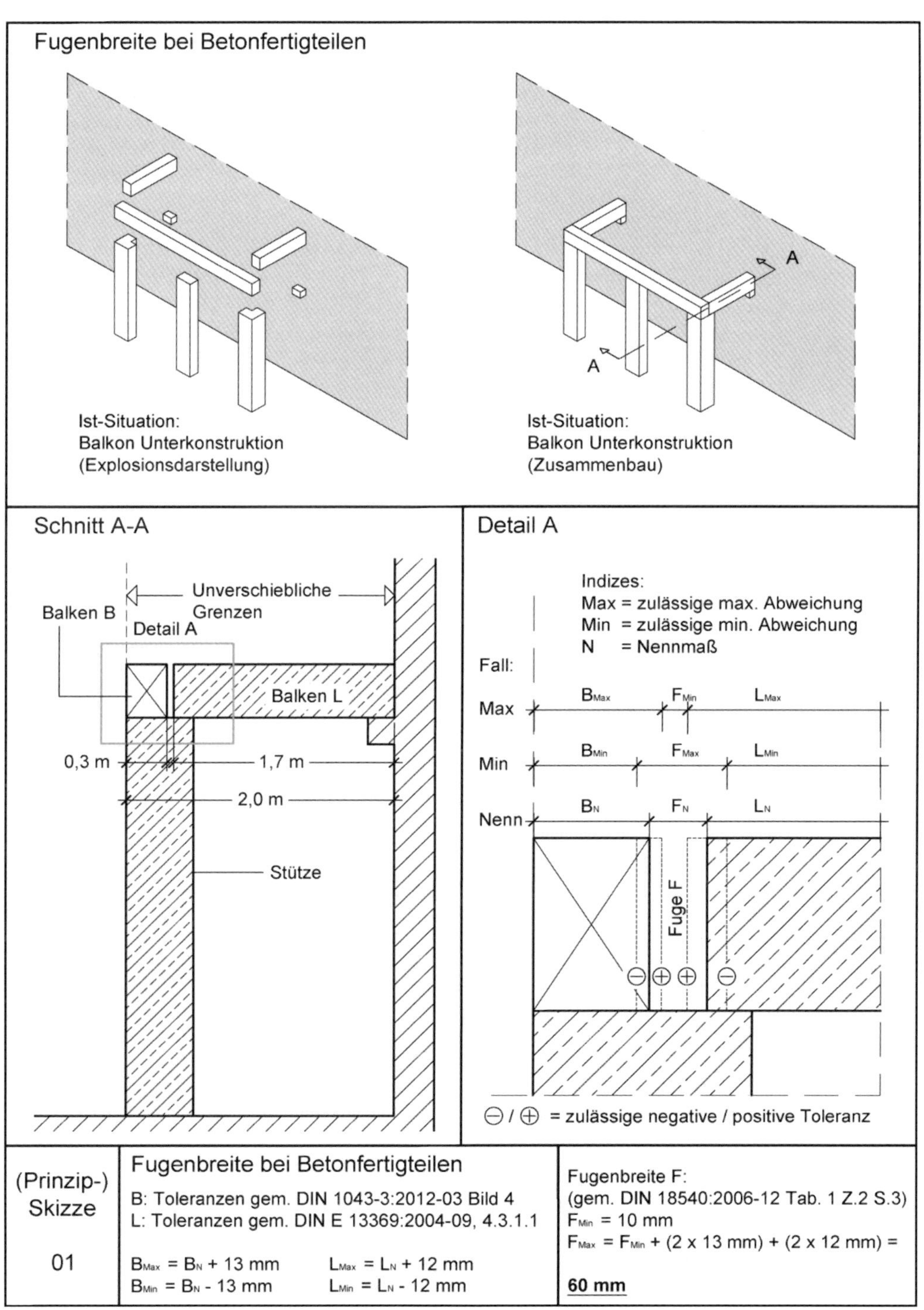

Bild 8.57: Fugenbreite bei Betonfertigteilen (Prinzip-Skizze 01)

8.2.5.2 Fassaden-Fertigteile

Erscheinungsbild

Die Fassade wurde mit Sichtbeton-Fertigteilen errichtet. Zum Leidwesen des planenden Architekten traten deutlich sichtbar unterschiedliche Fugenbreiten auf, die das Erscheinungsbild störten.

Gutachterliche Einstufung

Wie schon im Kapitel 8.2.5.1 verdeutlicht, ist der rechnerische Nachweis zeitaufwendig. Die Fugenbreite überschritt das zulässige Maß.

Bild 8.58: Sichtbeton Fassade mit....

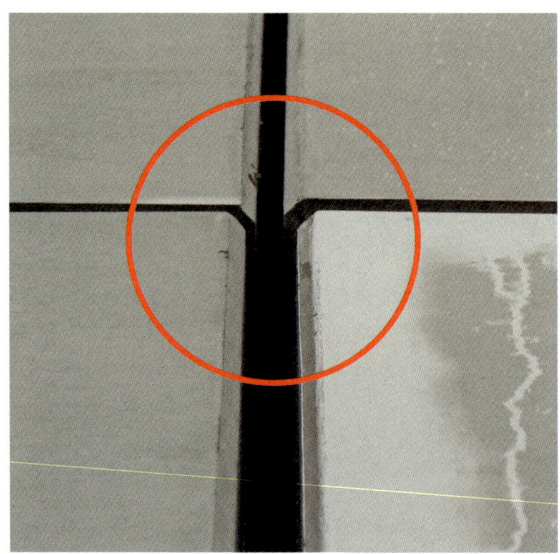

Bild 8.59: ....unterschiedlichen Fugenbreiten

Bild 8.60: Fugenbreite ca. 35 mm

Bild 8.61: Fugenbreite ca. 17 mm

8.2.6 Sichtbeton-Treppen – Fertigteile

8.2.6.1 Innentreppen aus Sichtbeton

Betonfertigteiltreppen haben folgende Vorteile:

- tragende Konstruktion (Treppenlauf, -podest) einschließlich Bodenbelag
- schnelle Montage durch Baustellen- oder Autokran
- sofort begehbar
- Vermeidung von Trittschall
- sofort als „Bautreppe“ begehbar

Um die Treppen auf den Podesten bzw. auf den Geschossdecken aufzulagern, gibt es drei verschiedene Varianten:

- mit Auflagerkonsolen und dazwischen gelegtem Neoprenstreifen als Schallschutz
- mit einbetonierten Tronsolen, z.B. Schöck, Philipp usw.
- mit herausstehender Bewehrung zum bauseitigen Anbetonieren

Vor dem Betonieren ist (wie bei allen Betonfertigteilen) zu überlegen/planen, welche Seite die sogenannte „Einfüllseite“ ist, d.h.:

- Tritt-, Setzstufen oder
- Unterseite des Treppenlaufs

Das heißt, die jeweils andere Seite (Rückseite) ist schalungsglatt und demzufolge „hochwertiger“. Eine dritte, jedoch weitaus teurere Möglichkeit ist es, die Treppe hochkant zu betonieren, d.h. die „Einfüllseite“ ist z.B. die Seite am Treppenauge.

Bild 8.62: Betonfertigteiltreppe mit Eckschutzschienen

Bild 8.63: Betonfertigteiltreppe ohne Eckschutzschienen

Bild 8.64: Betonfertigteiltreppe ohne Eckschutzschienen

Bild 8.65: Betonfertigteiltreppe für Treppenbelag

Bild 8.66: Betonfertigteiltreppe hochkant betoniert

Bild 8.67: Bewehrung Treppenlauf – Abstandhalter

Bild 8.68: Bewehrung Treppenlauf – Abstandhalter

Bild 8.69: Stahlschalung

8.2.6.2 Außentreppen aus Sichtbeton

Bild 8.70: Sichtbeton-Fertigteile – Stufen

Bild 8.71: Sichtbeton-Fertigteile – Stufen

Bild 8.72: Sichtbeton-Fertigteile – Stufen

8.3 „Weiße Wanne“

8.3.1 „Weiße Wanne“ aus WU-Beton als Sichtbeton

Da Beton nicht nur eine tragende, sondern auch dichtende Funktion übernehmen kann, wird er immer häufiger auch als Sichtbeton ausgeführt, u.a. bei

- Balkondecken: Kapitel 8.2.2.1
- Hauseingangsüberdachung: Kapitel 8.2.2.2
- Außentreppen: Kapitel 8.2.6.2
- Wasserbecken: Kapitel 8.3

Bild 8.73: Sichtbeton als Wasserbecken

Bild 8.74: Rissbildung

Bauteile, insbesondere Untergeschosse, können als „Schwarze, Weiße, Orange, Gelbe oder Braune Wanne“ ausgebildet werden. Zunehmend setzt sich die „Weiße Wanne“ aus WU-Beton durch. Dies liegt u.a. daran, dass Beton nicht nur als tragende, sondern auch als wasserundurchlässige Konstruktion ausgeführt werden kann.

„Bauliche Anlagen müssen so angeordnet und beschaffen sein, dass durch Wasser, Feuchtigkeit ... keine Gefahren oder unzumutbare Belästigungen entstehen.“

So steht es – im sinngemäßen Wortlaut – in den Bauordnungen (u.a. BauOBln).

Ein Mangel liegt vor (OLG Köln, BauR 2005, S. 389), wenn Ungewissheit über die Risiken des Gebrauchs bestehen, z.B. wenn das Kellergeschoss bereits frühzeitig ausgebaut wird (z.B. Fußbodenheizung) und sich die Grundwasserverhältnisse („Wasserhaltung“) erst später wieder einstellen. Als Folge einer undichten Arbeitsfuge steht ein Estrich auf Dämmschicht im Wasser, sozusagen ein schwimmender Estrich.

Der Architekt ist gem. HOAI, Leistungsphase 1 und 2 (nachweisbar) verpflichtet, in einem Aufklärungsgespräch mit dem Bauherrn das Anforderungsprofil eines „Kellers“ – insbesondere die zu erwartende Nutzungsklasse bei der Ausführung als „Weiße Wanne“ in WU-Beton – zu besprechen. Er hat zudem unter Berücksichtigung der baulichen und örtlichen Gegebenheiten dem ausführenden Unternehmer in einer jedes

Risiko ausschließenden Weise Ausführungs-Details (siehe Kapitel 2.6) zu liefern, die bei einwandfreier baulicher Umsetzung eine dauerhafte Abdichtung des Kellers gewährleisten (BGH-Urteil vom 15.06.2000: VII ZR 212/99, BauR2000, S. 1330 ff).

Da der Kellerausbau (Estrich auf Dämmschicht, Wärmedämmung der Wände, Heizung) i.d.R. frühzeitig beginnt (ohne Abwarten einer etwaigen „Selbstheilung" von Rissen in der Bodenplatte), ist eine zusätzliche Abdichtung an der Außenseite zwecks Restrisikovermeidung erforderlich. Darauf kann nur verzichtet werden, wenn u.a. die Hinweise im DBV-Merkblatt „Hochwertige Nutzung von Untergeschossen – Bauphysik und Raumklima" [2.1.8] berücksichtigt werden, d.h.:

- Keller-Fußbodenaufbau erst 3 besser 12 Monate nach Rohbaufertigstellung (Aber: Welcher Bauherr zieht in ein Haus ein und fängt ca. ein Jahr später erneut mit Bauarbeiten im Untergeschoss an?)
- Wandabstände von Einbauten, z.B. Elektroverteilerkästen, Heizzentrale, Wasserspeicher usw.
- Wandaufbauten, z.B. Putz, Fliesen

Die Arbeitsfugen einer „Weißen Wanne" sind oft nicht so dicht, wie sie sein sollten (u.a. durch kapillares Saugen).

Im Jahre 2005 kam es zu einem der bekanntesten Gerichtsurteile zum Thema „Weiße Wanne", welches je nach Interessenlage unterschiedlich kommentiert wurde (LG Berlin vom 29.07.2005, Geschäftszeichen 34 O 200/05).

Durch dieses Urteil ist viel bewegt worden. Inzwischen werden in Veröffentlichungen und Seminaren die Aussagen im Gutachten, das zum o.g. Urteil beitrug, bestätigt, dass bei hochwertiger Nutzung „zusätzliche Maßnahmen" erforderlich sind. Es wird seitdem viel mehr Aufklärung zum Thema „Nutzung von Kellerräumen" betrieben, wie u.a. das bereits erwähnte DBV-Merkblatt „Hochwertige Nutzung von Untergeschossen – Bauphysik und Raumklima" 2009-01 [2.1.8] zeigt. In diesem Merkblatt werden sinngemäß ähnliche Forderungen aufgestellt wie im Gutachten, dass zum o.g. Urteil beitrug.

Hinweis:
Bei Neubauten sind heute Räume im Kellergeschoss, z.B. Hobbyräume, als „bewohnte Räume" anzusehen, da eine hochwertige Raumnutzung erfolgt, z.B. für die Lagerung von feuchtigkeitsempfindlichen Materialien wie Papier, Leder, Möbel, bestimmte Lebensmittel, wie Zucker, Mehl, etc. (LG Berlin vom 29.07.2005, Geschäftszeichen 34 O 200/05).

Das LG Berlin nimmt in diesem Urteil – ohne es ausdrücklich zu erwähnen – auf die bereits dargestellte Rechtsprechung des BGH zur Funktionstauglichkeit einer Werkleistung Bezug und schlussfolgert aus dem üblichen Nutzungsverhalten der Bewohner eines Hauses, dass ein Keller grundsätzlich – soweit nicht etwas anderes vertraglich vereinbart worden ist – zur Lagerung von feuchtigkeitsempfindlichen Materialien ebenso gebrauchs-/funktionstauglich sein muss wie z.B. zur Nutzung als untergeordneter Büroraum für die Erledigung des privaten Schriftverkehrs und zur Aufbewahrung privater Unterlagen. Diese Begründung erscheint – jedenfalls im Grundsatz – überzeugend und trägt sowohl dem Nutzungsverhalten als auch der Vorstellung von Bauherren zur Nutzungsmöglichkeit eines Kellers angemessen Rechnung (Vortrag von Dr. Mark Seibel, Richter am OLG Hamm, während der Aachener Bausachverständigentage 2014.

Bei Großprojekten sollte es mittlerweile üblich sein, dass für eine „Weiße Wanne“ umfangreiche Planungen, Details und Checklisten aufgestellt werden, nicht jedoch (leider) bei einem „normalen“ Einfamilienhaus. Auch hier zeigt die Praxis, dass heute immer noch eine Vielzahl von Architekten lediglich auf die Schalpläne des Tragwerkplaners verweisen und keine eigene koordinierte Ausführungsplanung für eine „Weiße Wanne“ anfertigen. Jeder Baustoff hat Vor- und Nachteile. Daher sollten Anforderungsprofile entwickelt werden, die Nutzer mit deren Nutzungsverhalten charakterisieren. Mit der Auswertung des Nutzungsverhaltens lassen sich dann entsprechende Verbesserungs-, d.h. ggf. zusätzliche Maßnahmen planen.

PRO und KONTRA – „zusätzliche Maßnahmen“
In einigen Seminaren zum Thema „Weiße Wanne“ wurde folgende Aussage getroffen:

„Nach dem Stand der Technik ist vielmehr weder eine zusätzliche Abdichtung der Kellersohle noch der Kelleraußenwände erforderlich, da eine Wasserdampfdiffusion von außen nach innen bei richtiger Planung, Konstruktion und Bauausführung nicht stattfindet. Dem entsprechend bedarf es auch keiner diesbezüglichen Hinweise des Planers, Unternehmers oder Bauträgers gegenüber dem Auftraggeber bzw. Erwerber.“

Diese zusammenfassende Aussage ist irreführend und risikofördernd, da entsprechende Praxis-Hinweise fehlen, ebenso die folgende Presseinformation:

„Durch entsprechendes Lüften ist diese Feuchtigkeit („Baufeuchte“) leicht abführbar.“

Doch wie soll die Baufeuchte im Kellergeschoss durch entsprechende „Lüftungsvorgänge“ abgeführt werden, wenn z.B.

- die Bauherren/Nutzer berufstätig sind,
- ungünstige Reihenhausgrundrisse zu fensterlosen Räumen führen,
- aus Angst vor Einbruch die Kellergeschossfenster zu selten oder gar nicht geöffnet werden,
- die Lüftung von Räumen durch zu gering dimensionierte Lichtschächte vor den Fenstern eingeschränkt ist,
- die KG-Lichtschächte durch Glasscheiben abgedeckt werden,
- bei schlecht versickerungsfähigen („bindigen“) lehmhaltigen Böden?

Das Nutzungsverhalten von Bauherren in Kellerräumen hat sich im letzten Jahrzehnt geändert. Kaum ist der Neubau mit Kellergeschoss fertig gestellt, steht der Möbelwagen schon vor der Tür. Kein Auftraggeber, in diesem Fall der Nutzer des Einfamilienhauses, kann und möchte monatelang die Zeit der „Trockenlüftung" abwarten, bevor z.B. ein „Schwimmender Estrich" oder Holztüren eingebaut werden dürfen.

In der DAfStb-Richtlinie „Wasserundurchlässige Bauwerke aus Beton", Abs. 1 (3) [2.3.2]: *„Bei wasserundurchlässigen Bauwerken aus Beton nach dieser Richtlinie wird davon ausgegangen, dass ein Kapillartransport durch die Bauteildicke hindurch unabhängig vom hydrostatischen Druck und vom Schichtenaufbau der Bauteile nicht erfolgt. Weitergehende Regelungen über den Feuchtetransport anderer Arten und Ursachen, die ebenfalls eine raumseitige Feuchteabgabe zur Folge haben können, enthält die Richtlinie nicht, wobei insbesondere das Austrocknen der Baufeuchte weitgehend unabhängig davon ist, auf welche Weise die abdichtende Funktion erzielt wird.*

Bei hohen Nutzungsanforderungen sind erforderlichenfalls die Auswirkungen dieser Feuchtetransportvorgänge durch raumklimatische und bauphysikalische Maßnahmen auf das erforderliche Maß zu begrenzen. Gleiches gilt auch für die Tauwasserbildung auf raumseitigen Oberflächen."

Abschnitt 3.23:
„Eine vollständig trockene Bauteiloberfläche kann auch am Ende des Selbstheilungsprozesses nicht allgemein erwartet werden, es sei denn, planmäßig zusätzliche raumklimatische Maßnahmen werden ergriffen, die für eine kontinuierliche Verdunstung der zur Bauoberfläche geführten Feuchte sorgen."

Abschnitt 8.5.3(4):
„Die Ausnutzung dieser Möglichkeiten – Durchfeuchtungen auch bei Nutzungsklasse A zu erlauben – setzt einen hohen Klimatisierungsbedarf zur Sicherstellung einer ständigen Verdunstung der Feuchte auf der Innenseite des Bauteils voraus."

In diesem Zusammenhang ist darauf hinzuweisen, dass die Wirkung von Lüftungsmaßnahmen nicht vorausschauend beurteilt werden kann, wenn die genaue Wasserdurchtrittsmenge nicht bekannt ist. Außerdem ist zu beachten, dass Lüftungsanlagen keine gleichmäßige Durchströmung von Räumen (insbesondere Kellerräume) bewirken und auch z.B. die Oberflächenbeschaffenheit von Innenflächen Einfluss auf das Abtrocknungsverhalten hat. Lüftungsanlagen sind also auf die sichere Abführung von Bau- und Nutzungsfeuchte zu dimensionieren. In der Regel können sie zur Kompensation der Auswirkungen von wasserführenden Trennrissen nicht ausgelegt werden.

Ob und in welcher Größenordnung noch Feuchtemengen durch Austrocknung zu Beginn der Nutzung berücksichtigt werden müssen, ist im jeweiligen Einzelfall zu klären. Der Architekt müsste – in diesem seltenen Fall – den Bauherrn auf eine eingeschränkte Kellernutzung hinweisen und ihm mitteilen, dass bei z.B. „wohnraumartig genutzten Kellerräumen" zusätzliche Maßnahmen erforderlich sind.

Ob Feuchte durch Risse, Unstetigkeiten, Undichtigkeiten in der „Weiße Wanne“ oder Restfeuchte im Beton vorhanden ist, ist nebensächlich. Tatsache ist, dass dies bei Kellergeschossen (Untergeschossen) verstärkt passieren kann. „Keller“-Räume werden zunehmend als Wohn- und Aufenthaltsräume genutzt, deshalb ist bei der Planung ein Umdenken erforderlich. Zum Beispiel wirken sich folgende Faktoren auf die Eigenschaften von Baustoffen/WU-Beton aus:

- Klimatische Einflüsse: Hitze, Kälte, Regen und Schnee
- Aufenthaltsdauer der Bewohner in den betreffenden Räumen, z.B. nur nach Feierabend oder ganztägig am Wochenende
- Betoniervorgang: Erfahrungswerte der Handwerker (Fachkraft oder Hilfsarbeiter?)
- Konstruktion: einfach oder aufwendig?

Zur schadensfreien Nutzung eines Kellergeschosses zu Wohnräumen (insbesondere bei Einfamilienhäusern), hergestellt als „Weiße Wanne“, muss der „Planer“ den Bauherrn auf Folgendes hinweisen:

- eingeschränkte Nutzung oder
- Notwendigkeit zusätzlicher Maßnahmen
- „Trockenwohnen“ (Bauteilfeuchte)

Ein wichtiger Aspekt bei der Betrachtung einer „Weißen Wanne“ aus WU-Beton ist die Dauerhaftigkeit. Hierzu gibt es diverse Definitionen.

DIN EN 1992-1-1:2011-01“Eurocode 2: Bemessung und Konstruktion von Stahlbeton- und Spannbetontragwerken – Teil 1-1: Allgemeine Bemessungsregeln und Regeln für den Hochbau“ Abs. 4.1 ist zu finden:

„(1) Die Anforderung nach einem angemessen dauerhaften Tragwerk ist erfüllt, wenn dieses während der vorgesehenen Nutzungsdauer seine Funktion hinsichtlich der Tragfähigkeit und der Gebrauchstauglichkeit ohne wesentlichen Verlust der Nutzungseigenschaften bei einem angemessenen Instandhaltungsaufwand erfüllt“

Das heißt, die Erfüllung der Anforderung an die Gebrauchstauglichkeit und das Erscheinungsbild im Rahmen der vorgesehenen Nutzung oder Restnutzung sowie der vorhersehbaren Einwirkungen ist ohne unvorhergesehenen Aufwand für Instandhaltung und Instandsetzung vorzusehen.

Aufenthaltsräume

Nach DBV-Merkblatt „Hochwertige Nutzung von Untergeschossen – Bauphysik und Raumklima“ 2009-01 [2.1.8] werden zusätzliche Maßnahmen zum WU-Beton erforderlich, je nachdem welche Nutzungsklasse dem Keller zugeordnet wird. Diese zusätzlichen Maßnahmen waren schon immer erforderlich, d.h. seitdem Aufenthaltsräume bzw. feuchteempfindliche Räume als „Weiße Wanne“ ausgeführt werden und nicht erst mit Erscheinen der Richtlinie.

Das DBV-Merkblatt unterscheidet:

- Nutzungsklasse A (hohe Anforderungen, z.B. Wohnhauskeller)
- Nutzungsklasse B (geringe Anforderungen, z.B. Tiefgarage)

Für Räume (hier: Kellerräume), die dem dauernden Aufenthalt oder in anderer Weise einer anspruchsvollen Nutzung dienen (Souterrain-Wohnung, Büro, feuchteempfindliche Lagerräume, wie z.B. für Papier), sind beim WU-Beton zusätzliche geeignete bautechnische Maßnahmen erforderlich, wie z.B.

- „Wartezeiten" 3 bis 12 Monate, Wandabstände von Einbauten
- Dampfsperre oder
- belüfteter Fußboden
- Wärmedämmung

Da es nicht absolut auszuschließen ist, dass Feuchtigkeit durch den Beton bzw. durch Fehlstellen durchdiffundiert oder ggf. Restfeuchte aus Beton entsteht, d.h. von außen nach innen und/oder von unten nach oben, dürfen feuchteempfindliche Güter, wie z.B. Papier, Parkett, Möbel und Gipsputz, keinen direkten Kontakt zum WU-Beton aufweisen. Darauf wird in der Bauschaden-Literatur seit mehr als 40 Jahren hingewiesen. Technische Regeln, Fachliteratur über „Weiße Wannen" aus WU-Beton und deren Bauweise gibt es schon länger als 25 Jahre. Das heißt, der Planer muss nicht wissen, wie viel Feuchte evtl. durch das Bauteil eindringen kann, sondern dass es ggf. passieren „könnte".

Der Einbau eines Estrichs auf Dämmschicht stellt bei einer „Weißen Wanne" immer ein Risiko dar, da der Schwachpunkt Fundamentsohle/Wand (Arbeitsfuge) nicht mehr überprüfbar ist. Undichtigkeiten der Arbeitsfuge werden erst sehr spät sichtbar, wenn der Estrich wörtlich „schwimmt" und die Gewährleistung meist schon vorbei ist. Tritt der oben genannte Fall ein, ist die nachträgliche Einbringung einer funktionstauglichen Abdichtung (außen/unten) gar nicht bzw. nur mit großem Aufwand als „Teil"-Lösung mit verbleibendem Restrisiko möglich. Eine außen liegende Bitumenbahn mit Alu-Einlage auf der Außenwand herzustellen, ist nachträglich kaum mehr möglich, da erneut eine Baugrube hergestellt werden müsste. Gegebenenfalls wäre sogar der Abbruch von evtl. vorhandenen Erdgeschossterrassen erforderlich.

Je nach Betoneigenschaft (von Objekt zu Objekt aufgrund der Handwerksarbeit unterschiedlich) muss abgewogen werden, ob auf eine äußere Dampfsperre verzichtet werden kann und stattdessen der Gipswandputz durch einen Kalkzementputz ersetzt wird.

Raufasertapeten sind auf Wandkonstruktionen, die als „Weiße Wanne" ausgebildet sind, ungeeignet. Gipsputz auf Mauerwerksinnenwänden darf keinen Kontakt mit der WU-Betonsohle haben, d.h. er ist im Fall einer Instandsetzung auf einer Höhe von ca. 50 cm abzubrechen und durch einen Kalkzementputz zu ersetzen. Folglich sind auch Gipskartonwände auf der WU-Betonsohle ungeeignet.

Je nach Schadensfall ist der Fußbodenaufbau abzubrechen und nach Verlegung einer Abdichtung (Bitumenschweißbahn mit Alu-Einlage) wieder neu herzustellen.

Die Frage, ob der ganze Aufwand erforderlich ist, ist mit einem klaren JA zu beantworten. Denn wer übernimmt die Verantwortung für das „Restrisiko“, wenn aus Kostengründen auf Teilleistungen verzichtet wird? Jedes Restrisiko ist im Rückschluss auf einen Planungsfehler zurückzuführen.

Folgende Hinweise zur Kellernutzung für Aufenthaltsräume sollten beachtet werden:

- außen liegende Wärmedämmung, z.B. aus Schaumglas
- kein Gipsputz
- kein Anhydritestrich
- schwimmender Estrich nur in Verbindung mit einer zusätzlichen Abdichtung, z.B. Bitumenbahn mit Alu-Einlage
- Horizontalsperre („Querschnittsabdichtung“) unter der ersten Steinlage bei aufgemauerten Innenwänden und Trockenbauwänden auf der WU-Betonsohle

Der Autor empfiehlt seinen Bauherren bei hochwertig genutzten „Keller“-Räumen eine zusätzliche Abdichtung auf der Außenseite der „Weißen Wanne“ zwecks Vermeidung eines „Restrisikos“ (Hinweis: Jedes Restrisiko stellt einen Planungsfehler dar). Um die Funktionstauglichkeit von Aufenthaltsräumen der Nutzungsklasse A zu gewährleisten, ist eine Bitumenschweißbahn mit Alu-Einlage empfehlenswert:

a) auf der Außenseite der Außenwand einschl. Wärmedämmung,
b) unterhalb der Fundamentsohle (am besten),
   ggf. auf der Fundamentsohle auszuführen.

Folgende Nachweise für eine „Weiße Wanne“ sind u.a. erforderlich:

- die Kellerbe- und -entlüftung
- Vermeidung von Oberflächentauwasser, Tauwasserfreiheit im Bauteilinneren
- Rissbreitenbegrenzungsnachweise

Hinweis:
Es gibt nur gute Baustoffe – wir machen jedoch häufig schlechte Bauteile daraus. WU-Beton ist ein hervorragender Baustoff!

Es gibt auf Dauer nichts Sicheres als eine „Weiße Wanne“ – richtig geplant – für hochwertig genutzte Kellerräume mit zusätzlichen Maßnahmen!

8.3.2 Checklisten

8.3.2.1 Sichtbeton – Konzept

Checkliste – **Kontrolle vor dem Betonieren:**
Schalung / Bewehrung / Abstandhalter / Aussparungen

	JA	NEIN
Sichtbeton? SB-Klasse?	☐	☐
Architekten Ausführungsplanung, Details vorhanden ? Wenn NEIN: Bedenkenanmeldung ____________________	☐	☐
Schalhaut: Sachbearbeiter, verantwortlich: Herr/Frau ____________		
Schalhaut: Klasse? glatt, texturiert	☐	☐
Toleranzen: Ebenheit, z.B. DIN 18202, Tab. 3, Zeile 4	☐	☐
Schalungsbefestigung: Nagel- Schraublöcher	☐	☐
Schalung: Sauberkeit?	☐	☐
Schalungsstöße: Abdichtung?	☐	☐
Schalungsanker: Sachbearbeiter, verantwortlich: Herr/Frau ____________		
Schalungsanker mit Dichtung versehen?	☐	☐
Für Rohrdurchführungen nur Fertigelemente mit Dichtungsmanschetten verwendet?	☐	☐
Bewehrung: Sachbearbeiter, verantwortlich: Herr/Frau ____________		
Abstandhalter (Betondeckung)	☐	☐
Art und Ausbildung der Unterstützungskonstruktion für die obere Bewehrung	☐	☐
Betonieröffnungen: Abstand und Querschnitt für Einfüllschlauch/Rohr		
Einfüllöffnungen und Rüttelgassen vorhanden?	☐	☐
Arbeitsfuge vor Einbau gesäubert und ausgeblasen, ggf. Oberfläche behandelt?	☐	☐
Witterung? Schutzmaßnahmen	☐	☐
Einbauteile in Bewehrungspläne dargestellt? Zu enge Bewehrung?	☐	☐

Bauteil wurde gemäß o.g. Liste kontrolliert und zum Betonieren freigegeben:

Datum:____________________ Name: ____________________

Unterschrift: ____________________

8.3.2.2 „Weiße Wanne“ – Konzept

Checkliste – **Kontrolle vor dem Betonieren:**
Schalung / Bewehrung / Abstandhalter / Aussparungen

Weiße Wanne?	☐	☐
Nutzungsklasse? __________	☐	☐
Feuchteempfindliche Bereiche?	☐	☐
	JA	**NEIN**
Arbeitsfugen: Fugenbänder: Fugenbandbreite, Fugenbandverbindung und Lagesicherung eingehalten?	☐	☐
Fugenbleche: Dicke und Breite der Fugenbleche, Verbindung und Lagesicherung eingehalten?	☐	☐
Bei Überlappung der Bleche 5 cm Abstand auf mindestens 50 cm Überlappungslänge eingehalten?	☐	☐
Injektionsschläuche: Lagesicherung durch Befestigung auf der Betonoberfläche etwa alle 15 cm Überlappung,	☐	☐
Fixierung im Austrittsbereich eingehalten?	☐	☐
Sollbruchstellen: Lagesicherung, Fixierung auf Fugenblech, Verguss des Fußpunktes mit Zementsuspension?	☐	☐
Bemerkungen:		
Liegt eine Ausführungsplanung der „Weißen Wanne“ vor?	☐	☐
An Außenwänden (Innenseite): keine Leitungsführung, Einbauten, Vorsatzschalen usw.	☐	☐
Estrich auf WU-Betonsohle: so spät wie möglich (Überprüfung der Arbeitsfuge auf Dichtigkeit)	☐	☐

Bauteil wurde gemäß o.g. Liste kontrolliert und zum Betonieren freigegeben:

Datum: ____________________ Name: ________________________

Unterschrift: ____________________

Checkliste – **Kontrolle unmittelbar vor dem Betonieren**
Betoneinbau / Nachbehandlung

„Der die Bauaufsicht (Objektüberwachung) führende Architekt hat dafür zu sorgen, dass der Bau plangerecht und frei von Mängeln errichtet wird. Der Architekt muss die Arbeiten in angemessener und zumutbarer Weise überwachen und sich durch häufige Kontrollen vergewissern, dass seine Anweisungen sachgerecht erledigt werden.

Bei wichtigen oder bei kritischen Baumaßnahmen, die erfahrungsgemäß ein höheres Mängelrisiko aufweisen (wie z.B. „Weiße Wanne" im Grundwasser), ist der Architekt zu erhöhter Aufmerksamkeit und zu einer intensiveren Wahrnehmung der Bauaufsicht verpflichtet.

Besondere Aufmerksamkeit hat der Architekt auch solchen Baumaßnahmen zu widmen, bei denen sich im Verlauf der Bauausführung Anhaltspunkte für Mängel ergeben."

	JA	NEIN
Vorkehrungen für die Begehbarkeit beim Betonieren getroffen?	☐	☐
Zur Vermeidung von Kiesnestern und Auswaschungen bei engen Bauteilen und dichtliegender Bewehrung ggf. spezielle Anschlussmischung mit kleinerem Gesteinskorn und höherem Zementgehalt vorgesehen?	☐	☐
Freie Fallhöhe durch Fallrohre auf ≤ 1,0 m begrenzt?	☐	☐
Bei Abweichungen → Korrektur!		
Betonkonsistenz vorhanden bzw. gewünschte Konsistenz geliefert?	☐	☐
a) wenn Konsistenz zu steif → Zugabe von FM!	☐	☐
b) wenn Konsistenz zu weich → Fahrzeug zurückschicken	☐	☐
Frischbetontemperatur = ____ °C	☐	☐
Lieferscheinkontrolle erfolgt?	☐	☐
Beginn des Entladens nach Auslieferung = ____ min	☐	☐
90 min überschritten?	☐	☐
Dann:		
a) nur zulässig mit VZ! Verzögerungszeit = ____ h	☐	☐
b) ohne VZ! → Fahrzeug zurückschicken!	☐	☐

Bauteil wurde gemäß o.g. Liste kontrolliert und zum Betonieren freigegeben:

Datum: ____________________ Name: ____________________

Unterschrift: ____________________

Checkliste - **Kontrolle während und nach dem Betonieren**.
Betoneinbau / Nachbehandlung

		JA	NEIN
Schüttlagenhöhe ≤ 50 cm?		☐	☐
Beton sorgfältig verdichtet und dabei Schüttlagen vernäht. Beton vorsichtig unter die schräg nach oben gestellten Fugenbänder/Fugenbleche getrieben (seitlicher Vortrieb)?		☐	☐
Beton zum richtigen Zeitpunkt nachverdichtet?		☐	☐

Bei Abweichungen → Korrektur beim Betonieren!

Nachbehandlung

		JA	NEIN
- In Schalung belassen?	Zeit = ____ Tage	☐	☐
- Wasserzuführende Nachbehandlung gem. Richtlinie des DAfStb durchgeführt?	Zeit = ____ Tage	☐	☐
- Bodenplatte unter Wasser gesetzt?	Zeit = ____ Tage	☐	☐
- Bodenplatte mit feuchter Jute und Folie abgedeckt?	Zeit = ____ Tage	☐	☐
- Ggf. wärmedämmende Matten aufgelegt?	Zeit = ____ Tage	☐	☐
- Wände mit feuchter Jute und Folie nachbehandelt?	Zeit = ____ Tage	☐	☐

Bemerkungen:

____
____
____
____
____

Bauteil wurde gemäß o.g. Liste kontrolliert und zum Betonieren freigegeben:

Datum: ____________________ Name: ____________________

Unterschrift: ____________________

Checkliste – **Kontrolle der Ausführungsplanung vor Ausführung**

Erarbeiten der Ausführungsplanung mit allen für die Ausführung notwendigen Einzelangaben (zeichnerisch und textlich) auf der Grundlage der Entwurfs- und Genehmigungsplanung bis zur ausführungsreifen Lösung als Grundlage für die weiteren Leistungsphasen.

Bereitstellen der Arbeitsergebnisse als Grundlage für die anderen an der Planung fachlich Beteiligten sowie Koordination und Integration von deren Leistungen.

- Fortschreiben der Ausführungsplanung

BauO § 13 Schutz gegen schädliche Einflüsse
„Bauliche Anlagen müssen so angeordnet, beschaffen und gebrauchstauglich sein, dass durch Wasser, Feuchtigkeit, pflanzliche und tierische Schädlinge sowie andere chemische, physikalische oder biologische Einflüsse Gefahren oder unzumutbare Belästigungen nicht entstehen.“

		JA	NEIN
1.	**Kontrolle der Tragwerksplanung/Statik**		
	Rissbreitenbeschränkung (Nachweis Abstand „c“, doppelte Bewehrung, z.B. c = 5 cm)	☐	☐
	LV zentrischer Zwang in Längsrichtung	☐	☐
	Prüfbericht (Prüf.-Ing.)	☐	☐
	Betontechnologie	☐	☐
	Bewehrung / Arbeitsfuge / Betonieröffnungen / Rüttelgassen	☐	☐
2.	**Kontrolle der Objekt-Ausführungsplanung / Detail**		
	Raumnutzung/Dampfsperre	☐	☐
	Arbeitsfuge Sohle/Wand	☐	☐
	Arbeitsfuge Sohle/Sohle	☐	☐
	Arbeitsfuge Wand/Wand	☐	☐
	Sollbruchstellen	☐	☐
	Bodeneinlauf	☐	☐
	Lichtschacht	☐	☐
	Außentreppe/Schwelle	☐	☐
	Schalungsanker	☐	☐
	Kellerlichtschächte im Bereich der „Weißen Wanne“	☐	☐

3. Kontrolle der Ausschreibung, u.a.:

Sichtbeton-Klasse: Beschreibung	☐	☐
Toleranzen-Vereinbarung	☐	☐
Schalungssystem, Fertigungstoleranzen	☐	☐
Trägerschalung, ggf. Befestigung der Platten von Rückseite	☐	☐
Abdichtung der Schalhautstöße	☐	☐
Schalungseinlagen	☐	☐
Erprobungsfläche	☐	☐
Besondere Regelungen für gekrümmte Schalungen und Sonderausführungen	☐	☐
Einbauteile	☐	☐

Bauteil wurde gemäß o.g. Liste kontrolliert und zum Betonieren freigegeben:

Datum: ____________________ Name: ________________________

Unterschrift: ____________________

Die o.g. Listen sind nicht vollständig, d.h. sie müssen für jedes Bauwerk entsprechend angepasst werden.

8.4 Sichtestrich

8.4.1 Sichtestrich ungenau bzw. nicht definiert

Erscheinungsbild

Ursache für Streitigkeiten sind oft ungenaue Leistungsbeschreibungen und zu hohe Erwartungshaltungen.

In einem Neubau wurde in zwei Wohnungen Sichtestrich ausgeführt. In der einen Wohnung wies die Estrich-Oberfläche weitgehend einen gleichmäßigen Farbton mit geringer Wolkenbildung auf. In der zweiten Wohnung wies die Estrich-Oberfläche weitgehend keinen gleichmäßigen Farbton auf. Stattdessen hatte die Oberfläche eine Leopardenstruktur, die der Erwerber beanstandete. Beide Flächen wurden von derselben Firma mit derselben Zusammensetzung des Estrichmörtels ausgeführt.

Bild 8.75: Sichtestrich

Bild 8.76: Sichtestrich mit „Leopardenmuster"

Gutachterliche Einstufung

Ähnlich wie beim Sichtbeton sind Sichtestriche Unikate, die ggf. unterschiedlich ausfallen können. Es stellen sich folgende Fragen:

- Welche Leistungen darf ich erwarten bzw. wie muss das Ergebnis aussehen?
- Welche allgemein anerkannten Regeln der Technik gibt es zur Erfüllung eines Mindeststandards der Leistung

Hinweise sind zu finden in:

- VOB/B (Allgemeine Vertragsbedingungen für die Ausführung von Bauleistungen/ DIN 1961:2012-09)
- DIN Normen
- Merkblätter
- Verarbeitungsrichtlinien

VOB/B § 13 Mängelansprüche

„(1) Der Auftragnehmer hat dem Auftraggeber seine Leistung zum Zeitpunkt der Abnahme frei von Sachmängeln zu verschaffen. Die Leistung ist zur Zeit der Abnahme frei von Sachmängeln, wenn sie die vereinbarte Beschaffenheit hat und den anerkannten Regeln der Technik entspricht."

Ist die Beschaffenheit nicht vereinbart, so ist die Leistung zur Zeit der Abnahme frei von Sachmängeln,

1. wenn sie sich für die nach dem Vertrag vorausgesetzte, sonst
2. für die gewöhnliche Verwendung eignet und eine Beschaffenheit aufweist, die bei Werken der gleichen Art üblich ist und die der Auftraggeber nach der Art der Leistung erwarten kann.

DIN Normen

DIN 18353:2015-08 „Estricharbeiten"

„In der Leistungsbeschreibung sind nach den Erfordernissen des Einzelfalls insbesondere anzugeben:

0.2.3 Nutzung der Estriche, z.B. Nutzestrich als Bodenbelag
0.2.5 Ausführung nach bestimmten Zeichnungen, insbesondere Detail- und Fugenplänen
0.2.8 Art, Lage, Maße und Ausbildung von Bewegungs-, Bauwerks- und Bauteilfugen
3.1.6 Bei gefärbten Estrichen muss die Farbe gleichmäßig mit dem Mörtel vermischt sein, bei einschichtigen Estrichen in der ganzen Dicke der Estriche, bei mehrschichtigen Estrichen in der ganzen Dicke ihrer jeweiligen Nutzschicht. Stoff- und herstellungsbedingte Farb- und Strukturunterschiede sind zulässig.
3.3.4 Für Terrazzoböden als schwimmende Estriche gelten die Festlegungen für Zementestrich nach DIN 18560-2."

Die Bewertung (Gewichtung) des Sichtestrichs kann sinngemäß gemäß Bild 4.25 (Kapitel 4.3.4) erfolgen.

8.4.2 Sichtestrich, Strukturbeton

Bild 8.77: Schwimmbad mit Strukturbeton

Bild 8.78: Umkleideräume mit Strukturbeton

Bild 8.79: Strukturbeton mit Fußbodenentwässerung

9 Sichtbeton: Mängel und Haftung aus rechtlicher Sicht

Rechtsanwalt Bernd R. Neumeier, Berlin

9.1 Überblick

Der rechtlichen Beurteilung von Sichtbetonflächen kommt in der Baupraxis immer größere Bedeutung zu. Häufig neigen die Baubeteiligten dazu, den im Bauvertrag zur Herstellung des Sichtbetons vereinbarten Leistungen, die technisch nicht oder nur schwer ausführbar sind, einen geringen Stellenwert beizumessen. Hintergrund ist die häufig bei Unternehmen weitverbreitete Ansicht, technisch Unmögliches könne auch vom „Recht" nicht verlangt werden. Dieser Irrtum, der VOB/B- und BGB-Verträge gleichermaßen betrifft, kann fatale wirtschaftliche Folgen nach sich ziehen. Mehr denn je gilt im Vertragsrecht:

Wer vertraglich viel verspricht, hat in der Bauausführung für vieles zu haften.

9.2 Sichtbeton – wann liegt ein Mangel vor?

Nach dem alten Mangelbegriff des BGB lag ein Werkmangel vor, soweit durch den Mangel *„die Funktions- und Gebrauchstauglichkeit des Werkes nicht nur unerheblich beeinträchtigt wird"*. Kleinere Mängel (z.B. optische Mängel) führten damit nicht automatisch zum Vorliegen eines Mangels. Bekanntermaßen wurde mit der Schuldrechtsreform im Jahre 2002 der Mangelbegriff einschneidend geändert. Seitdem gilt der dreistufige Mangelbegriff in VOB/B und BGB, dem im Bereich des Sichtbetons weitreichende Bedeutung zukommt. Hintergrund hierfür ist, dass der gesetzliche Mangelbegriff des § 633 Abs. 2 BGB den Begriff des „Sichtbetons" nicht kennt. Auch ein Rückgriff auf die „anerkannten Regeln der Technik" als Maßstab für die Beurteilung der qualitativen Anforderungen (§ 4 Abs. 2 VOB/B, § 13 Abs. 1 VOB/B) hilft nicht weiter. Selbst der häufig vereinbarte Hinweis auf das Merkblatt „Sichtbeton" des Deutschen Beton- und Bautechnik-Verein E.V. 2015 führt von sich aus nicht zur klaren Rechtslage.

9.2.1 Erste Stufe = Fehlen der vereinbarten Beschaffenheit

Gemäß § 633 Abs. 2 BGB liegt ein Mangel vor, wenn die Werkleistung nicht die „vereinbarte Beschaffenheit" aufweist (sog. subjektive Beschaffenheitsvereinbarung). Danach liegt ein Baumangel bereits dann vor, wenn von der vertraglich vereinbarten Beschaffenheit abgewichen wird, unabhängig von der Auswirkung auf die tatsächliche Gebrauchstauglichkeit.

Beispiel 1

Der Auftragnehmer wird im Rahmen der Errichtung eines repräsentativen Gebäudes mit der Ausführung von Sichtbetonflächen beauftragt. Im Leistungsverzeichnis vereinbaren die Parteien:

„Sichtbetonflächen frei von Farbunterschieden, Lunkern und Poren"

Mit der Formulierung „frei von Farbunterschieden, Lunkern und Poren“ ist die vertraglich vereinbarte Beschaffenheit im Sinne des § 633 BGB festgelegt. Weist deshalb der Sichtbeton zum Zeitpunkt der Abnahme Lunker und Poren auf, so liegt rechtlich ein Mangel vor, auch wenn die Gebrauchstauglichkeit der Sichtbetonfläche in keiner Weise beeinträchtigt ist.

Nach geltendem Recht führt deshalb allein die Beschreibung von Qualitätsmerkmalen dazu, dass eine Beschaffenheitsvereinbarung vorliegt. Gelingt es dem Auftragnehmer nicht, die versprochenen Merkmale zu liefern, liegt ein Mangel vor.

Das Recht kann auch Unmögliches verlangen.

Der rechtliche Mangelbegriff gilt auch dann, wenn die Leistung technisch überhaupt nicht möglich ist oder den Unternehmer kein Verschulden an der Mangelhaftigkeit trifft. Die verbreitete Ansicht, „Unmögliches“ könne auch das Recht nicht verlangen, trifft nicht zu. Die Herstellung eines völlig lunker- und porenfreien Sichtbetons ist objektiv unmöglich. Das DBV/VZD Merkblatt „Sichtbeton“ 2015 bezeichnet solche Leistungsforderungen als nur *bedingt* bzw. *nicht erfüllbar*. Dies hat lediglich technische, nicht jedoch rechtliche Bedeutung. Rechtlich bleibt der Auftragnehmer zur Leistungserbringung gemäß §§ 275, 311 a BGB verpflichtet. Entgegen der weitläufigen Meinung führt dies nicht zur Unwirksamkeit/Unbeachtlichkeit der Bestimmung, sondern der Auftragnehmer ist bei Nichterfüllung in vollem Umfang zur Nacherfüllung (Mängelbeseitigung) oder zum Schadenersatz verpflichtet.

Auch auf ein Verschulden kommt es insoweit nicht an. Unbeachtlich ist, dass der Auftragnehmer im Beispielsfall die Farbunterschiede und Lunker aufgrund der unterschiedlichen Witterungsbedingungen nicht verhindern konnte. Der Auftragnehmer haftet quasi garantiemäßig für die vertraglich vereinbarte Beschaffenheit.

Auch der in der Praxis zitierte Hinweis auf das DBV/VDZ Merkblatt „Sichtbeton“ (Juni 2015) [2.1.1] führt zu keiner Lösung. Häufig vereinbaren die Parteien im Leistungsverzeichnis „DBV/VDZ Merkblatt „Sichtbeton“ (Juni 2015)“. Damit machen die Parteien den Inhalt des Merkblattes „Sichtbeton“ zur Vertragsgrundlage. Inhaltlich handelt es sich dabei jedoch um einen Zirkelschluss. Denn das Merkblatt „Sichtbeton“ regelt nicht den vertraglichen Leistungsumfang, sondern beschreibt nur die technische Ausführung für den Unternehmer und den ausschreibenden Architekten. Zur Festlegung des Vertragsumfangs, des sogenannten Leistungs-Solls, bedarf es erheblich mehr vertraglicher Regelungen.

9.2.2 Zweite Stufe = Fehlen der gewöhnlichen Verwendungseignung

Soweit die Parteien im Vertrag keine ausdrückliche Vereinbarung über die Eigenschaften des Sichtbetons getroffen haben, greift automatisch die zweite Stufe des gesetzlichen Mangelbegriffs ein. Insoweit sehen § 633 BGB und § 13 Nr. 1 VOB/B nahezu gleichlautende Bestimmungen vor. Danach liegt ein Mangel vor, wenn

„das Werk nicht die „gewöhnliche Verwendungseignung und die Beschaffenheit, die bei Werken der gleichen Art üblich ist und die der Besteller nach der Art des Werkes erwarten kann, aufweist."

Beispiel 2

Auftragnehmer und Auftraggeber haben im vorgenannten Beispielsfall keine ausdrückliche Vereinbarung über die Ausführung und Qualität des Sichtbetons geschlossen. Der Sichtbeton weist jedoch in den unteren Stockwerken des Gebäudes eine extreme Porenbildung aus, die vom Auftraggeber bemängelt wird.

Da Auftraggeber und Auftragnehmer keine ausdrückliche Vereinbarung geschlossen haben, ist die Leistung nach dem gesetzlichen Mangelbegriff mangelhaft, wenn die Sichtbetonflächen in den Untergeschossen des Gebäudes nicht die Porenbildung aufweisen, die bei vergleichbaren Bauten üblich ist. Aufgrund der spezifischen Eigenschaften des Sichtbetons stellt die Bewertung und Definition des Mangels eine der zentralen Schwierigkeiten dar. Dies beruht darauf, dass die Qualität des Sichtbetons nur begrenzt objektiven Maßstäben unterliegt. Zur Bestimmung des Mangels greifen die Parteien häufig auf einen Sichtbeton-Sachverständigen zurück. Dieser nimmt, gestützt auf technische Literatur und Merkblätter, eine schematische Beurteilung der Sichtbetonflächen vor. Vermeidbare Abweichungen im Erscheinungsbild, wie Absanden der Oberfläche, Kantenabplatzungen, klassische Kiesnester und Lunker gelten damit regelmäßig als Mängel. Schwieriger ist die Beurteilung indes bei der vorab beschriebenen Porenbildung, die vertraglich nicht geregelt ist. Vom Sachverständigen werden dann häufig Begriffe oder Fallgruppen gebildet, die von „optischen Beeinträchtigungen" bis zu „nicht hinnehmbaren Beeinträchtigungen" reichen. Derartige Begriffe sind jedoch gesetzesfremd.

9.2.3 Dritte Stufe = Fehlen der vertraglich vorausgesetzten Verwendungseignung

Nach der dritten Stufe liegt schließlich ein Mangel vor, wenn die Werkleistung nicht die *„vertraglich vorausgesetzte Verwendungseignung"* im Sinne der §§ 633 BGB bzw. § 13 VOB/B aufweist.

Dieses Kriterium bezieht sich auf die Anforderungen in der Leistungsbeschreibung oder im Leistungsverzeichnis. Das Leistungsverzeichnis beschreibt regelmäßig das Bausoll und das Erfolgssoll. Das Bausoll beschreibt die Vorgaben des „Wie" (z.B. Beschreibung der einzelnen Arbeitsschritte = Bausoll). Durch detaillierte Beschreibung der einzelnen Bauteile und Baumaßnahmen im Leistungstext von der Schalung über Stöße, Stoßdichtung, Schalungsanker bis zur Fugenausbildung und zum Trennmittel wird die Art der Ausführung der Sichtflächen beschrieben.

Das Erfolgssoll beschreibt einen möglichst genauen Leistungserfolg und resultiert letztlich aus dem Charakter des Werkvertrages als Erfolgsvertrag. Danach wird der konkrete Werkerfolg funktional umschrieben.

Im Beispielsfall haben die Parteien in der Leistungsbeschreibung „Sichtbetonflächen für ein repräsentatives Gebäude“ vereinbart. Daraus ergibt sich im Rahmen der rechtlichen Auslegung das Erfolgssoll. Da bei repräsentativen Bauteilen besonders hohe gestalterische Anforderungen an die Ausführung der Sichtbetonflächen zu stellen sind, ist von der Vereinbarung der Sichtbetonklasse SB 4 auszugehen.

Mängel und Schwierigkeiten ergeben sich dann, wenn der ausschreibende Architekt fehlerhaft einzelne Leistungsteile nicht erfasst. „Vergisst“ der Architekt z.B. die Aufnahme der Stoßdichtung in das Leistungsverzeichnis, kommt es regelmäßig zu Wasseraustritt und damit zu einer Streifenbildung. Fraglich ist, wie dies im Rahmen der Mängelbewertung zu berücksichtigen ist. Häufig wendet der Auftragnehmer ein, genau nach den vertraglichen Vorgaben (Leistungsverzeichnis) vorgegangen zu sein. Vom Auftraggeber wird ihm stattdessen vorgeworfen, seine Prüfungs- und Hinweispflichten gemäß § 4 Nr. 3 VOB/B verletzt zu haben. Letztlich handelt es sich um eine Frage des Einzelfalls und des genauen Wortlauts der Leistungsbeschreibung.

Ein weiterer Streitfall ist darüber hinaus die sogenannte Klassenbildung. Werden zum Beispiel gemäß ÖNORM B 2211 bestimmte Anforderungen an die Porigkeit gestellt, kann dies leicht als Beschaffenheitsvereinbarung gelten. Folge hieraus ist, dass zur Beurteilung der Mangelhaftigkeit dann nicht mehr der „Gesamteindruck“ der Sichtfläche heranzuziehen ist, sondern sich die Mangelhaftigkeit ausschließlich an dem vereinbarten Kriterium bemisst. Ausschließliches Kriterium der Mangelfreiheit ist in diesen Fällen, ob die Sichtfläche eine glatte, geschlossene Betonoberfläche mit einer maximalen Streifenbildung durch Zementleim von 1 cm ausweist (Vorgabe ÖNORM). Die weiteren Fragen des „Gesamteindrucks der Sichtfläche“ und des „Grades der Beeinträchtigung“ wären nicht weiter heranzuziehen.

9.3 Mängelbeseitigung und Haftung

Bei der Mängelbeseitigung ist zwischen technischer und rechtlicher Mängelbeseitigung zu differenzieren.

In technischer Hinsicht ist regelmäßig eine Mängelbeseitigung in Form einer material- und fachgerechten Ausbesserung technisch möglich (Betonkosmetik).

In rechtlicher Hinsicht ist die Zulässigkeit der Mängelbeseitigung hingegen differenzierter zu beurteilen. Die Mängelbeseitigung (Nacherfüllung) ist nur zulässig, wenn mit der Nacherfüllung tatsächlich der Mangel beseitigt, also die störende Wirkung beseitigt werden kann. Dies ist bei Mängeln des Sichtbetons faktisch nie der Fall, da selbst bei bester Betonkosmetik nie der ursprünglich geschuldete Werkerfolg „Sichtbeton“ wieder hergestellt werden kann. Selbst bei optimaler Betonkosmetik wird es sich im Ergebnis immer um nachgebesserte Betonkosmetik und nicht um einen mangelfreien Sichtbeton handeln.

Rein rechtlich ist damit eine Mängelbeseitigung durch Betonkosmetik nur zulässig, wenn durch die Mängelbeseitigung der ursprüngliche Sichtbeton hergestellt werden kann, faktisch wäre der Auftragnehmer damit grundsätzlich zur Neuherstellung des Werkes verpflichtet. Diese Verpflichtung zur Neuherstellung stößt in der Baupraxis aufgrund der wirtschaftlichen Folgen (vielfache Mehrkosten, Bauzeitverzögerung, Vertragsstrafe) grundsätzlich auf Unverständnis des Auftragnehmers. Ob vom Auftraggeber indes tatsächlich die Neuherstellung verlangt werden kann, hängt entscheidend von der vertraglichen Vereinbarung ab.

Beispiel 3

Bei der Errichtung des Gebäudes kommt es dem Auftraggeber entscheidend auf gestalterisch anspruchsvolle Sichtbetonflächen an. Vor diesem Hintergrund vereinbaren die Parteien ausdrücklich die Sichtbetonklassen SB 4 für die Fassadenflächen im repräsentativen Eingangsbereich des Gebäudes. Bei Abnahme wird vom Sachverständigen nur eine Sichtbetonklasse SB 2 festgestellt. Der Auftraggeber verlangt daraufhin die Neuherstellung der Fassadenflächen.

Aufgrund des ausdrücklichen subjektiven Willens des Auftraggeber auf hochwertige Sichtbetonflächen und der ausdrücklichen Vereinbarung von SB 4 ist der Auftragnehmer zur Neuherstellung verpflichtet. Der Auftraggeber muss sich nicht mit einer Nachbesserung durch Betonkosmetik abfinden lassen.

Fehlt es an einer ausdrücklichen Vereinbarung, kommt nach der Rechtsprechung eine Mängelbeseitigung durch Nachbesserung (Betonkosmetik) in Betracht, wenn dadurch eine Verbesserung des Gesamteindrucks erreicht werden kann. In diesen Fällen steht dem Auftraggeber regelmäßig neben der Nachbesserung auch eine Minderung zu.

Die Höhe der Minderung wird in gerichtlichen Verfahren regelmäßig durch einen ö.b.u.v Sichtbeton-Sachverständigen mittels Gutachten festgestellt (siehe Kapitel 4.3.5). Grundlage ist meist die Höhe der durch den Sichtbeton entstandenen zusätzlichen Kosten, z.B. der Sichtbetonzuschlag. Der Minderwert kommt jedoch nicht allein im Zuschlag zum Ausdruck, sodass in Einzelfällen durchaus höhere Minderungswerte anzusetzen sind.

Im Zusammenhang mit der Forderung des Auftraggebers nach Neuherstellung der Sichtbetonflächen wird vom Auftragnehmer deshalb regelmäßig der Einwand der Unverhältnismäßigkeit gemäß § 635 BGB bzw. § 13 Abs. 6 VOB/B erhoben. Der Einwand der Unverhältnismäßigkeit greift indes nur in den seltensten Fällen. Entgegen der weit verbreiteten Ansicht kommt es bei der Beurteilung der Unverhältnismäßigkeit der Nachbesserung nicht auf die Kosten der Mängelbeseitigung im Verhältnis zum ursprünglichen Gesamtauftrag des Auftragnehmers an. Nach der Rechtsprechung des BGH ist vielmehr ein anderer Bewertungsgrundsatz anzulegen: Unverhältnismäßigkeit liegt lediglich dann vor, *„wenn der mit der Nachbesserung in Richtung auf die Beseitigung des Mangels erzielbare Erfolg bei Abwägung aller Umstände des Einzelfalles in keinem vernünftigen Verhältnis zur Höhe des dafür erforderlichen Aufwandes steht“*.

Regelmäßig greift deshalb der Einwand der Unverhältnismäßigkeit nicht, soweit der Auftraggeber ein berechtigtes Interesse an einer mangelfreien Herstellung der Sichtbetonflächen in der vereinbarten Art und Güte hat.

9.4 Strategien zur Mängelvermeidung

Der Vermeidung von Mängeln kommt im Bereich des Sichtbetons besondere Bedeutung zu. Nach Erstellung der Betonflächen ist eine nachträgliche Mängelbeseitigung meist nur in begrenztem Umfang (Betonkosmetik) und nur mit hohem wirtschaftlichen Aufwand möglich. Die Vermeidung von Mängeln sollte deshalb so frühzeitig wie möglich, bestenfalls bei der Vertragsgestaltung und der Ausschreibung ansetzen. Hieraus ergeben sich mehrere Möglichkeiten.

9.4.1 Vertragliche Vereinbarung

Wird im zugrunde liegenden Bauvertrag eine Regelung über die Beschaffenheit des Sichtbetons aufgenommen, spricht man rechtlich von einer sog. Beschaffenheitsvereinbarung. Bei der Beschaffenheitsvereinbarung trägt der Auftragnehmer das Risiko, für den Erfolg der Werkleistung einzustehen. Vereinbaren deshalb die Parteien wie im Beispielsfall 1 im Leistungsverzeichnis *„Sichtbeton frei von Farbunterschieden, Lunkern und Poren"*, so trägt der Auftragnehmer das vollständige Herstellungsrisiko.

Dieses Risiko kann der Auftragnehmer nur (teilweise) abwenden, wenn er im Angebotsschreiben einen ausdrücklichen Hinweis aufnimmt, mit dem die Geltung einer Beschaffenheitsvereinbarung ausdrücklich abgelehnt wird. Hierzu kann z.B. nachfolgende Formulierung verwendet werden: *„Hinsichtlich der geforderten Lunker- und Porenfreiheit und der Vermeidung von Farbunterschieden wird der Ausschreibungstext so verstanden, dass geschuldeter Leistungsumfang lediglich dasjenige ist, was sich mit wirtschaftlichen, bautechnischen und organisatorischen Mitteln bei sorgfältiger Ausführung herstellen lässt."*

Auch in diesen Fällen verbleibt es bei einem hohen Risiko des Unternehmers. Rechtlich entscheidend im Streitfall ist, ob dem Angebot des Auftragnehmers oder der Ausschreibung des Auftraggebers rechtliche Bindungswirkung zukommt und welche Willenserklärung juristisch maßgeblich ist.

9.4.2 Ausführung nach Musterflächen

Die Ausführung von Musterflächen wird häufig in der Praxis als Ansatzpunkt gewählt, da sie für beide Parteien Vorteile bietet.

Für den Auftragnehmer besteht die Möglichkeit, die geforderten Leistungsvorgaben unter realitätsnahen Ausführungsbedingungen zu verwirklichen. Der Auftraggeber erhält die Möglichkeit, seine Erwartungshaltung mit dem fertigen Produkt abzugleichen. Die Leistung nach Musterflächen beurteilt sich rechtlich nach § 13 Abs. 2 VOB/B als sog. Leistung auf Probe. Weicht der Auftragnehmer von den in der Musterfläche vereinbarten Beschaffenheitsmerkmalen ab, liegt ein Mangel vor. Zwischen Auftraggeber und Auftragnehmer kann deshalb festgelegt werden, dass nicht nur das jeweilige Einzelmerkmal, sondern auch der „Gesamteindruck" der Fläche als Beurteilungsmerkmal der Probeleistung gilt. Eine solche für den Auftragnehmer günstige Regelung sieht das DBV/VDZ-Merkblatt „Sichtbeton" 2015 in Tabelle 1 vor.

Alternativ können die Parteien zur Konkretisierung des Leistungsumfangs auch die Kriterien der Musterfläche im Einzelnen benennen, z.B. dergestalt, dass die Musterfläche keine Farbunterschiede und Fleckenbildung aufweist und die Höchstzahl von Lunkern und Poren festgelegt wird. Bei dieser für den Auftraggeber vorteilhaften Regelungsmethode ist jedoch auf die Vollständigkeit der Leistungsmerkmale zu achten, da nicht genannte Merkmale nicht zur Beurteilung der Mangelfreiheit herangezogen werden können.

9.4.3 Qualifizierte Ausschreibung

Der qualifizierten Ausschreibung kommt nach wie vor der höchste Stellenwert bei der Vermeidung von Mängeln an Sichtbetonflächen zu. Die Leistungsbeschreibung soll dabei Vorgaben zum Bausoll (dem „Wie" der Maßnahme) sowie zum Leistungserfolg (dem „Ziel" der Maßnahme) vorsehen. Der ausschreibende Planer macht in der Ausschreibung detaillierte Angaben in Schalwerkplänen, insbesondere zu Schalungsmaterial, zu Trennmitteln, zur Ausbildung von Arbeits- und Scheinfugen, zur Ausbildung der Fugen des Schalungsmaterials, den Schalungsankern usw. Im Rahmen des Ausschreibungstextes oder des Bauvertrages sind diese mit der Zielvorgabe zu verbinden, dass Leistungserfolg die Herstellung einer Betonfläche für ein repräsentatives Bauwerk mit hohen gestalterischen Anforderungen ist.

Der Vorteil einer solchen Weg- und Zielvorgabe besteht darin, dass dem ausführenden Unternehmen einerseits die Parameter des Herstellungsprozesses vorgegeben werden, andererseits mit der funktionalen Beschreibung des Leistungserfolges ein rechtliches Kriterium vereinbart wird. Diese Art der verknüpften Ausschreibung sorgt erfahrungsgemäß für bestmögliche Ergebnisse.

9.4.4 Qualitätsmanagement

Mängel im Sichtbeton lassen sich durch ein geeignetes Qualitätsmanagement vermeiden. Auf Seiten des Auftraggebers steht hier die baubegleitende Qualitätskontrolle durch den objektüberwachenden Architekten bzw. einen Sachverständigen zur Verfügung, auf Seiten des Auftragnehmers die Bedenkenanmeldung gemäß § 4 Nr. 3 VOB/B. Erkennt der Auftragnehmer nach Vertragsschluss, dass die Ausführung der Leistungen in der beschriebenen Form nicht möglich ist, ist er zur Bedenkenanzeige gemäß § 4 Nr. 3 VOB/B gegenüber dem Auftraggeber verpflichtet. Dies gilt insbesondere dann, wenn das Bausoll einen Weg vorgibt, der nach Ansicht des Unternehmers nicht zu dem ausgeschriebenen oder einem mangelhaften Leistungserfolg führt. Unterlässt der Auftragnehmer eine solche Bedenkenanzeige, hat er den sich daraus ergebenden Schaden (anteilig) zu vertreten.

9.5 Zusammenfassung

Sowohl für den Auftraggeber als auch für den Auftragnehmer ergeben sich bei Sichtbetonarbeiten erhebliche Mängelpotenziale. Durch geeignete Maßnahmen im Vorfeld können sich die Risiken für beide Parteien erheblich verringern. Dabei gilt nach wie vor zu beachten:

Wer viel verspricht, muss für vieles einstehen!

10 Sichtbeton Begriffe, Erklärungen / Glossar – exposed concrete glossary

Begriff	Synonyme
Glossar	alphabetisches Wörterverzeichnis (mit Erklärungen), d.h. sachliche Definition u.a. von Fachausdrücken und deren eindeutiges Verständnis.
Abstandhalter	Abstandhalter sind Einbauteile, die gewährleisten, dass die erforderliche Betondeckung zum Schutz der Stahlbewehrung eingehalten wird.
Arbeits- und Schalhautfugen	Zwischen zwei Betonierabschnitten entsteht eine zeitliche Unterbrechung. Zwischen dem 1. und 2. Betonierabschnitt kann es zu einem „Versatz" kommen. Achtung: zulässige Toleranzen! Empfehlung: In Treppenhäusern z.B. Trapezleisten anordnen.
Ausschluss-verfahren	Methode, nach der man etwas aussucht, indem man ungeeignet erscheinende Möglichkeiten, z.B. Fehlerursachen, eliminiert.
Ausblühung	Ausblühung sind i.d.R. Kalkausblühungen, verursacht durch gelöste Mineralien aus dem Betonporensystem, die an die Oberfläche gelangen.
Ausblutung, Bluten, Blutungen	„Blutungen" unterscheiden sich durch „Rinnsale" vom flächigen „Schleppwassereffekt", der z.T. auch durch das Mitschwingen einer nicht kraftschlüssigen Schalung unterstützt werden kann. „Bluten" (Wasserabsondern) ist eine Wasserverdrängung nach oben unter Mitnahme von feiner Gesteinskörnung.
Ausschalfrist	Die Festigkeitsentwicklung eines Betonbauteils, welche der Ausschalfrist als maßgebendes Kriterium zugrunde liegt, hängt nicht nur von betontechnologischen Einflussgrößen (z.B. Zementart und Wasserzementwert) ab, sondern auch von bauteilspezifischen Faktoren (z.B. der Bauteildicke und der Wärmedämmung) und den Witterungseinflüssen. Die tatsächliche Festigkeitsentwicklung im Bauteil wird regelmäßig, z.B. aufgrund abweichender Temperatur- und Feuchtebedingungen, von dem im Betonwerk nachgewiesenen Erhärtungsverlauf unter den Bedingungen bei Normlagerung mehr oder weniger abweichen.
Bedenken-anmeldung	Die Bedenkenanmeldung muss laienhaft verständlich sein, d.h. „eindeutig und erschöpfend" muss der Bauherr auf evtl. Schadensrisiken hingewiesen werden!
„ca."	„ca." ist die Abkürzung für circa (zirka), lateinisch für: „ungefähr", „annähernd", d.h. geringfügige Überschreitungen sind im Einzelfall zulässig
Dunkel-verfärbungen	Oberflächen mit einer ebenen Oberfläche (glatte Schalung) mit geringer diffuser Reflektivität wirken auf den Betrachter dunkler. Bei einer feuchten Oberfläche wird die Dunkelverfärbung noch verstärkt. Daher sind trockene Betonoberflächen immer heller als feuchte.
„empfehlen" Empfehlung	D.h., jemandem eine Sache nennen, die für einen bestimmten Zweck geeignet ist.
Farbton / Grauton	In der alten Literatur wurde der Betonfarbton als Grauton beschrieben.
Grat	Hervorstehende „Kante" = Grat zwischen zwei Schalelementstößen, verursacht aufgrund Undichtigkeit, d.h. austretender Zementleim/Feinmörtel
Farbtongleich-mäßigkeit	Gleichmäßige, großflächige Hell-Dunkel-Färbung. Die Farbtongleichmäßigkeit ist aus dem „üblichen" Betrachtungsabstand zu bewerten. Empfehlung: Musterflächen Bei evtl. Farbtonunterschieden ist der Gesamteindruck entscheidend. Eine Bewertung ist i.d.R. erst nach mehreren Wochen sinnvoll, da sich eine „Aufhellung" einstellt.

Begriff	Synonyme
Glossar	alphabetisches Wörterverzeichnis (mit Erklärungen), d.h. sachliche Definition u.a. von Fachausdrücken und deren eindeutiges Verständnis.
„gleichmäßig“	z.B. gleichmäßige, großflächige Hell-/Dunkelverfärbungen in gleichen – Teilen, Aufteilung – Abständen – regelmäßig, stetig – Ausmaß d.h., in gleichen Teilen, Aufteilung regelmäßig, stetig
Hydrophobierung	Hydrophobierung ist ein zusätzlicher Schutz der Sichtbetonoberfläche, um den Transport von Wasser und gelösten Mineralien (Kalk) an die Oberfläche zu verringern. Die Diffusionsfähigkeit muss gewährleistet bleiben. Gerade bei dunkleren Flächen ist eine Hydrophobierung durchaus sinnvoll, sie kann jedoch die evtl. Ausblühungen nicht vollständig verhindern.
Kiesnester	Kiesnester sind Fehlstellen an der Betonoberfläche, verursacht u.a. durch Entmischung des Frischbetons, z.B. verursacht durch zu hohen Bewehrungsgrad, Fehlstellen/Undichtigkeiten am Schalhautstoß
Marmorierung (siehe auch Wolkenbildung)	Marmorierung sind Farbunterschiede an der Sichtbetonoberfläche, die Wolkenbildungen ähneln. Sie entstehen bei glatter, nichtsaugender Schalung je intensiver und unterschiedlicher verdichtet, d.h. gerüttelt wird.
Musterfläche	Je nach Größe des Bauvorhabens und Anforderung an die Sichtbetonflächen (z.B. Sichtbetonklassen) sind Musterflächen in Anzahl und Größe erforderlich. Die Musterfläche muss alle Schwierigkeitsgrade aufweisen, wie Schallhautstöße, Eckausbildungen, Ankerlöcher usw.
Porigkeit	Der Anteil an offenen Poren an der Betonoberfläche, gemessen innerhalb einer Prüffläche von 50 x 50 cm. Als Prüffläche ist ein für den optischen Gesamteindruck repräsentativer Teil der Gesamtfläche auszuwählen.
Prinzipskizzen	Prinzipskizzen, sind einfache graphische Darstellungen zur Veranschaulichung von Sachverhalten. Sie müssen nicht vollständig sein!
Ripplings	Geripptes Aussehen, wellige Rippenlage („Rippen“) sowie Vertiefungen an der Oberfläche („Riefen“). Die Ursache dieser leicht welligen Erscheinungen (sog. „Ripplings“) liegt insbesondere im Quellen des Holzes (Schalung). Auf die Quellproblematik wird in der DIN 69792 „Großflächen-Schalungsplatten aus Furniersperrholz für Beton und Stahlbeton“ unter Punkt 5.7 hingewiesen: *„Schalungsplatten unterliegen physikalischen und chemischen Gesetzmäßigkeiten, die dazu führen können, dass durch äußere Einflüsse bedingte Veränderungen, wie z.B. Quellungen und Schwindungen, feine Risse auftreten.“* Die DIN 18202 „Toleranzen im Hochbau“ führt aus, dass die zu erwartende Quellung eines 21 mm dicken Sperrholzes bei ca. 1,5 mm liegt und sich dieser Wert noch unterhalb der erhöhten Anforderungen vorgegebener Toleranzen von 2 mm bewegt (DIN 18202 „Toleranzen im Hochbau, Tabelle 3, Zeile 7).
Schalelement-stoß	Stoßausbildung, z.B. bei einer Träger- bzw. Rahmenschalung zwischen den Schalhautelementen. Achtung: zulässige Toleranzen
Schalungsanker	Ein Verbindungselement, das zwei Schaltafeln miteinander verbindet. Beim fertigen Sichtbeton hinterlässt der Schalungsanker ein Loch, das verschlossen wird, u.a. durch „Konen“ (Fertigstopfen), z.B. durch MARO.

Begriff	Synonyme
Glossar	alphabetisches Wörterverzeichnis (mit Erklärungen), d.h. sachliche Definition u.a. von Fachausdrücken und deren eindeutiges Verständnis.
Schleppwasser Schleppwasser-effekt	Überschusswasser, das an der Schalung nach oben läuft.
Sedimentation	Die Sedimentation wird verursacht durch das Absinken großer Gesteinkörnungen. Übermäßiges Verdichten und die Verwendung eines Luftporenmittels können die Sedimentation verstärken.
Schüttlagen	Schüttlagen sind ungewollte Arbeitsfugen, verursacht durch zu späte, unzureichende Verdichtung („vernadeln") zweier Betonierfolgen.
Texturen	„Textur ist die geometrische Gestalt der Betonoberfläche als Abweichung von der planen Ebene", d.h. der Begriff Textur (lat. textura = „Gewebe") bezeichnet daher allgemein die strukturelle Beschaffenheit einer Oberfläche. Beton-Texturen – concrete texture
üblicher Betrachter	Der „übliche" (also normale gewöhnliche) Betrachter ist nicht der Fachmann oder Hausnutzer, sondern eine unvoreingenommene Person, die eine Fläche betrachtet. Die „übliche" Betrachtung geschieht in einem Zeitrahmen, der ausreicht, um sich einen Gesamteindruck zu verschaffen, ohne von anderen Personen auf einen bestimmten Punkt (Detail, evtl. Mangel) aufmerksam gemacht zu werden. Hinzu kommt, dass der „übliche Betrachter" gar nicht weiß, dass die Abzeichnung an der Decke z.B. Schuhabdrücke sind.
üblicher Betrachtungs-abstand	Der „übliche" Betrachtungsabstand ist vergleichbar mit einer Gemäldebetrachtung (siehe Kapitel 4.2.2.1), d.h.: – kleinere Bilder erfordern einen geringeren, – größere Bilder einen entsprechend weiteren Betrachtungsabstand. Demzufolge wird eine Fassade als Gesamteindruck nicht vom Gerüst, sondern wie folgt betrachtet: – Bei größeren Betrachtungsflächen entspricht der Betrachtungsabstand der Traufhöhe. – Bei kleineren Betrachtungsflächen, wie um ein Erdgeschossfenster, entspricht der Betrachtungsabstand der Höhe des Fenstersturzes über dem Erdboden.
„vereinbaren"	D.h., zwei oder mehrere Personen beschließen, etwas Bestimmtes zu tun.
„vorsehen"	D.h., planen, beabsichtigen.
„weitgehend"	D.h. beträchtlich, erheblich, fast vollständig, nahezu völlig, überwiegend, umfangreich, umfassend; (nachdrücklich) nahezu gänzlich.
Wolkenbildung	Farbtonveränderung an der Sichtbetonoberfläche.

Die dazugehörigen Beispiele und Fotos sind im Kapitel 4.2.1 „Einzelkriterien" zu finden.

11 Schlusswort

„Es gibt nur gute Baustoffe (z.B. Beton), wir machen jedoch (häufig) schlechte Sichtbeton-Bauteile daraus."

Ich hoffe, die in diesem Buch gegebenen Informationen werden Ihnen helfen.
Über Anregungen würde ich mich freuen.

Joachim Schulz:

Sichtbeton

=

Sich betonen in Form, Konstruktion und Originalität

www.sichtbeton-handbuch.de
E-mail: info@sichtbeton-handbuch.de

12 Literatur

12.1 DIN-Normen

[1.1] DIN 18202:2013-04 „Toleranzen im Hochbau – Bauwerke“

[1.2] DIN 18217:1981-12 „Betonflächen und Schalungshaut“

[1.3] DIN 18331:2015-08 VOB/C „Vergabe- und Vertragsordnung für Bauleistungen (ATV) – Betonarbeiten“

[1.4] Reihe DIN 1045 „Tragwerke aus Beton, Stahlbeton und Spannbeton“

[1.4.1] DIN 1045-1:2008-08 „Tragwerke aus Beton, Stahlbeton und Spannbeton – Teil 1: Bemessung und Konstruktion“ (zurückgezogen)

[1.4.2] DIN 1045-2:2008-08 „Tragwerke aus Beton, Stahlbeton und Spannbeton“ – Teil 2: Beton, Festlegung, Eigenschaften, Herstellung und Konformität“ (zurückgezogen, aber noch bauaufsichtlich eingeführt)

[1.4.3] DIN 1045-3:2013-07 „Tragwerke aus Beton, Stahlbeton und Spannbeton – Teil 3: Bauausführung“

[1.4.4] DIN 1045-4: 2012-02 „Tragwerke aus Beton – Teil 4: Ergänzende Regeln für die Herstellung und die Konformität von Fertigteilen“

[1.5] DIN 820-2:2009-12 „Normungsarbeit – Teil 2: Gestaltung von Normen“

[1.6] DIN 68 792:1979-03 „Großflächen-Schalungsplatten aus Furnierholz für Beton und Stahlbeton“

[1.7] DIN 1356-1:1995-02 „Bauzeichnungen – Teil 1: Inhalte und Grundlagen der Darstellung“

[1.8] DIN 1961:2012-09 „VOB Vergabe- und Vertragsordnung für Bauleistungen – Teil B: Allgemeine Vertragsbedingungen für die Ausführung von Bauleistungen“

[1.9] DIN 1960:2012-09 „VOB Vergabe- und Vertragsordnung für Bauleistungen – Teil A: Allgemeine Bestimmungen für die Vergabe von Bauleistungen“

[1.10] DIN EN 206-1:2001-07 „Beton – Teil 1: Festlegung, Eigenschaften, Herstellung und Konformität“ (zurückgezogen, aber noch bauaufsichtlich eingeführt)

[1.11] DIN 18216:1986-12 „Schalungsanker für Betonschalungen“

[1.12] ÖNORM ‘Österreichische Norm‘ B 2211:2009-06 „Beton-, Stahlbeton- und Spannbetonarbeiten“

[1.13] SIA Schweizerischer Ingenieur- und Architektenverein ‘Schweizer Norm‘ SIA 118/262 „Allgemeine Bedingungen für Betonbau“ 2004

[1.14] DIN EN 1992-1-1:2011-01 „Eurocode 2: Bemessung und Konstruktion von Stahlbeton- und Spannbetontragwerken – Teil 1-1: Allgemeine Bemessungsregeln und Regeln für den Hochbau“

[1.15] DIN EN 13670:2011-03 „Ausführung von Tragwerken aus Beton“

[1.16] DIN 18339:2010-04 „VOB Vergabe- und Vertragsordnung für Bauleistungen – Teil C: Allgemeine Technische Vertragsbedingungen für Bauleistungen (ATV) – Klempnerarbeiten“

[1.17] DIN 13914-1:2005-06 „Planung, Zubereitung und Ausführung von Innen- und Außenputzen – Teil 1: Außenputz“

[1.18] DIN EN 1504 „Produkte und Systeme für den Schutz und die Instandsetzung von Betontragwerken – Definitionen, Anforderungen, Güteüberwachung und Beurteilung der Konformität“

[1.19] Verordnung über die Honorare für Architekten- und Ingenieurleistungen (Honorarordnung für Architekten und Ingenieure – HOAI) in der Fassung vom 10.07.2013, in Kraft getreten am 17.07.2013

[1.20] Fachregel für Metallarbeiten im Dachdeckerhandwerk, 2011-03

12.2 Richtlinien, Merkblätter

[2.1] Merkblätter des Deutschen Beton- und Bautechnik-Vereins E.V. (DBV)

[2.1.1] „Sichtbeton", 2015-06 (gemeinsam mit dem Verein Deutscher Zementwerke e.V. (VDZ)

[2.1.2] „Begrenzung der Rissbildung im Stahlbeton- und Spannbetonbau" 05/2016

[2.1.3] „Betondeckung und Bewehrung – Sicherung der Betondeckung beim Entwerfen, Herstellen und Einbauen der Bewehrung sowie des Betons nach Eurocode 2" 12/2015

[2.1.4] „Nicht geschalte Betonoberfläche", 08/1996

[2.1.5] „Betonschalungen und Ausschalfristen" 06/2013

[2.1.6] „Abstandhalter" nach EC 2, 01/2011

[2.1.7] „Betonierbarkeit von Bauteilen aus Beton und Stahlbeton" 01/2014

[2.1.8] „Hochwertige Nutzung von Untergeschossen – Bauphysik und Raumklima" 2009-01

[2.2] Merkblätter der Fachvereinigung Deutscher Betonfertigteilbau e.V. (FDB)

[2.2.1] Merkblatt Nr. 1 „Sichtbetonflächen von Fertigteilen aus Beton und Stahlbeton" (06/2015)

[2.2.2] Merkblatt Nr. 8 über Betonfertigteile aus Architekturbeton (01/2009)

[2.3] DAfStb-Richtlinien

[2.3.1] „Schutz und Instandsetzung von Betonbauteilen (Instandsetzungs-Richtlinie)", Ausgabe 10/2001

[2.3.2] „Wasserundurchlässige Bauwerke aus Beton (WU-Richtlinie)" Ausgabe 11/2003

[2.4] Güteschutzverband Betonschalungen e. V.

[2.4.1] GSV-Publikation: Empfehlung zur Planung, Ausschreibung und zum Einsatz von Schalungssystemen bei der Ausführung von „Betonflächen mit Anforderungen an das Aussehen", 2005-06

[2.4.2] GSV-Richtlinie „Qualitätskriterien von Mietschalungen" 2011-12

[2.5] Verband Österreichischer Beton-und Fertigteilwerke (VÖB): Richtlinie „Sichtbeton für Fertigteile aus Beton und Stahlbeton" 09/2009

[2.6] Österreichische Bautechnik Vereinigung (ÖBV): Richtlinie „Sichtbeton – Geschalte Betonflächen", 06/2009

12.3 Fachbücher

[3.1] Schulz, Joachim: „Sichtbeton-Planung – Kommentar zur DIN 18217 – Betonflächen und Schalungshaut", Springer Vieweg Verlag, 3. Auflage 2006

[3.2] Schulz, Joachim: „Sichtbeton-Mängel - Gutachterliche Einstufung, Mängelbeseitigung, Betoninstandsetzung", Springer Vieweg Verlag, 3. Auflage 2011

[3.3] Schulz, Joachim: „Sichtbeton Atlas – Planung – Ausführung – Beispiele", Springer Vieweg Verlag, 1. Auflage 2009

[3.4] Schulz, Joachim: „Architektur der Bauschäden – Schadensursache – Gutachterliche Einstufung – Beseitigung – Vorbeugung – Lösungsdetails", Springer Vieweg Verlag, 3. Auflage 2015

[3.5] Schulz, Joachim: „Handbuch Sichtbeton – Schadensursache – Gutachterliche Einstufung – Beseitigung – Vorbeugung – Lösungsdetails" (u.a. Sichtbeton-Bewertung), Verlag Bau+Technik, 1. Auflage 2010

[3.6] Schulz, Joachim: „Sichtbeton-Handbuch 2006 – Neues aus Theorie und Praxis", 2. Internationale Sichtbeton-Forum 2008 in Berlin, Verlag Bau+Technik, 1. Auflage 2006

[3.7] Schulz, Joachim: „Sichtbeton-Handbuch 2007 – Neues aus Theorie und Praxis", 3. Internationale Sichtbeton-Forum 2008 in Berlin," Verlag Bau+Technik, 1. Auflage 2007

[3.8] Schulz, Joachim: „Sichtbeton-Handbuch 2008" – Neues aus Theorie und Praxis", 4. Internationale Sichtbeton-Forum 2008 in Berlin, Verlag Bau+Technik, 1. Auflage 2008

[3.9] Oswald, R.; Abel, R.: „Hinzunehmende Unregelmäßigkeiten bei Gebäuden", Vieweg+Teubner Verlag, 2005

12.4 Fachaufsätze

[4.1] Aurnhammer, H.-E.: „Zielbaummethode", Verfahren zur Bestimmung von Wertminderungen, Zeitschrift: BauR 1978, S. 356

[4.2] Schulz, J.: „Sichtbetonliebe um jeden Preis", Baukammer Berlin 03/2006

[4.3] Schulz, J.: „Sichtbeton-Spiegelbild der Schalung", Baukammer Berlin 03/2006 sowie Deutsches Architektenblatt 1/2006

[4.4] Schulz, J.: „Sichtbeton Bewertung", Der Sachverständiger, Heft 7-8/2004

[4.5] Schulz, J.: „Wie kann der Planer Qualität für Sichtbeton erreichen?", RIB Heft 06/06

[4.6] Schulz J.: „Vorgehensweise zur Sichtbeton-Bewertung", B+B Heft 05/2005

[4.7] Schulz J.: „Sichtbeton-Bewertung", TIEFBAU Heft 11/2007

[4.8] Schulz J.: „Sichtbeton als präzises Abbild der Schalungshaut", OPUS 12/2005

[4.9] Schulz J.: "Principi della valuatione della cal cestruzzo a vista", Betonwerk International

[4.10] Schulz J.: "Basic principler of exposed contrete evaluation", Betonwerk International

[4.11] Schulz, J.: „Sichtbeton – sich betonen in Struktur, Form und Originalität", opus C, 1/2006

[4.12] Schulz J.: „Fensterbänke – Tropfkanten erforderlich?", Der Bausachverständige, Ausgabe 2014-1

12.5 Fotos

Die Fotos stammen aus dem Archiv des Autors.

12.6 Links

Sachverständige IHK	www.svv.ihk.de
Sachverständige Baukammer	www.baukammer-berlin.de
Betoninstandsetzung	www.bgib.de/fachplaner_be.php
Verlag Bau+Technik	www.verlagbt.de
Springer Vieweg Verlag	www.springer.com
PRO Sichtbeton	www.pro-sichtbeton.de
Sichtbeton-Forum	www.sichtbeton-forum.de
Sichtbeton Atlas	www.sichtbeton-atlas.de
Sichtbeton-Planung	www.sichtbeton-planung.de
Sichtbeton-Mängel	www.sichtbeton-mängel.de
Handbuch Sichtbeton	www.sichtbeton-handbuch.de
Architektur der Bauschäden	www.architekturderbauschäden.de

13 Stichwortverzeichnis

SICHTBETONKOSMETIK

Das Ziel:

repräsentative Architektur - herausragende Ästhetik - hochwertige Sichtbetonoberflächen

Deutschland, Düsseldorf Königsallee Kö-Blick Ingenhoven Architekten

- Partielle Spachtelung (mineralisch)
- Partielle Retusche (mineralisch)
- Gestaltung von Innen- und Außenwänden mit Lasuren

USA, Chicago W. Wrightwood Architekt Tadao Ando

Art der Betonbehandlung :

Betongestaltung und Retusche wurden erstmalig durch Strotmann u. Partner an Sichtbetonwänden im Foyer RWE Stern in Essen im Jahre 1997 - 1998 eingesetzt.

USA, Miami Perez Museum of Art, Herzog & Meuron

Vorteile:

- Erhalt der Sichtbetonästhetik
- Gewinn an Qualität
- Erhalt der Authentizität
- Dauerhaftigkeit der Maßnahmen im Innen- und Außenbereich
- Anwendung von ökologischen

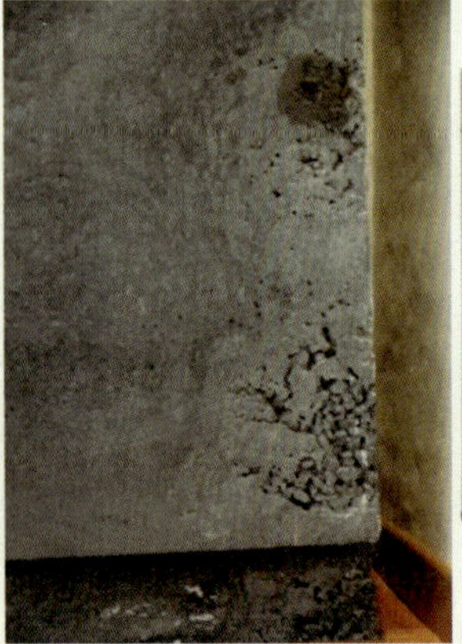

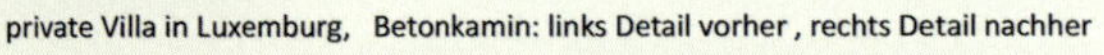

private Villa in Luxemburg, Betonkamin: links Detail vorher , rechts Detail nachher

werkstatt@restaurierung-online.de

Künstlerische Kreativität und Forschung zu Diensten der Architekten, Bauherrn und Rohbauer. Steigerung der Sichtbetonqualität durch künstlerische Bearbeitung der Sichtbetonoberflächen und innovative Baumaterialien.

Das jahrelange Vertrauen der Architekten und Rohbauer in unsere Arbeit, spricht für die ausgezeichnete Qualität. Bis heute haben wir gemeinsam mehr als 500 Objekte professionell und erfolgreich gestaltet.

STROTMANN UND PARTNER

-Siegburg-

www.strotmann-partner.com

+49(0)2241-916774

werkstatt@restaurierung-online.de